企業間システムの選択

企業間システムの選択

——日本化学繊維産業の分析——

李　亨　五著

〔学術選書〕

信山社

はしがき

　本書は、企業間システムの選択という問題を、日本企業を対象にし理論的に究明しようとするものである。このように、本書には企業間システムの選択、日本企業、理論的究明という3つのキーワードがある。ここで、なぜこのようなキーワードをめぐった研究をしたのか、またその中身はどのようなものであるかについて振り返ってみよう。

　第1に、企業間システムの選択という問題に興味を持ちはじめたのは大学生時代である。韓国のソウル大学校で経営学を勉強していたが、冬休みに大手精油会社と大手家電メーカーでインターン社員として働いたことがある。その時に、企業はいったいどこまでを自分でやり、どの部分を他に任すべきか、といった問題に関心を持ったのである。とくに上記の精油会社が属する企業グループは「石油から繊維まで」といいながら、垂直系列化の戦略を打ち出していた。当時、まだ取引における長短期の問題には気づかなかったものの、なぜそのような垂直統合の戦略が妥当であるかにつよい関心を持っていたのである。

　第2に、分析対象として日本企業を選んだことには次のような経緯がある。韓国人である筆者が日本企業について興味を持つ契機になったのも上記のインターン社員時代の経験である。当時は日本経済や経営が驚異の力を発揮していた時であり、筆者が働いていた企業も如何に日本企業をベンチマーキングするかに熱心であった。大学の授業では日本企業について聞く機会がほとんどなかった者にとっては、韓国企業の日本企業に対する高い関心は新鮮な衝撃になった。これが契機になって、大学卒業の直後、1987年10月に東京大学大学院経済学研究科へ留学し、こちらで研究生、修士及び博士課程という長い期間をかけて研究することになった。

　このように、企業間システムの選択という問題を日本企業を対象に分析しようとする問題意識の源流は韓国での大学生時代までにさかのぼる。しかし、日本に来てからすぐまたずっとこの研究テーマにとりかかったわけではない。実は、東

京大学大学院の初期には主にコンピュータ産業を分析対象にしながら、その産業における競争戦略や製品開発戦略について研究したのである。しかも、1993年秋から1995年夏までの2年間は米国へ留学することになり、日本での研究は一時中断されることになった。

　日本留学当初の初心に戻り、この研究テーマに本格的にとりかかることになったのは、米国留学から戻って東京大学の博士課程に復学してからである。その上、研究対象の産業も以前のコンピュータ産業から合成繊維産業へとかわることになった。それには、より長い歴史をもつ産業を対象にじっくり研究したいという思惑と、後述する大東英祐先生のご支援が大きな影響を及ぼした。様々な経緯があったものの、結局は大学生時代からの関心事について研究をすることができ、またその成果が本書として実ることができ、とても幸いであると思う。

　第3に、理論的究明というところについて若干ふれてみよう。企業間システム、特に垂直統合問題の分析について取引コスト論があたかも事実上の標準のように影響力がつよいことは否定しかねない。こうした理論研究の現状について疑問をもち、何かの理論的貢献が提案できないのかと考えてきた。特に注目してきたのは資源や能力の概念である。これらの概念は企業間の競争や多角化等の問題には多く使われてきたが、意外と垂直統合の問題にはあまり応用されてこなかったと考えたのである。

　こうした理論上の問題意識をもち、取引コスト論と資源能力アプローチを統合した形で実ったのが本書の分析概念や分析枠組である。つまり、取引コスト論が注目する製品特性と関連しては「機能活動間の相互依存性」という概念を、また資源能力アプローチが注目する組織能力と関連しては「組織能力の比較優位性」という概念を引き出したのである。こうした理論的貢献を目指したのが本書でもっとも注目すべきところであると考える。但し、新しい理論の構築には勇気も必要であり、またその試みに対する評価が広まるにも時間が必要になる。その評価は読者の皆様に任せる次第である。

2002年1月　ソウルにて　　　　　　　　　　　　　　　李　亨　五

目　次

第1章　序　章 …………………………………………………………… *1*

  1　問題設定 ………………………………………………………… *1*
  2　研究課題及び分析方法 ………………………………………… *3*
  3　本研究の貢献 …………………………………………………… *8*
  4　本書の構成 ……………………………………………………… *10*

第2章　理論的分析枠組 ………………………………………………… *13*

  1　既存研究の考察 ………………………………………………… *13*
    (1)　文　化　論 ……………………………………………… *13*
    (2)　比較制度分析論（現代日本経済システム戦時源流説）… *15*
    (3)　二重構造論 ……………………………………………… *18*
    (4)　取引コスト論 …………………………………………… *20*
    (5)　関係特殊的技能論 ……………………………………… *23*
    (6)　既存理論のまとめ ……………………………………… *26*
  2　本書の理論的分析枠組 ………………………………………… *27*
    (1)　理論的背景 ……………………………………………… *27*
    (2)　分析枠組及び分析概念 ………………………………… *31*

第3章　化学繊維産業における企業間システムの製品分野間
　　　　の相違 ……………………………………………………… *39*

  1　はじめに ………………………………………………………… *39*
  2　日本の化学繊維産業及び同川下産業の略史 ………………… *39*
    (1)　日本の化学繊維産業の略史 …………………………… *40*
    (2)　日本の化学繊維長繊維織物産業及び化学繊維紡績糸産業
　　　　　　の略史 ……………………………………………………… *47*
  3　日中戦争以前のレーヨン産業における企業間システム …*52*
    (1)　レーヨン長繊維分野における企業間システム ……… *52*

　　　　(2) レーヨン短繊維分野における企業間システム ………………57
　　4　戦時及び戦後統制期のレーヨン産業に対する統制シ
　　　ステム ………………………………………………………………59
　　　　(1) 戦時の統制システム …………………………………………59
　　　　(2) 戦後の統制システム …………………………………………62
　　5　1950年以後の化学繊維産業における企業間システム ………64
　　　　(1) レーヨン長繊維分野における賃加工システムの発生 ……65
　　　　(2) 合成繊維長繊維分野における系列システム（PTシステム）
　　　　　の発生 …………………………………………………………66
　　　　(3) 各繊維種類別原糸の投入状況から見た企業間システム …68
　　6　ま　と　め ………………………………………………………75

第4章　合成繊維長繊維におけるPTシステムのU字型的変化：
　　　　東レのケースを中心に ……………………………………81

　　1　は じ め に ………………………………………………………81
　　2　織物用合成繊維長繊維産業におけるPTシステムの
　　　変化パターン ………………………………………………………81
　　　　(1) 産業レベルにおけるPTシステム重要度のU字型的変化
　　　　　パターン ………………………………………………………82
　　　　(2) 個別企業レベルにおけるPTシステム重要度のU字型的
　　　　　変化パターン …………………………………………………86
　　3　東レにおける合成繊維事業の開始とPTシステムの生成 …88
　　　　(1) 東レの概要 ……………………………………………………88
　　　　(2) 合成繊維登場以前における企業間システム ………………91
　　　　(3) レーヨン長繊維における賃加工システムの発生 …………93
　　　　(4) ナイロン長繊維における系列システムの成立 ……………96
　　　　(5) ポリエステル事業の開始と系列システムのPTシステム
　　　　　への体系化……………………………………………………101
　　4　高度成長期における東レのPTシステムの縮小 ……………105
　　　　(1) ナイロン後発メーカーの参入とナイロン不況 ……………105

(2) PTシステムの見直しと原糸販売及び短期取引的賃加工
　　　　　の拡大 ………………………………………………………108
　　　(3) 商社及び東レ社内部門のコンバーター化 ……………116
　5　産業成熟期における東レのPTシステムの再強化 ………118
　　　(1) 産業成熟化と織物事業拡大の戦略 ……………………119
　　　(2) 原糸の特品化戦略とPTシステムの拡大 ……………124
　　　(3) PT組織の再強化 ………………………………………130
　6　ま と め ………………………………………………………134

第5章　原糸メーカーにおける企業間システムの現状：
　　　　東レと帝人のケースを中心に …………………………141

　1　は じ め に ……………………………………………………141
　2　東レと帝人における企業間システムのポートフォリオ …142
　　　(1) 分析対象としての東レと帝人 …………………………142
　　　(2) 製品差別化度による原糸の類型化 ……………………145
　　　(3) 企業間システム類型と原糸類型との関係 ……………147
　3　各企業間システムの現状 ……………………………………149
　　　(1) 短期取引的原糸販売システム …………………………149
　　　(2) PTシステム（長期取引的賃加工システム）…………151
　　　(3) 短期取引的賃加工システム ……………………………157
　4　データから見た原糸類型と企業間システム類型との関係 158
　　　(1) データの概要 ……………………………………………159
　　　(2) 東レと帝人における原糸類型と企業間システム類型との
　　　　　関係 ………………………………………………………162
　　　(3) データの統計的分析 ……………………………………165
　5　ま と め ………………………………………………………169

第6章　分　　　析 ………………………………………………173

　1　企業間システムの現状に関する分析 ………………………173
　　　(1) 当事者の見解を中心とした分析 ………………………173

　　　　(2) 企業間システムの現状に対する統計的分析 …………178
　　2　PTシステム重要度のU字型的変化パターンに関する分析 191
　　　　(1) 東レにおける変化パターンの分析 …………………192
　　　　(2) 織物用合成繊維長繊維産業一般における変化パターンの
　　　　　　分析 ……………………………………………………197
　　3　企業間システムの製品分野間相違に関する分析 …………198
　　　　(1) レーヨン長繊維における企業間システムの分析 ………199
　　　　(2) レーヨン及び合成繊維短繊維における企業間システムの
　　　　　　分析……………………………………………………201

第7章　終　　章………………………………………………………207
　　1　本書の要約 ……………………………………………………207
　　2　インプリケーション …………………………………………210
　　　　(1) 実践的インプリケーション …………………………210
　　　　(2) 理論的インプリケーション …………………………214
　　3　今後の研究課題 ………………………………………………215

参　考　文　献………………………………………………………………219
付録：原糸特性と企業間システムに関する調査 …………………227
あ と が き……………………………………………………………239

図 表 一 覧

図 1-1	化学繊維の用途別分類	4
図 1-2	原糸メーカーにおける企業間システムの類型	5
図 2-1	本書の分析枠組	32
図 2-2	機能活動別取引形態の選択メカニズム	34
図 3-1	日本の繊維別生産量の推移	40
図 3-2	日本の化学繊維の生産量推移	41
図 3-3	日本のレーヨンの長短繊維別生産量推移	42
図 3-4	日本の合成繊維の生産量推移	45
図 3-5	日本の化学繊維長繊維織物の生産量推移	47
図 3-6	日本の化学繊維紡績糸の生産量推移	49
図 3-7	日本の合成繊維糸の需給状況	51
図 3-8	レーヨン産業に対する統制機構	60
図 3-9	出荷量全体に占める賃加工システムの比率	69
図 3-10	出荷量全体に占める垂直統合システムの比率	71
図 4-1	日本の合成繊維長繊維及び同織物の生産量	82
図 4-2	ナイロン長繊維及びポリエステル長繊維の出荷状況	84
図 4-3	絹人絹織物業の合成繊維織物における賃織の状況	85
図 4-4	各社における原糸の賃加工システムへの投入状況	87
図 4-5	1945年までにおける東レの売上構成	89
図 4-6	戦後における東レの売上構成	90
図 4-7	東レ合繊織物会組織図の概略（1961年4月1日）	103
図 4-8	東レのナイロン及びポリエステルの生産量	106
図 4-9	東レにおけるナイロン長繊維及びポリエステル糸の販売価格	107
図 4-10	東レにおける原糸の用途別分類	110
図 4-11	東レのナイロン長繊維及びポリエステル長繊維の用途別投入比率	110
図 4-12	東レにおけるPT等への信用供与額の推移	114
図 4-13	東レの組織構造の変容	123
図 4-14	東レの原糸の賃加工システムへの投入比率	124
図 4-15	東レの売上に占める輸出の比率	125

図 4-16	東レの衣料用ポリエステル長繊維の製品構成	127
図 4-17	東レの賃加工システム発注の中のPTシステムの比率	130
図 4-18	東レの織物用長繊維分野における企業間システムの変化パターン	135
図 5-1	織物用長繊維原糸における各社のシェア	143
図 5-2	各原糸メーカーの賃加工システム投入比率	144
図 5-3	衣料用ポリエステル長繊維の生産状況（1996年）	146
図 5-4	織物用ポリエステル長繊維の出荷状況（1996年）	148
図 5-5	原糸類型と各企業間システム投入比率との関係—その1	163
図 5-6	原糸類型と各企業間システム投入比率との関係—その2	164
図 5-7	短期取引的賃加工システム投入比率の分布	164
図 6-1	本書における分析概念間の関係	178
図 6-2	機能活動間の相互依存性と組織能力の比較優位性に関する変数	180
図 6-3	原糸の差別化度と賃加工システム投入比率との関係分析	182
図 6-4	織物開発・生産・販売に対する長期取引・短期取引の分析	187
図 6-5	原糸の賃加工システムへの投入比率	202
図 7-1	系列システム構造の比較	211
表 3-1	レーヨンの生産企業	43
表 3-2	各合成繊維別合成繊維企業の参入時期	46
表 3-3	化学繊維織物の地域別生産統計（1997年）	48
表 3-4	化学繊維紡績糸の生産企業	50
表 3-5	レーヨン長繊維メーカーの有力特約店	54
表 3-6	三取引所におけるレーヨン長繊維取引の概要及び売買高	57
表 3-7	1937年3月におけるレーヨン短繊維、レーヨン紡績糸の月産高	58
表 3-8	絹人絹織物業賃織生産状況	67
表 3-9	ナイロンの内需構成推移	72
表 3-10	ポリエステル短繊維の用途別投入状況（1967年4月〜9月）	73
表 3-11	各社の綿混用ポリエステル短繊維の投入状況（1967年7月〜12月）	74
表 4-1	東レのレーヨン長繊維関係の売上構成	96
表 4-2	1956年3月における東レのレーヨン長繊維の出荷状況	97
表 4-3	東レのナイロンの段階別生産状況（1955年度、月間）	99
表 4-4	東レの新合繊一覧	128
表 5-1	調査対象原糸の概要	159

表 5-2　各差別化尺度の概要 …………………………………………160
表 5-3　企業間システム別投入比率の概要……………………………161
表 5-4　賃加工システム投入比率（P4）の分析 ……………………166
表 5-5　PTシステム投入比率（P3）の分析…………………………167
表 5-6　短期取引的賃加工システム投入比率（P2）の分析 ………168
表 5-7　東レと帝人における各企業間システムの現状 ……………170
表 6-1　各差別化尺度の概要 …………………………………………179
表 6-2　原糸の差別化度と組織能力の比較優位性間の分析 ………184
表 6-3　組織能力の比較優位性と賃加工システム投入比率間の分析 ………185
表 6-4　原糸の差別化度と機能活動間の相互依存性間の分析（織物生産の場合）
　　　　 …………………………………………………………………188
表 6-5　機能活動間相互依存性と長期取引程度間の分析（織物生産の場合）　189
表 6-6　原糸の差別化度と組織能力の比較優位性間の分析 ………190
表 6-7　短繊維と長繊維における川上企業及び川下企業の能力状況 …………203

第1章 序　章

1　問題設定

　本書の目的は、製品特性と組織能力が企業間システムの選択に与える影響を分析することである。具体的には、日本の化学繊維産業において原糸メーカーが川下分野に対して構築してきた様々な企業間システムを考察し、原糸メーカーがなぜそのような企業間システムを選択したかを、製品特性と組織能力の観点から分析することである[1]。

　企業が本業の川上または川下に当たる分野に対してどのような企業間システムを構築するかは事業戦略上の重要な課題である。企業間システムの基本的形態としては市場取引と垂直統合があるが、日本の産業構造の一特徴は、その中間形態に当たる系列システムが多く見られることである。それは、特に加工組立産業の自動車産業において典型的に見られており、その主たる内容は自動車メーカーが限られた部品メーカーから長期取引的に部品を購入することである。

　ところで、日本においては系列システムは自動車産業のみならず、化学繊維産業でも見られている。そのシステムは化学繊維の中でも特に合成繊維長繊維分野で見られており、原糸メーカーが川下の織物分野に対して構築しているものである[2]。この系列システムはPT (Production Team) システムと呼ばれるものであるが、同システムは長期取引的賃加工システムという特徴を持っている[3]。つまり、PTシステムはまず賃加工システムの形をとり、そこでは原糸メーカーは織物の開発と販売は自ら行うが、その生産はPTと呼ばれる限られた数の織布企業及び染色企業群に賃加工で任せている。なお、PTシステムでは原糸メーカーはPTに対して長期取引を前提としながら賃加工の発注を行っており、それらの企業との関係は長期取引的である。

　このPTシステムは、今日、不利な生産コスト基盤に置かれている日本の原糸

メーカーの国際競争力を支える重要な要因であると言われている。というのは、日本においては成熟産業化している繊維産業の中で、原糸メーカーは合成繊維長繊維分野においては依然として差別化製品を中心に高いレベルの生産量を維持しており、この差別化製品を生み出す決定的な要因の一つが、原糸メーカーと織布企業及び染色企業間の強い垂直連携として特徴づけられるPTシステムであると言われるからである[4]。特に、「Shin-Gosen」として英語化されるほど世界的に知られている「新合繊」という差別化原糸はPTシステムから生まれたものであると、よく指摘されている[5]。

ところで、このように、PTシステムは原糸メーカーの競争力に貢献しているものの、原糸メーカーは日本の化学繊維産業の発展過程の中で、同システムを限定された状況においてのみ採用してきた。化学繊維の代表的製品としてはビスコースレーヨン（本書ではレーヨンと略称）と合成繊維があり、それぞれは長繊維としても短繊維としても生産されうる[6]。なお、日本においては化学繊維産業は戦前はレーヨンを中心に、戦後は合成繊維を中心に発展してきたが、原糸メーカーは戦前にレーヨンメーカーとして出発し、戦後に合成繊維メーカーとして発展してきた。その過程で、日本の原糸メーカーは次のような状況においてPTシステムを採用してきたのである。

第1に、原糸メーカーは、様々な化学繊維の製品分野の中でも、合成繊維長繊維分野においてPTシステムを採用してきた。つまり、原糸メーカーは、戦前のレーヨンの長短繊維、戦後の合成繊維短繊維分野においてはPTシステムを採用せず、主に短期取引的原糸原綿販売システムを採用したのである。第2に、PTシステムが顕著に採用された合成繊維長繊維分野においても、PTシステムの企業間システムとしての重要性は産業規模の変化パターンとは逆に、高・低・高というU字型的変化パターンを示した。つまり、原糸メーカーがPTシステムを積極的に採用したのは産業の生成段階と成熟段階であり、高度成長段階には代替的システムである短期取引的原糸販売システムや短期取引的賃加工システムが重要であった。第3に、前記のようにPTシステムが重要な企業間システムになっている今日の合成繊維長繊維分野においても、2大原糸メーカーの東レと帝人は、PTシステムの運営には相違点を示しているものの、両社ともに差別化原糸という品種に対してPTシ

ステムを採用している。つまり、両社ともに定番原糸に対しては主に短期取引的原糸販売システムを採用しているのである。以上のように、日本の原糸メーカーは特定の製品分野、特定の産業発展段階、そして、特定の原糸品種に対してPTシステムを採用しており、他の状況においては代替的企業間システムを採用してきている。

それでは、企業間システムの選択に関する原糸メーカーの上記の行動が経済合理的であると前提した場合、その行動を分析できる枠組は何であるか。企業間システムの選択に関する既存理論の分析枠組や概念は原糸メーカーの行動を説明するのに十分であろうか。例えば、日本における長期取引慣行を日本の文化によって説明しようとする文化論はPTシステムの長期取引的側面を十分に説明しているのであろうか。PTシステムの一特徴である賃加工システムは一種の下請システムであるが、大企業と中小企業間の賃金格差によって下請システムを説明しようとする二重構造論はPTシステムの賃加工的側面を説明するのに十分であろうか。また、企業の取引形態選択の問題を製品特性の観点から説明しようとする取引コスト論 (Williamson、1975、1979) は、PTシステムが特定の状況においてのみ見られるという上記の現象をどれくらい説明できるのであろうか。もし、既存理論の説明力が十分でないのであれば、原糸メーカーの上記の行動を説明するために、われわれはどのような分析枠組や分析概念を新たに構築すべきであろうか。

2 研究課題及び分析方法

上記の問題設定において、原糸メーカーはPTシステムを、特定の製品分野(合成繊維長繊維)、時期(産業の生成期と成熟期)、そして品種(差別化原糸)について採用してきたと述べたが、本書の研究課題は、原糸メーカーが企業間システムの選択において実際行ったこの3つの事実を理論的に説明することである。ここで、原糸メーカーが採用してきた様々な企業間システムの中で、特にPTシステムの採用状況に分析の焦点を当てるのは、その分析によって、同システムのみならず、他の代替的システムがどのような場合に、なぜ採用されたかという問題に対しても答えを提示することになるからである。

さて、分析対象とする化学繊維と同産業における企業間システムの類型につい

図1-1　化学繊維の用途別分類

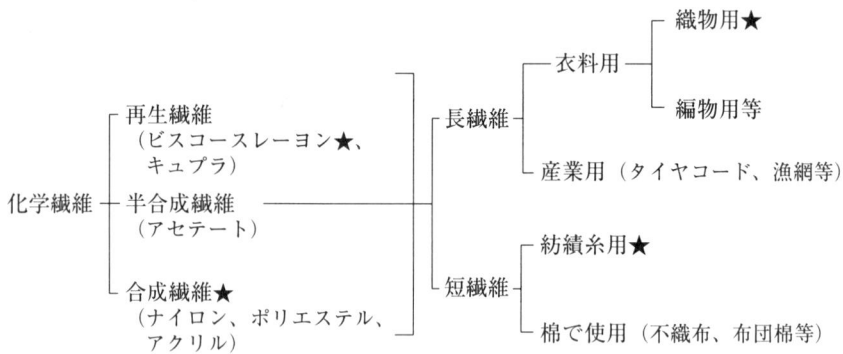

（注）　★は本書の分析対象。

ては上記でも若干述べたが、ここでもう少し具体的に考察してみよう。まず、化学繊維の類型は次の通りである。人造繊維とも呼ばれる化学繊維は、図1-1に見られるように、人工的な手が加わる程度によって再生繊維、半合成繊維、合成繊維として分類される。その中で、生産量において主になっているのは、戦前は再生繊維の中のレーヨンであり、戦後は合成繊維である[7]。さらに、合成繊維の中ではナイロン、ポリエステル、アクリルが主要なものであり、これらは3大合成繊維と呼ばれている。なお、化学繊維は長繊維（filament）としても短繊維（staple）としても生産されうるが、製品の特性上、レーヨンとポリエステルとは長短繊維両方として、ナイロンは主に長繊維として、アクリルは主に短繊維として生産されてきた。長短繊維はさらに様々な用途に使われるが、主な用途は長繊維の場合は織物であり、短繊維の場合は紡績糸である。

　こうした化学繊維の製品分野の中で、本書では原糸メーカーがレーヨンと合成繊維の長短繊維分野において構築してきた企業間システムに注目する。さらに、原糸メーカーにとっての第1次的な川下分野に注目し、長繊維の場合は織布分野に対して、短繊維の場合は紡績分野に対して構築されてきた企業間システムに注目する。こうした限定された分野を前提とする企業間システムを考慮すると、原糸メーカーが構築できる主たる企業間システムとしては図1-2のような5つの類

図1-2 原糸メーカーにおける企業間システムの類型

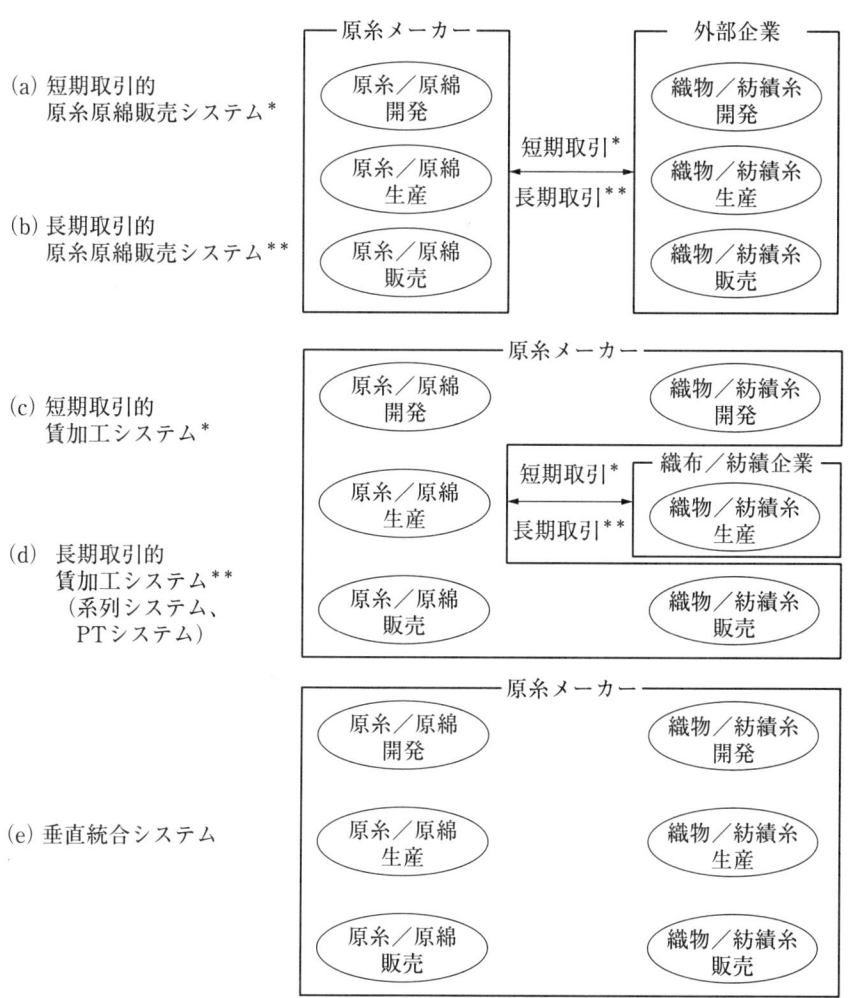

(a) 短期取引的
　　原糸原綿販売システム*

(b) 長期取引的
　　原糸原綿販売システム**

(c) 短期取引的
　　賃加工システム*

(d) 長期取引的
　　賃加工システム**
　　（系列システム、
　　PTシステム）

(e) 垂直統合システム

(注) 図の中の「／」の部分は「長繊維／短繊維」の場合を表す。

型が考えられる。

(a) 短期取引的原糸原綿販売システム：このシステムは、原糸メーカーが原糸または原綿を外部の企業に短期取引的に販売する場合である。この場合の外部企業とは、長繊維の場合は織物を生産する織布企業、短繊維の場合は紡績糸を生産する紡績企業である。また、場合によっては商社でもある。なお、ここでいう短期取引とは、原糸メーカーとその取引相手がお互いに、長期ないし継続的な取引を保証せず、市況に応じて取引価格や取引量を変えていくことを意味する。このシステムは典型的な市場取引の一例であるとも言える。

(b) 長期取引的原糸原綿販売システム：このシステムは、原糸メーカーが原糸原綿を販売するという点では、上記のシステムと同一であるが、原糸メーカーとその取引先が長期、例えば1年以上にわたって安定的に取引量を保証する点では異なる。つまり、市況にあまり影響されず、原糸メーカーが特定の織布企業または紡績企業と事前の合意の下でお互いに安定的な取引量を保証する場合である。

(c) 短期取引的賃加工システム：まず、賃加工システムとは、原糸メーカーが川下製品の開発を自社で行い、その生産のみを外部に委託させ、完成品を自社の責任で販売することである。賃加工の内容は、長繊維の場合は織物の賃加工、即ち賃織であり、短繊維の場合は紡績糸の賃加工、即ち賃紡である。次に、短期取引とは、発注者である原糸メーカーと受注者である賃加工先との取引が短期に止まることを意味する。つまり、原糸メーカーが賃加工先に対して長期かつ安定的な発注量を保証せず、市況に応じて発注を出したりやめたりすることである。なお、原糸メーカーと賃加工先との間には仲介役として商社が介在することもあり得る。

(d) 長期取引的賃加工システム（系列システム、PTシステム）：このシステムは、原糸メーカーと賃加工先が長期取引関係にある賃加工システムであり、通常、繊維産業における系列システムと呼ばれている。前述の通り、日本の原糸メーカーは長期取引的賃加工先をPTと呼んでいるので、本書ではこのシステムをPTシステムと呼ぶことにした。このシステムにおいては、原糸メーカーは、PTと呼ばれる特定の賃加工先群を予め決めて、それらの賃加工先に対しては

市況にあまり影響されず、長期にわたって安定的に発注量を保証する。なお、原糸メーカーと賃加工先との間に商社が介在することもあるが、商社介在にかかわらず、原糸メーカーと賃加工先との間に長期取引的関係が保たれている場合がPTシステムである。

(e) 垂直統合システム：このシステムは、原糸メーカーが川下製品を自社内で直接に開発、生産、販売する場合である。つまり、原糸メーカーが自社内で、長繊維の場合は織物の開発、生産、販売を全て行う場合であり、短繊維の場合は紡績糸の開発、生産、販売を全て行う場合である。

　以上、化学繊維と同産業における企業間システムの類型を考察したが、本書では次のような分析方法をとる。つまり、本書では、企業間システムに関する既存理論を取り上げ、原糸メーカーが特定の状況においてPTシステムを採用してきたという事実を説明することにおけるそれらの理論の適用可能性と限界を指摘した上、本書独自の分析枠組による分析を試みる。

　まず、既存理論としては次の5つの理論を取り上げる。第1は、日本における下請システムや長期取引の顕著さの理由を日本文化に求めるDore(1987)の文化論である。第2は、系列システムを含むいわゆる日本的経済システムは第2次世界大戦という特殊な歴史的条件の下で生まれたという岡崎・奥野（1993）の比較制度分析論（現代日本経済システム戦時源流説）である。第3は、企業間の規模格差に注目し、主に下請システムを説明しようとするBerger & Piore（1980）等の二重構造論である。第4は、効率的な取引形態は取引頻度、不確実性、投資の取引特殊性に依存するというWilliamson（1975、1979、1985、1991）等の取引コスト論である。第5は、取引に関わる企業の能力に注目した浅沼（1998）の関係特殊的技能論である。これらの既存理論は、PTシステムを含む企業間システムに関わる3つの事実を部分的には説明するものの、その全体的説明までにはいたらない。これは、これらの既存理論は企業間システムの選択に影響を与える要因として、日本という地域特殊的な要因、または企業規模の格差に注目するか、製品特性か組織能力の一方のみに注目しているからである。

　次に、こうした既存理論の限界を克服する形で、本書では、製品特性と組織能力両方を考慮する独自の分析枠組を提示する。まず、本書では原糸、原綿、紡績

糸、織物という各製品に関する開発、生産、販売、即ち、各機能別活動を「機能活動」と規定した上、企業間システムとは、「複数の機能活動に対する取引形態の組合せ」であると定義する。こうした定義の下で、PTシステムを含む企業間システムの選択に影響を与える要因として製品特性と組織能力、両方を考慮する。具体的には、製品特性については「機能活動間の相互依存性」という概念を、組織能力については自社と他社間の「組織能力の比較優位性」という概念を提示する。さらに、これらの分析概念を中心とする本書の分析枠組を提示し、企業間システムの選択に関する原糸メーカーの行動を分析する。こうした分析を通じて、製品特性と組織能力が企業間システムの選択に与える影響を究明することを本書の目的とするが、これはこの章の冒頭に述べた通りである。

3 本研究の貢献

本書の研究は、企業間システムに関する既存研究に照らしてみると、次のような実践的及び理論的貢献をもつと考えられる。

まず、実践的貢献としては次の2つの点が考えられる。第1に、系列システムに関する従来の研究の多く（和田、1984；伊藤、1989；三輪、1989；Nishiguchi、1994；Clark & Fujimoto、1990；藤本、1997；Takeishi、1998、2001）が自動車メーカーのような加工組立メーカーにおける対川上（部品）系列システムに注目してきた状況の下で、PTシステムを考察することは、素材メーカーにおける対川下系列システムに関するわれわれの理解を深めてくれる。PTシステムに関する研究が今までなかったわけではない。過去の研究（日本長期信用銀行調査部、1960；内田、1966；藤井、1971；植草・南部、1973；日本化学繊維協会、1974；鈴木、1991）において、同システムは繊維産業における系列システムとして研究対象になっていた。しかし、それらの研究の大部分は、合成繊維産業が成熟段階に入る契機になった第1次石油危機前に行われたものである。なお、近年にはごく限られた数の研究（山口、1995；福嶋、1996）が見られるが、それらの研究は、PTシステムの形成から今日までの変遷を取り扱う包括的な研究にはなっていない。こうした既存研究の状況を考えると、今の時点で繊維産業における系列システムを考察する意義は大きいといえる。

第2に、系列システムの一種であるPTシステムの存在状況を考察することは、日本における系列システム一般の有効性についてより深い洞察を提供すると考えられる。今日、系列システムに対しては批判的見解が高まりつつある。但し、系列システムは日本の全ての産業において採用されてきたわけではない。こうした状況の中で、過去及び今日に系列システムがどのような場合に効果的であったかを究明することは、同システムが将来どのような状況において効果的であるかという問題に対して示唆を提供する可能性が高い。特に、本書の分析対象である日本の化学繊維産業は約80年におよぶ長い歴史を持っており、同産業における系列システムの過去や現在を考察することは、系列システムの将来を見通すことにおいて重要な参考になると考えられる。

　そして、本書の理論的貢献としては、次の2つのことが考えられる。第1に、PTシステムの分析を通じて、企業間関係をシステム的見方によって分析する必要があることが示される。本書では、企業間関係という言葉を用いず、企業間システムという言葉を用いているが、それは、PTシステムにおける企業間の関係がシステム的性格を持っているからである。つまり、PTシステムにおいては、図1-2に見られたように、原糸メーカー、商社、織布企業、染色企業等、複数の企業が織物の開発、生産、販売という各機能別活動を担いながら、他の企業とはシステム的な関係を持っているのである。ところで、今までの既存研究は、例えば取引コスト論（Williamson、1975、1979）の場合のように、ある機能別活動に関わる2者間の企業間関係に注目することに止まり、PTシステムに見られるような、複数の機能別活動に関わる複数の企業間のシステムに関しては十分な注目をはらってこなかったと言える。こうした既存研究の背景から、本書では、PTシステムの構造やその機能を究明するために、企業間システムを分析できる新しい分析枠組や分析概念の開発が試みられる。

　第2に、本書の研究を通じて、企業間システムの選択に影響を与える要因としては製品特性と組織能力、両方を同時に考慮する必要があることが示される。企業間関係ないし企業間システムを分析する従来の研究においては、後述するように、製品の特性または企業の組織能力、一方に注目するものが多かった。例えば、取引コスト論の場合は製品特性に、関係特殊的技能論の場合は企業間の能力格差

に注目してきた。しかし、本書では、原糸メーカーが特定の状況においてのみPTシステムを採用することを説明するためには、製品特性と組織能力、両方を考慮する必要があることが示される。つまり、取引コスト論と資源・能力アプローチを統合する分析枠組が提示される。

4 本書の構成

まず、第2章では、企業間システムを分析する既存理論として、前述した文化論、比較制度分析論、二重構造論、取引コスト論、関係特殊的技能論を取り上げ、原糸メーカーの行動を説明することにおけるこれらの理論の限界を指摘する。そして、原糸メーカーの行動を説明するツールとして、製品特性と組織能力、両方を考慮する本書の分析枠組を提示する。

第3章以下では、原糸メーカーが、なぜ特定の製品分野、時期、品種という状況においてPTシステムを採用したかを究明するために、実際、原糸メーカーが取ってきた行動を詳細に記述することにする。第3章では、原糸メーカーが製品分野別に採用してきた企業間システムを考察し、化学繊維の中でPTシステムが顕著に採用されたのは合成繊維長繊維分野であったことを議論する。第4章では、合成繊維長繊維分野の産業発展の中で、PTシステムの重要度が産業規模の変化とは逆に、U字型的に変化してきたことを明らかにする。ここでは、その変化パターンを産業レベルで考察した後、その変化の理由を把握するため、個別企業レベルで東レのケースを中心に考察する。第5章では、今日に原糸メーカーがPTシステムを採用しているのはどの品種であるかに注目し、それは合成繊維長繊維の中でも差別化原糸であることを、東レと帝人のケースを中心に考察する。

以上、PTシステムの採用状況に関する第3章から第5章までの考察は、同産業に関する公刊資料、個別原糸メーカーの社内資料及び当事者に対するインタビュー、業界関係者・織布企業・染色企業の当事者に対するインタビュー、原糸メーカーに対する質問票調査に基づいている。公刊資料としては「繊維統計年報」、「工業統計表」、「日本化学繊維産業史」、各社の社史等の各種書籍を参考にした。また、個別原糸メーカーについては、東レと帝人に対して筆者が1997年から1999年までに調査を行った。東レについては、同社の広報室長、繊維事業企画管

理部長、繊維高次加工生産業務部長、北陸支店長等に対して、約3時間のインタビューを合計十数回行うとともに、同社の織布PT、6社、染色PT、2社の経営者に対して、約3時間のインタビューを各社毎に行った。なお、同社の東京本社や大阪本社を十数回訪問し、PT関連の社内資料を閲覧した。また、帝人については、社内資料は閲覧せず、同社の広報部長、繊維企画管理部長、加工技術第1部長等に対して、約3時間のインタビューを合計10回ほど行った。そして、質問票調査は東レと帝人、両社に対して行われたが、そこでは、原糸メーカーが原糸の品種別にどのような企業間システムを、なぜ採用しているかについて調査した。

　第3章から第5章までにおいてPTシステムの採用状況を考察した後に、第6章では、本稿の分析枠組による原糸メーカーの行動を分析する。その分析においては、まず、今日に原糸メーカーがPTシステムを差別化原糸という品種において採用しているという第3の事実をインタビュー内容や質問票調査結果から分析する。その後、その分析の延長線で、第2及び第1の事実を第4章及び第3章の内容や産業の統計データから分析する。

　終章である第7章では、本書の分析をまとめるとともに、その分析から得られる実践的及び理論的インプリケーションについて考える。そして、最後には今後の研究課題について述べる。

---

(1) 正確には、長繊維の場合は原糸メーカー、短繊維の場合は原綿メーカーと呼ぶことが正しいが、化学繊維メーカーは通常長繊維と短繊維両方を生産しているので、記述の便宜上、「原糸メーカー」として統一して呼ぶことにする。

(2) 繊維産業の業界では原糸分野を川上と、織物分野を川中と、アパレル分野を川下と呼んでおり、業界でいう川下の意味は本書でいう川下の意味とは必ずしも一致しない。

(3) 「Production Team」の略字であるPTという言葉は、第4章で述べるように、1959年に福井県繊維協会会長の前田栄雄氏が、原糸メーカーの系列下請企業を呼ぶ名称として提唱したものであると言われている。PTシステムという言葉は本書が名付けたものであり、業界では通常チョップ生産または系列生産として呼ばれている。

(4) 日本の化学繊維産業の競争力分析については日本化学繊維協会（1996）を参照

せよ。
(5) 松田（1993）、瓦林（1993）。
(6) 繊維の基礎知識については、中村（1980）、日本化学繊維協会（1986）を参照せよ。
(7) レーヨンと呼ばれる製品の中には、ビスコースレーヨンと銅アンモニアレーヨンという2種類がある。この中で、後者はキュプラまたは日本では旭化成の商品名である「ベンベルグ」として呼ばれているので、本書では、表現の便宜上、ビスコースレーヨンをレーヨンと略称することにした。

第 2 章　理論的分析枠組

　化学繊維の中でも合成繊維長繊維という製品分野において、合成繊維長繊維分野においても同産業の生成期と成熟期に、そして、今日の合成繊維長繊維の中でも差別化原糸という品種において、PTシステムを採用してきたという原糸メーカーの行動を理論的に分析することが本書の研究課題であるが、本章ではその分析のための分析枠組を提示する。まず、企業間システムの選択に関する既存理論を考察し、本書で取り上げた原糸メーカーの行動を説明することにおける既存理論の適用可能性とその限界を指摘する。次に、これらの既存理論の限界を克服する形で、本書独自の分析枠組や分析概念を提示する。

1　既存研究の考察

　まず、この節では既存理論について考察してみるが、企業間システムの選択に関しては様々な研究が行われた。本書が注目するPTシステムは系列システムの一種であるので、ここでは、特に系列システム、下請システム、及び長期取引を説明しようとする既存理論に注目し、その例として文化論、比較制度分析論、二重構造論、取引コスト論、及び関係特殊的技能論を検討する。これらの研究の中で、系列システム等の企業間システムを選択する要因として、文化論は日本の文化的要因、比較制度分析論は歴史的特殊要因に、二重構造論は企業規模格差に、取引コスト論は製品特性に、そして関係特殊的技能論は取引参加企業の組織能力に注目するものであると解釈できる。以下では、各既存理論の概要と本書の研究課題の分析における限界を指摘する。

(1)　文 化 論

　長期取引が特に日本においてよく観察される現象に対する説明の1つは文化論である。それによると、日本における長期取引慣行は日本独特の文化ないし風土

に基づくということになる。ここでは、文化論の一例としてDore(1987：169-192)の研究を取り上げてみよう[1]。彼は、日本における企業間の長期取引的関係を「関係的契約(relational contracting)」と呼び、これは日本社会の文化的特性である「信用(goodwill)」によって説明されるという[2]。彼の定義における信用とは、反復的な契約的経済交換に参加している人々の間に形成されている友情や個人的義務感である。

Dore(1987：179-184)は、日本において垂直統合でもなく、スポット的マーケット取引でもない関係的契約が他国に比べて顕著に見られている理由を次のような日本の文化的要因に求めている[3]。第1は、企業の長期未来志向的性向である。つまり、日本の企業は、将来自分が苦境に陥った時に相手から助けてもらえるという一種の保険的考え方に基づいて、価格的有利さの犠牲に伴う短期的損失を我慢するという。第2は、取引相手に対する責任感である。つまり、日本では個人の利己的主張が比較的に低いという。第3は、友好志向性である。つまり、日本人は公開的に敵対的な交渉関係を好まなく、友好的な互譲に基づく高い信頼関係をより好むという。第4はX効率である[4]。つまり、日本では管理的調整による効率が、それによる価格歪曲に伴う非効率を凌駕するという。

上記の文化的要因を取り上げた上、Dore(1987：185-186)は企業間の関係的契約は次のような経済的効果を持つという。第1に、安定的関係が保証される故、サプライヤー企業は長期的投資を行いやすい。第2に、信頼や相互依存に基づく関係を通じて、情報がより容易く伝達される。第3に、相互義務的な関係の下ではサプライヤーはバイヤーに対して最高の購買を提供するように努力するため、結果的に製品の品質が向上する。なお、彼はこのような関係的契約が特に日本社会に顕著に見られる歴史的背景として、日本社会が急速に豊かになり、消費者は価格より品質を重視するようになったという事情を取り上げている。つまり、企業にとって価格競争の圧力が相対的に弱いので、企業は敵対的交渉よりは安定的で好意的な関係を維持しようとするという。

企業の行動を説明することにおいて、その企業が属する社会の文化的要因を無視することはできない。日本の企業間システムにおいて長期取引ないし関係的契約が顕著に見られることを説明する要因として、確かに長期未来指向性、責任感、

友好指向性、X効率という文化的要因は無視できない。但し、Nishiguchi(1994：15)が指摘しているように、Doreの議論は経済主体としての日本人を、新古典派経済理論が想定しているような自己利益を機会主義的に最大化する人間ではなく、相手を好意的に信頼する人間として想定している。人間の本性が国あるいは地域によって異なりうるかどうかという問題自体が議論の一対象ではあるが、ここでは本書の研究課題に対するDoreの議論の限界について考えてみよう。

　本書では、原糸メーカーがPTシステム、即ち長期取引的賃加工システムを特定の製品分野、時期、品種においてのみ採用し、他の状況では短期取引的原糸原綿販売システムや短期取引的賃加工システム等、短期取引的企業間システムを採用してきたことを指摘したが、こうした原糸メーカーの行動は日本の文化によって説明することができるであろうか。PTシステムの長期取引的側面に注目し、PTシステムを関係的契約の一形態として見なすならば、Doreの文化論は原糸メーカーの行動を説明することにおいて次のような限界をもっていると指摘せざるを得ない。つまり、文化論によると、PTシステムは製品分野、時期、原糸品種にかかわらず、普遍的に見られると予測されるが、この予測に反して、実際に原糸メーカーは特定の状況においてのみPTシステムを採用したのである。これは、企業間システムの選択において製品特性が重要な影響を与えることを文化論は看過しているからであると言える。

(2)　比較制度分析論（現代日本経済システム戦時源流説）

　日本企業の取引慣行を、文化論は日本人ないし日本企業の文化的特殊性によって説明しようとするのに対して、Aoki (1988)、青木 (1995)、岡崎・奥野(1993)、青木・奥野 (1996) 等の比較制度分析論は、歴史的に形成された制度要因によって説明しようとする。彼らは、本書で取り上げている系列システムのみならず、終身雇用・年功賃金・企業別労働組合という労使関係、株主軽視・従業員重視の経営、メインバンク制・株式持ち合いによる企業集団、民間に対する政府の行政指導等を日本の経済システムとして捉えている。その上、日本の経済システムが欧米の経済システムと比較してなぜ異質性をもっているかに注目し、その理由を制度主義の観点から分析している[5]。

比較制度分析論の理論的基礎を提示した青木(1995:18-19)は、今日世界に多様な経済システムが存在することを次のように説明している。まず、各経済システムの初期状態の時点で何らかの理由によって、ある戦略が支配的になっている場合、経済主体は自分もそれと同じ戦略を選択しようとするという。それを「戦略的補完性」と呼んでいる。もちろん、支配的な戦略とは異なる戦略を採る「革新者」も登場するが、現実の世界にはお互いに補完性をもつ戦略をルールとして強制するメカニズムが発展するという。そして、制度体系の様々な各要素はお互いに働きを強め合う形で発展し、一定の均衡状態に達するという。これを制度的補完性と呼んでいる。このように、ある経済システムはその歴史的初期条件から出発し、また歴史的発展過程を通じて独自のシステムを構築していくという。その上、ある均衡に到達したシステムも、経済主体の将来予想に大きな変化がある場合、また戦略に突然変異的なゆらぎがある場合には、新しいシステムへ変異することができるという。なお、この比較制度分析論の背後には進化論的考え方がある。つまり、岡崎・奥野（1993：8）が指摘するように、異なる制度の社会的適合度は、経済システムが直面する歴史的・技術的・社会的・経済的環境に依存するという「経路依存性（path dependence）」が強調されている。

このような理論的基礎に基づいて、岡崎・奥野（1993）は、上記に取り上げた日本の経済システムを「現代日本経済システム」と呼び、その源流を日中戦争や第2次世界大戦中の統制体制に求めている。つまり、今日の経済システムの主要な構成要素の大部分は、1930年代後半から終戦までの戦時期に意図的に作られたものであるという。戦時体制に突入する前の日本の経済システムは基本的にアングロ・サクソン型のオーソドックスな資本主義的経済システムであった。ところが、戦時中、限られた資源を戦争のために総動員するために企画院の下で行われた計画的資源配分を、企業を実行機関として統制的に実現するために作られたシステムが現代日本経済システムの原型であり、その延長線で戦後の経済システムが発展してきたという。

そして、現代日本経済システムの中で、本書の分析対象である系列システムないし長期取引的下請システムの成立に関しては、岡崎・奥野（1993：26）は植田（1987）と港（1987）の研究を参考にしながら、次のように分析している。

「新体制」とほぼ同時期に立案された政策で、重要なものに下請制の整備に関する政策がある。「経済新体制確立要綱」が閣議決定された1940年12月、政府は「機械鉄鋼製品工業整備要綱」を通達した。優秀な中小企業を特定大企業の専属下請けとして指定し、両社の間に長期的な関係をとり結ばせ、下請けに対する指導・援助、一定量の発注、原材料供給の義務を親企業に負わせるというものである。専属化と親企業の過大な義務についての民間からの反発が強く、指定は円滑に進まなかったとされているが、長期的な下請関係の出発点はこの「新体制」期の制度改革に求められる……。

以上で考察したように、比較制度分析論は、系列システムを始めとする日本の経済システムが欧米の経済システムとは異なることを認めてはいるが、その理由を、文化論のように日本固有の要因によって分析するのではなく、より一般性の高い進化論的観点から分析している。特に、次の2点においては本書の研究課題とも深く関係している。第1は、岡崎・奥野（1993）は系列システムを含む現代日本経済システムは戦時体制の前には存在しなかったと指摘しているが、PTシステムの存在状況に関する第1の事実もこの指摘を裏付けている。つまり、戦時体制前のレーヨン産業においては、原糸メーカーによる織布企業及び染色企業に対する系列システムは存在せず、原糸が市場メカニズムによって取引されたことは比較制度分析論の議論のいう通りである。第2は、ある経済システムが歴史的初期条件に依存しながら進化するという経路依存的考え方である。後述するように、本書で取り上げるPTシステムの場合にも、その成立やその後の展開過程を分析することにはこの進化論的見方は重要であることが示される。

しかし、本書の研究課題との関係で比較制度分析に対しては次のような限界が指摘できる。第1は、歴史的初期条件に関わる問題である。比較制度分析論は、系列システムの源流を戦時体制に求めているが、少なくとも化学繊維産業における歴史的事実は必ずしも戦時体制源流説を支持するとは言えない。第3章で詳しく考察することになるが、化学繊維産業の場合は、系列システムの本格的成立に影響を与えたのは戦時体制であったというより、1950年代における朝鮮動乱後の反動不況という経済的要因と合成繊維の登場という技術的要因であったと言える。

第2に、比較制度分析論は、日本のあらゆる産業や製品において類似した経済システムが存在することを前提にしており、よりミクロなレベルにおける産業間ないし製品間の相違にあまり注目していない。本書で取り上げた原糸メーカーの行動はこのような普遍性を否定している。つまり、原糸メーカーが系列システムないしPTシステムを採用してきたのは、合成繊維の中でも長繊維分野においてであり、しかも長繊維分野におけるPTシステムの重要性も時期によって変化してきたのである。なお、現在は、PTシステムを採用しているのは差別化原糸という品種に限ってである。このように、比較制度分析論も、企業間システムの選択に影響を与える要因として製品特性を考慮していないという限界を持っていると言える。

(3) 二重構造論

上記の文化論や比較制度分析論は、PTシステムの存在状況を説明することに限界をもっているものの、PTシステムの長期取引的側面の説明に関連が深いと言える。それでは、PTシステムの持つもう1つの側面である賃加工システムはどのように説明すれば良いであろうか。賃加工システムを説明できる有力な分析ツールの1つとしては二重構造論が挙げられる。二重構造論は、ある経済システムには企業規模や労働力の面において中心領域と周辺領域という2つの分離された領域があるとし、そこでは次のようなメカニズムが働くという。

まず、企業間の規模格差に関連しては、Averitt (1968) によると、中心部にある企業は大企業として必要な技術、資本、人的資源を獲得することができるが、周辺部の企業は規模が小さい故に、これらの資源を利用することができず、中心部企業のバッファーとして利用されてしまう。その結果、周辺部企業は資本の蓄積ができず、中心部企業と対等になるように成長することができない。また、労働力に関連しては、Doeringer & Piore (1971) によると、中心部の労働者と周辺部の労働者との間には、それぞれの入口と出口が異なるから、前者は後者と競争することなく保護され、相対的に高い賃金を受けることができる。このような仕組みは社会のシステムの中に組み込まれ、その構造は変化しにくいものになる。

このように二重に分断化された経済システムの存在を前提にした上で、その構造に基づく下請システムが経済的に合理的であるという議論もある。Berger &

Piore (1980：78-80) は大企業と中小企業間の賃金格差を認めた上で、二重構造とは、大企業が高度に専門化された資源を活用する形で需要の安定的な部分を担当する一方、中小企業が非専門化された労働力を柔軟に生かす形で需要の不安定な部分を担当する労働の分業メカニズムであるとしている。しかも、大企業が、需要変動に対するバッファー手段として中小企業を利用することは経済的に効率的であるという。

二重構造論の考え方は、日本においては、戦後もしばらくの間に隆盛した独占資本主義論者との議論とも深く関わっている。その論者は下請制度ないし垂直系列に対して批判的見解を示している。例えば、小林 (1958：22-23) は企業系列を、大企業と中小企業間の垂直系列と大企業相互間の水平系列に区分した上、前者を、次に述べているように、独占資本による中小企業の搾取形態として捉えている[6]。

> 第一形態をとる企業系列化は、独占体が非独占企業や中小企業を原材料・生産・下請加工・製品販売などの分野において独占体の経営に結びつけて系列を形成し、それによって独占体自身の生産・販売体制を強化・安定化させるための独占資本支配の一形態である。このような独占支配の形態は、必ずしも戦後だけにみられた特徴ではなく、戦前においても、繊維産業における賃織、鉄鋼業における銑鉄・半製品の系列供給、機械工業における下請加工などの方法を通じて独占支配が行われてきたが、戦後においては原料・市場条件の変化に伴って、独占体が非独占企業や中小企業の収奪をより強くし、その支配従属関係をよりいっそう拡大・固定させようとする資本の強い要求に基づいて、戦後とくに顕著となったものであった。

以上のように、二重構造論における重要な概念は、賃金や柔軟性における企業規模間の格差である。これらの格差による経済の二重性に対する評価は論者によって異なっている。例えば、Berger & Pioreはそれが経済システム全体の効率性に寄与するといい、小林はそれは大企業による中小企業の搾取メカニズムであるという。いずれにせよ、二重構造論は企業間の規模格差を下請システムの成立理由として指摘しており、それによると、PTシステムの一側面である賃加工シス

テムは次のように説明される。大企業の原糸メーカーは、賃金コストや柔軟性において中小企業の織布企業や染色企業に比べて不利であるから、織物事業を行うことにおいて、織物の生産活動のみをそれらの企業に任すという賃加工システムを採用していると言える。

このように、二重構造論は賃加工システムを説明することには有効であるように見える。しかし、同理論は、文化論や比較制度分析論と同様に、企業間システムの選択における製品特性の影響を考慮していないので、原糸メーカーの行動を説明することには次のような限界をもつ。第1に、長繊維の場合は、戦前も戦後も織布企業は中小企業であり、原糸メーカーとの賃金格差は存在するにもかかわらず、原糸メーカーが戦前のレーヨン長繊維の場合には賃加工システムを採用せず、戦後の合成繊維長繊維において賃加工システムを採用してきた事実を二重構造論では説明できない[7]。第2に、合成繊維長繊維の場合でも、中小企業の低賃金を利用するならば、全ての原糸に対して賃加工システムを採用すればよいはずなのに、原糸メーカーがなぜ産業の成長期に、また今日の定番原糸に対しては原糸販売システムを採用するのかを二重構造論では説明しにくい。第3に、二重構造論は、仮に原糸メーカが賃加工システムを採用する理由を説明できるとしても、賃加工システムの中でも長期取引と短期取引が存在することについてはあまり説明力を持たないという限界をもつ。特に、Berger & Pioreの議論に従うならば、原糸メーカーは賃加工先を景気変動によるバッファー手段としながら、それらの企業と短期取引をすれば良いはずなのに、なぜそれらの企業と長期取引を行っているのかを説明することには限界があると言わざるを得ない。

(4) 取引コスト論

上記のように、文化論、比較制度分析論、二重構造論はいずれも、企業間システムの選択に影響を与える要因として製品特性を考慮しない故に、原糸メーカーの行動を説明することにおいて限界があることが指摘された。これらの理論に対して、製品特性を企業間システムの選択における重要な要因として取り扱っている理論としては取引コスト論が挙げられる。なお、取引コスト論は、企業間システムないし取引形態の選択に関する理論的分析ツールとして最も広く知られてい

る理論の1つであると言えよう。取引コストの概念はCoase (1937) によって打ち出されたものであるが、その後Williamsonによって発展させられ、今日には企業間システムの選択メカニズムを説明する主要な分析概念として使われている[8]。ここではWilliamsonの研究における取引コスト論の概要と本研究におけるその適用可能性と限界を考察してみよう。

　初期のWilliamson (1975) の研究においては取引の形態として市場か組織かという二分法的考え方が採用されており、取引形態を決める要因として環境要因と人間要因が取り上げられている[9]。まず、環境要因としては、取引される財やサービスの特性である不確実性・複雑性と、取引が行われる場の特性である取引主体の少数性が考慮されている。次に、人間要因としては、取引に参加する人間の限られた合理性と機会主義が考慮されている。これらの環境要因と人間要因が相互作用して市場での取引コストが高くなる場合に組織取引が成立するという。つまり、人間は限られた合理性しか持っていないため、取引される財・サービスが複雑で不確実である場合は市場での取引コストは高くなる。そして、人間は機会主義をもっているので、取引主体が少数である場合には駆け引きが起こりやすく、市場での取引コストは高くなる。しかし、組織内の取引にも調整のコスト、取引の固定化によるコスト等が存在する故、企業は市場での取引コストと組織内での取引コストを比較しながら、市場か組織かの選択を行うという。

　Williamsonの以上の議論は、市場取引か組織取引かの選択に関しては、有効な分析ツールを提示してくれるが、現実には長期取引のような中間組織的な取引が存在する。そこで、彼はその後中間組織的取引の選択も分析できるように研究を発展させてきた。この発展されたWilliamson (1979、1985、1991) の分析枠組では取引形態の選択要因として不確実性、取引頻度、投資の資産特殊性 (Asset Specificity) が取り上げられている[10]。特に重要な概念である資産特殊性とは特定の取引のために行われた投資を意味するが、その内容は場所特殊性、物理的特殊性、人的特殊性、奉納的(dedicated)特殊性として細分される。この資産特殊性と取引頻度との組み合わせによって構成される取引の各状況に対して、最適の取引形態が次のように選択されるという。まず、投資が非特殊的な場合は取引の頻度と関係なく、市場的取引が効率的である。次に、取引頻度が低くて、投資の資産

特殊性が中程度（mixed）か高い場合は三者合意的（trilateral）取引が効率的である。そして、取引頻度が高くて、投資の資産特殊性が中程度である場合は相互的（bilateral）取引、即ち長期取引が効率的である。最後に、取引頻度が高くて、投資の資産特殊性が高い場合は垂直統合による組織的取引が効率的である。

　以上の議論からも分かるように、Williamsonの取引コスト論は取引対象の財やサービスの特性を、取引形態を決める重要な要因として取り上げている。初期の研究における複雑性・不確実性の概念、後の研究における不確実性、取引頻度、投資の資産特殊性等は取引対象によって異なるものであり、それ故、これらの要因は取引対象の特性、あるいは財の場合には製品特性であると言える。

　それでは、Williamsonの取引コスト論は本書の研究課題を究明することにどれほど有用であろうか。製品特性を取引形態の選択要因として取り扱う同理論は、原糸メーカーの行動を説明できる可能性がかなり高いと考えられる。原糸メーカーがPTシステムを採用した3つの状況は全て製品特性と深く関わっているのである。第1に、PTシステムが化学繊維の中でも合成繊維長繊維分野に限って顕著に見られるというのは製品特性によって取引形態が異なることを反映している。第2に、合成繊維長繊維分野においてPTシステムの重要度がU字型的変化パターンを示すという事実については、長繊維の中でも特定の種類の長繊維のみに対して系列システムが採用され、U字型的変化パターンは原糸メーカーの製品戦略を反映しているというならば、この事実の説明にも取引コスト論の適用可能性が高いと言える。第3に、今日において、PTシステムが差別化原糸という特定の原糸品種に見られることに対しては、いうまでもなく、製品特性によって企業間システムが選択されるという取引コスト論の適用可能性が高い。

　しかし、こうした高い適用可能性にもかかわらず、取引コスト論に対しては、次のような限界が指摘できる。第1に、PTシステムにおける賃加工システムの側面を説明することにおける限界である。Williamson(1979)によると、不確実性や投資の取引特殊性が高い財の場合は内部取引が効率的である。そうであれば、今日において、不確実性が高いと考えられる差別化原糸については織物事業の垂直統合が効率的であるのに、現実に原糸メーカーが賃加工システムを採用しているのはなぜであろうか[11]。つまり、原糸メーカーが織物の開発と販売に対しては内

部取引を行い、その生産は外部に任せるということは取引コスト論では説明しにくい[12]。第2に、合成繊維長繊維の産業生成段階において、不確実性に対処する方法として、原糸メーカーが原糸販売ではなく、PTシステムを採用したとするならば、長繊維と同様に不確実性の高かった短繊維に対してはなぜPTシステムを採用せず、原綿販売システムを採用したのであろうか。つまり、賃加工システムが長繊維の場合の織布企業に対しては行われたが、短繊維の場合の紡績メーカーに対してはあまり行われなかったことを取引コスト論では十分に説明できるであろうか[13]。第3に、本書の主たる論点ではないものの、第5章では企業間システムの内容が原糸メーカー間によって異なることが議論されるが、こうした原糸メーカー間の相違を説明することには取引コスト論は適切な分析ツールを提示していないと言えよう。のみならず、原糸メーカーがどのような企業をなぜPTとして選定するかという問題に対しても、取引コスト論は適切な分析ツールを提示していない。

　いずれにしても、取引コスト論がもつこれらの限界は、取引に参加している企業の組織能力を同理論が十分に考慮していないことに関係している。つまり、製品特性が同一であっても、取引主体の能力が異なることによって、選択される企業間システムの内容が異なる点が取引コスト論では十分に考慮されていないのである。取引コスト論は、元来、市場経済において、なぜ市場だけでなく組織が存在するかという問題意識から出発した理論であることもあって、取引主体の1つである組織の中身によって取引形態が異なりうるという点にはあまり注意を払っていないことを指摘しなければならない。

(5) 関係特殊的技能論

　上記で、取引コスト論は取引主体の能力を考慮しないという限界をもつと指摘したが、企業間システムの選択に影響を与える要因として、取引参加企業の組織能力に注目した重要な研究としては、浅沼の研究が挙げられる。浅沼（1998；Asanuma、1989）は、自動車及び電気・電子機器産業おける中核企業（組立メーカー）とサプライヤー（部品メーカー）との取引関係に注目し、サプライヤーが保持している「関係特殊的技能（relation-specific skill）」が両者間の長期取引をもたらす重

要な要因であると議論している。つまり、以下で見るように、浅沼は、取引に参加している個別企業、特にサプライヤーの能力が自動車産業における企業間システムの選択に影響を与える重要な要因であることを指摘しているのである[14]。

浅沼 (1984a、1984b) は、まず、自動車産業における完成車メーカーとサプライヤーとの関係について、従来は下請システムとして呼ばれたものの内容を深く観察し、2つの種類の部品メーカーが存在していることを明らかにした。その1つは、完成車メーカー側が作成し貸与する図面に基づいて部品を製造し供給する「貸与図メーカー」であり、もう1つは、完成車メーカーが提示する仕様に答えて自力で図面を作成し、それに基づいて部品を製造し供給する「承認図メーカー」である。なお、それぞれの部品メーカーに対する部品調達方式は「承認図方式」と「貸与図方式」として呼ばれている。この2つの方式は、部品の製造は部品メーカーが行う点では共通しているが、部品の開発に関する企業間の分担方法においては異なる。つまり、前者の場合には完成車メーカーが、後者の場合には部品メーカーが部品の開発を担当しているのである。

浅沼 (1998) は、上記の2つの方式の他に外部購入の場合を想定し、部品の種類を市販品タイプ部品、承認図部品、貸与図部品に分類し、さらに承認図部品と貸与図部品に対しては、技術的主導性の程度によってそれぞれ3つのタイプに細分類している。このような類型化を行った上で、まず、中核企業がある部品をどのカテゴリーに割り当てるかは企業によって異なっており、その相違は個々の中核企業が特定の部品に関して蓄積してきた技術上の専門知識及び熟達の程度の差を反映しているという。つまり、中核企業の能力が部品調達方法の選択に影響を与えると指摘している。次に、各部品カテゴリーにおいて、サプライヤーが中核企業と長期的関係をもつかどうかは、サプライヤーが蓄積している「関係特殊的技能」と、それに対する中核企業の評定にかかっていると説明している。ここでいう関係特殊的技能とは、基本的には「中核企業のニーズに対して効率的に反応するためにサプライヤーの側に要求される技能のこと」であり (浅沼、1998：26)、その内容は、開発段階の初期、開発段階の後期、商業生産段階前、商業生産段階という4つの局面における能力として具体化されている。

以上で考察したように、浅沼は部品の調達方式を決める要因として企業の組織

能力を取り上げている。特に、完成車メーカーが貸与図方式、承認図方式、市販品方式の中のどの方式を選択するかについては完成車メーカーの能力を、また各方式の中で長期取引を結ぶか短期取引を結ぶかについてはサプライヤーの能力を重視している。

　彼の議論を本書の研究課題に適用すると、関係特殊的技能の背後にある組織能力の概念によって、原糸メーカーの行動の相当な部分は説明できる。特に、前記で取引コスト論の限界として指摘されたことは、組織能力の概念を取り入れることによって次のように説明できるであろう。まず、賃加工システムが成立するかどうかを組織能力の概念で説明することができる。つまり、合成繊維産業において賃加工システムが成立しているのは、織物の開発と販売に関しては原糸メーカーが、織物の生産に関しては織布企業や染色企業が有利な能力を持っているからであると言える。また、合成繊維の中でPTシステムが長繊維では見られるが、短繊維では見られないことに対しては、長繊維の場合の織布企業と短繊維の場合の紡績企業における組織能力の差によって説明されよう。また、企業間システムの内容が原糸メーカーよって若干異なることについても、浅沼が完成車メーカー間の能力の差について指摘しているように、その相違は原糸メーカー間の組織能力の差を反映していると説明することができる。

　ところが、浅沼の議論は、企業間システムを選択する要因としての製品特性は明確には考慮していない。一応、各調達方式毎に主に採用される部品の種類は言及しているが、ある部品に対して特定の調達方式が採用されることに関する理論的分析枠組ないし概念を提示していない。それ故、本書との関係でいうと、製品特性と関連する原糸メーカーの次の行動を説明することに適切な分析ツールを提示していないと言える。つまり、原糸メーカーが化学繊維の中でなぜ合成繊維長繊維のみに対してPTシステムを採用しているか、合成繊維長繊維の場合にもなぜPTシステムの重要度が同産業の発展段階とともに変化してきたか、そして、今日になぜPTシステムが差別化原糸という特定の品種において採用されているのかを説明できる明確な分析ツールを提示していないのである。

26 第2章 理論的分析枠組

(6) 既存理論のまとめ

以上、PTシステムを含む企業間システムを説明する理論として5つの既存理論を考察してみたが、そのいずれも本書で取り上げた原糸メーカーの行動を部分的に説明するに過ぎない。つまり、それらの理論は、原糸メーカーの行動と関連する3つの事実を包括的に説明することには限界があることが言える。

これらの既存理論の中で、文化論、比較制度分析論（現代日本経済システム戦時体制源流説）、二重構造論はマクロ的観点に立って日本の経済システムを説明しようとしている故、ミクロ的現象である原糸メーカーの行動を説明することに限界を持っていると言える。つまり、文化論は、日本の文化というマクロ概念によって、長期取引という日本経済の一般現象を説明しようとする故、原糸メーカーが製品によって異なる企業間システムを採用しているというミクロ的現象を説明することに限界をもっている。また、比較制度分析論は、戦時体制中に作られた制度によって、戦後の日本経済システム一般の現象を説明しようとする故、戦後に原糸メーカーが採用してきた様々な企業間システムを説明することに限界を持っていると言える。そして、二重構造論は、主に大企業と中小企業の賃金格差というマクロ概念によって、下請システムや賃加工システムを説明しようとする故、原糸メーカーが賃加工システムを採用しているのは状況によるという現象を十分に説明していないと言える。

一方、上記の3つの既存理論と比較した場合、取引コスト論や関係特殊的技能論は、企業間システム選択の問題をよりミクロ的概念によって説明しようとしていると言える。つまり、取引コスト論は個別製品の特性に、関係特殊的技能論は個別企業の能力に注目しているのである。それ故、この2つの理論は、本書の原糸メーカーのミクロ的な行動を説明することにおいて、他の3つの既存理論よりは高い説明力をもっているとも言える。実際、取引コスト論は原糸メーカーが取引対象によって異なる企業間システムを採用していることを、また、関係特殊的技能論は原糸メーカーやその取引相手の能力水準によって、異なる企業間システムが採用されることを説明する可能性が高いことが指摘された。しかし、この2つの理論は、製品特性や組織能力の中の一方に注目している故、原糸メーカーの行動を包括的に説明するまでには至っていないことも指摘された。

ここで、取引コスト論が注目する製品特性と、関係特殊的技能論が注目する組織能力、両方を考慮することによって、原糸メーカーの行動を包括的に説明できると予測される。こうした既存研究の状況を踏まえて、次の節では、製品特性と組織能力両方を考慮し、「機能活動間の相互依存性」と「組織能力の比較優位性」とをキー概念とする本書の分析枠組を提示する。

2　本書の理論的分析枠組

この節では、本書で提示する分析枠組の背後にある理論的背景を考察した後に、原糸メーカーの行動を説明するための本書の分析枠組や分析概念を提示する。

(1) 理論的背景

本書では、取引コスト論と関係特殊的技能論の延長線で、企業間システムの選択に影響を与える要因として製品特性と組織能力に注目するといったが、取引コスト論や関係特殊的技能論は経済学分野における研究者によって発展された理論である。ところで、製品特性や組織能力の概念は組織論や戦略論の分野において古くから注目された概念である。こうした既存研究の状況を考えると、組織論や戦略論の分野で製品特性や組織能力の概念がどのように取り扱われてきたかを考察することは、本書の研究が同分野の既存研究に対してどのような意味をもつかを理解することにも役立つ。後述するように、組織論や戦略論の研究では、製品特性や組織能力の概念が主に企業内部の問題に関連して議論されたが、本研究の意義の1つはこれらの概念を企業間システムの分析に応用したことにあると言えよう。

まず、組織論や戦略論の分野で製品特性という要因を考慮した既存研究について考察してみよう。製品特性を製品の技術的特性として捉えるならば、技術が組織構造の選択に与える影響については数多くの研究が行われたと言えよう。それらの研究はコンティンジェンシー理論の技術学派を形成している[15]。企業間システムの問題と企業内部の組織構造の問題は同一ではないが、前者が後者の延長線で議論できると考え、技術学派の議論について簡単に触れてみよう。

コンティンジェンシー理論の先駆的研究を行ったBurns & Stalker (1961) や

Lawrence & Lorsch（1967）は、技術や市場という環境要因が異なる場合に組織構造がどのように異なるかを研究した。なお、Woodward(1965)はサウス・エセックス地区の製造企業を調査し、技術と組織構造との適合が高い成果を生み出すことを発見した。この研究で彼女は技術を単品生産、スモール・バッチ生産、ラージ・バッチ生産、マスプロ生産、装置生産、そしてそれらの混合形態として分類しているが、彼女のいう技術とは製品タイプに近い概念である。

　環境ないし技術という状況要因と組織変数との関係をより体系的に研究した例としてはThompson（1967）の研究が挙げられる。彼は「相互依存性（interdependence）」の概念を取り上げ、異なった相互依存性のタイプには異なった組織の対応が必要であると主張している。つまり、個々の組織要素が独立的に全体に貢献する共振的相互依存（pooled interdependence）の場合は標準化（standardization）による調整が、一方が他方に影響を与える逐次的相互依存（sequential interdependence）の場合は計画（plan）による調整が、そして2つの組織要素が相互にインプット・アウトプットの関係になる互恵的相互依存（reciprocal interdependence）の場合は相互調節（mutual adjustment）による調整が必要であるという。さらに、彼は、組織がパワーを拡大するためドメインを拡大する方法は、組織が用いているコア・テクノロジーの種類によって異なるという。つまり、長連結型テクノロジーを採用している組織は垂直統合によって、媒介型テクノロジーを採用している組織は、サービスを受ける対象の人々を増大することによって、そして集約型テクノロジーを採用している組織は、働きかける対象を取り込むことによって、ドメインを拡大しようとするという。

　なお、技術ないし製品特性を状況要因とし、異なる状況の下で異なる組織構造が必要であるという議論は製品開発論の分野でも多く議論されている。例えば、Clark & Fujimoto（1991）は自動車の製品開発において、量産車の場合は重量級プロジェクト・マネージャー組織が、高級車の場合は機能別組織が効果的であることを示している。また、Eisenhardt & Tabrizi（1995）は、予測可能なプロジェクトの場合は逐次的開発ステップを圧縮するいわゆるコンプレション戦略（compression strategy）が、予測不能なプロジェクトの場合は直感や柔軟な選択肢を採用する経験的戦略（experiential strategy）が効果的であるという。

上記で考察したように、製品特性を状況変数として考慮する組織論分野での研究の多くは、その状況変数の下でどのような組織構造が有効であるかに注目している。本書では、組織論におけるコンティンジェンシー理論の議論を踏まえて、製品特性の変数を企業間システム選択の問題に応用することにする。後述するように、製品特性の内容としては、Thompson（1967）のいう相互依存性に注目する。本書の分析枠組では、特に企業の機能別活動間における相互依存性に注目し、その要因が企業間システムの選択に与える影響を議論する。

次に、組織論や戦略論において組織能力に関して議論した既存理論を考察してみよう。組織能力の概念はいわゆる「資源・能力アプローチ」の研究でよく使われてきた概念である。このアプローチを採った先駆的研究者としてはPenrose（1959）が挙げられる。彼女は企業を経営組織としてのみならず、物的・人的資源という生産的資源の集合体として捉えている。なお、企業の生産過程に実際投入されるのは資源そのものではなく、資源から生み出されるサービス（service）であるという。そして、企業の生産活動は「生産的機会（productive opportunity）」によって制約されるが、その機会の本質や範囲を左右するものは経営チームないし経営資源（managerial resources）であるといい、企業成長を決める要因としての経営資源の重要性を指摘している。

企業成長における資源の重要性を強調したPenroseの考え方は、その後企業戦略論や競争戦略論の分野に継承された[16]。企業戦略論についていうと、次のような研究が例として挙げられる。Learned et al.（1965）は、企業が政策を策定する時、機会及び脅威という外的要因のみならず、長所や短所という内的要因、つまり内的資源ないし能力を重視すべきであると指摘している。Rulmet（1974）は、多角化の様々な形態の中で、本業との関連のある多角化が成功する傾向があることを示し、多角化戦略における企業の内的資源ないし能力の重要性を強調している。また、Hofer & Schendel（1978：日本語訳7）は、「今日のトップ・マネジメントの職務の決定的に重要な局面は、組織の能力を、その資源が経時的に有効かつ能率的に展開できるような方法で、環境の変化が生みだす機会とリスクにマッチさせることにかかわることである」といい、戦略における資源の重要性を明示している。

このように、企業の資源や能力を重視する考え方は、1970年代までは企業の成長や多角化等、主に全社戦略を策定するところに応用されたが、1980年代に入ってからは企業の競争戦略を分析することにも積極的に活用されることになった。資源を競争優位の源泉としてみているこの研究アプローチはWernerfelt（1984、1995）によって「リソース・ベースド・ビュー（resource based view）」として命名されたが、資源と類似な概念が様々な論者によって提示されている。例えば、Nelson & Winter（1982）は「組織ルティン（organizational routine）」を、Prahalad & Hamel（1990）は「コア・コンピテンス（core competence）」を、Teece et al.（1997）は「ダイナミック能力（dynamic capability）」を、藤本（1997）は「進化能力」を取り上げている。いずれにせよ、資源・能力アプローチは1980、90年代において、産業組織論をベースとした競争戦略とともに、一学派を成立させるほど発展を成し遂げている[17]。なお、競争優位を決める主要因として、産業組織論に基づいた競争戦略論は産業構造、ライバルの行動等、外部の要因に注目しているのに対して、資源・能力アプローチは企業の内的要因を重視している点で、両者は大きく異なっていると言える。

ここで、資源・能力アプローチと本書の研究との関係について、2つの点を指摘しておく。第1は、資源の概念と能力の概念との関係である。本書では両概念を次のように位置づける。まず、資源とは、企業がもっている物的・人的ストックであると考える。具体的には、例えばPenrose（1959：24-25）によると、物的資源としては工場、設備、土地及び天然資源、原材料、半製品、廃棄物及び副産物、完成品在庫等があり、人的資源としては非熟練及び熟練労働者、事務、経営、財務、法務、技術、管理スタッフ等がある。一方、能力（capability）とは、ある企業が自社の資源を活用し、特定の活動を実現できる可能性であると考える。これは、Penrose（1959：25）のいうサービスに近い概念であると言える。本書では、特定の企業活動群に関わる企業間システムの分析に焦点を当てるために、以下では分析概念として資源より能力を用いることにする。なお、企業組織に関わる能力である故、単なる「能力」という言葉よりは「組織能力（organizational capability）」という言葉を用いることにする。

第2は、資源ないし組織能力という概念を企業間システム分析に応用する問題

である。上記で考察したように、資源・能力アプローチは企業の成長や競争優位の分析には応用されたが、企業が特定の事業においてどのような企業間システムを選択すべきかという問題に関しては積極的には活用されてこなかったと言える。企業間システムの分析に資源の概念を応用した重要な研究としてはPfeffer & Salancik (1978)の資源依存論がある。ところが、彼らは、資源・能力アプローチとは異なった観点で資源の重要性を強調している。つまり、資源・能力アプローチは組織内部の資源に注目しているのに対して、彼ら(1978：3)は、必要な資源を如何に外部から獲得するかについて注目しており、外部組織への依存が組織の生存において決定的に重要であると考えている[18]。このように、資源・能力アプローチと資源依存論は、企業の内的資源または外的資源という一方の資源に注目するのみであり、企業にとっての内的・外的資源両方を考慮し、企業間システムの選択を分析するまでには至っていない。本書ではこの点を考慮し、以下では内的資源、外的資源両方を考慮した分析枠組を提示することにする。

(2) 分析枠組及び分析概念[19]

企業間システムの選択要因として製品特性の要因と組織能力の要因を考慮する本書では図2-1のような分析枠組を提示する。本分析枠組は、企業は環境に合う戦略を採用し、さらに戦略に合う組織を採用する場合に高い成果を達成するという典型的な「環境―戦略―組織」という枠組を採用している。その具体的な中身においては、戦略の項目として「製品戦略」を、組織の項目として「企業間システム」を取り入れる。さらに、製品戦略が企業間システムに影響を与えるメカニズムにおいて、媒介変数として製品特性の要因と組織能力の要因が採り入れられ、前記したように製品特性と組織能力が企業間システムの選択に影響を与えるという分析枠組になっている。以下では、分析枠組内の各要素と要素間の関係について説明する。

まず、分析における被説明要因である企業間システムを「複数の機能活動に対する取引形態の組合せ」として定義する。ここでいう機能活動(functional activity)とは、ある製品の開発、生産、販売という各機能別活動を指しており、ある企業が個別の機能活動に対して選択できる取引形態としては「短期外部取引」、「長期

図2-1　本書の分析枠組

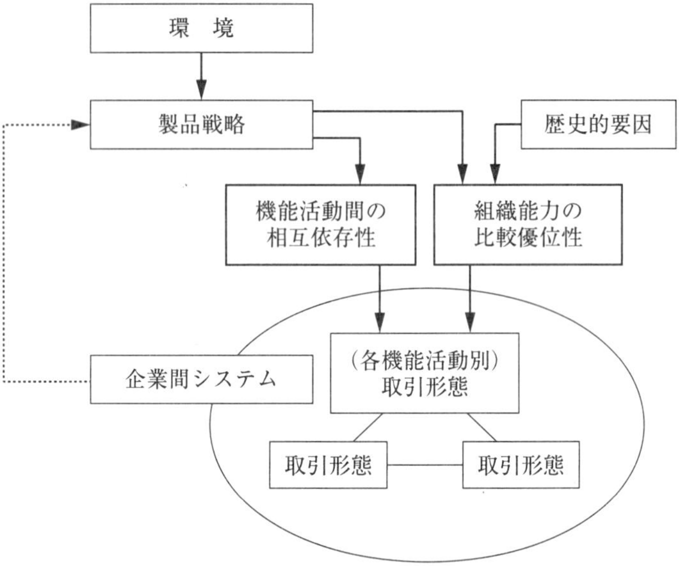

```
          ┌─────┐
          │環　境│
          └──┬──┘
             ↓
    ┌──→ ┌─────┐       ┌──────┐
    │     │製品戦略│       │歴史的要因│
    │     └──┬──┘       └───┬──┘
    │        │   │          │
    │        ↓   ↓          ↓
    │    ┌────┐  ┌────┐
    │    │機能活動間の│  │組織能力の │
    │    │相互依存性 │  │比較優位性 │
    │    └──┬──┘  └──┬──┘
    │        │       │
    │        ↓       ↓
    │    ╱───────────╲
    │   ╱ ┌────────┐ ╲
 ┌──┴──┐ │(各機能活動別)│
 │企業間システム│ │取引形態    │
 └─────┘ └────────┘
         │  ┌────┐  ┌────┐ │
         │  │取引形態│─│取引形態│ │
         │  └────┘  └────┘ │
          ╲───────────╱
```

外部取引」、「内部取引」という3つの形態があると考える。短期外部取引とは、当該の機能活動を外部の企業に任せているが、その取引先とは短期取引を行っている場合である。長期外部取引とは、当該活動を外部の企業に任せてはいるものの、その取引先と長期取引を行っている場合である。そして、内部取引とは当該の機能活動そのものを自社の内部で行っている場合である。これらの定義に従うと、例えば、本書でいうPTシステムとは、原糸メーカーが原糸の開発と生産、織物の開発と販売に対しては内部取引を行い、原糸の生産活動のみに対しては長期外部取引を行う場合である。

　そして、製品戦略が企業間システムの選択に影響を与えることになっているが、その影響のメカニズムにおいては、戦略的に選択された製品における「機能活動間の相互依存性」と「組織能力の比較優位性」が、関連する各機能活動の取引形態に影響を与え、その結果として企業間システムが選択されると考える。ここで提示する2つの概念については後述するが、前者は製品特性の要因であり、後者は組織能力の要因である。なお、企業の組織能力は瞬時に形成されるものではな

く、歴史的要因が組織能力の蓄積に影響を与えると考える。つまり、広い意味での進化論の立場から組織能力の経路依存性（path dependence）を考慮するのである[20]。このように、製品戦略が機能活動間の相互依存性と組織能力の比較優位性を通じて企業間システムを選択するが、逆の因果関係も重要である。つまり、企業は現有の組織能力及び企業間システムを考慮しながら、これらに適した製品戦略を策定すると考えられる。なお、企業がどのような製品を選択するかという製品戦略は環境によって影響されるが、その環境要因の重要な要素としては製品市場のニーズが考えられる。

　それでは、各機能活動に対する取引形態を選択する要因として本書が提示する概念の定義と、それらによる取引形態の選択メカニズムについて考えてみよう。まず、Thompson (1967) のいう相互依存性の概念に基づき、機能活動間の相互依存性とは「２つの機能活動において一方が遂行されるために技術的に他方との調整を必要とする度合い」であると定義する[21]。次に、組織能力の比較優位性とは「ある機能活動を遂行することにおいて、ある企業組織が他社に比して優位的な能力を有しているか否かの状況」であると定義する。ここでいう組織能力とは前記の資源・能力アプローチの研究が注目する概念である。本書の分析では、組織能力の比較優位性の概念が持ちかねない同語反復の問題に陥らないために、個別の機能活動に必要な組織能力の内容を明記する。

　次に、企業は各機能活動に対する取引形態を図2.2のようなメカニズムで決めるのが効果的であると考える。ここでは、企業は一定の機能活動の組合せを既に内部で行っており、その中の中核的な活動を「コア活動」と呼ぶことにする。このような前提の下で、企業は他の機能活動に対してどのような取引形態を選択するかという問題に直面していると考えよう。図の縦軸は企業のコア活動と、取引の対象になる当該活動間の相互依存性を表しており、その尺度としては高低の二段階を考える。一方、図の横軸は組織能力の比較優位性を表しているが、取引の対象になる当該活動に対して自社または他社が優位であるという尺度を考える。なお、個別の機能活動に関する企業間の優位性は、客観的な基準によって、ある程度測定できるものであるものの、その判断における企業の当事者の主観を完全には排除できないと考える[22]。

取引の選択メカニズムは上記の軸のいずれからも説明できるが、図を縦軸から読むことにしよう。そうすると、自社のコア活動と当該の機能活動間の相互依存性が低い場合は、短期外部取引か内部取引が選択可能であるが、他社が優位な能力をもつ場合は前者が、自社が優位な能力をもつ場合は後者が効果的であると考えられる。また、相互依存性が高い場合は、長期外部取引か内部取引が選択可能であるが、他社が優位な能力をもつ場合は前者が、自社が優位な能力を持つ場合は後者が効果的であると考えられる。ここで、他社が自社より優位な能力を持ち、しかも活動間の相互依存性が高い場合に短期取引ではなく長期取引が効果的である理由は、活動間の調整のために自社と他社間の継続的なコミュニケーションが必要であるからである。

こうした図2.2のメカニズムによって、ある機能活動に関する取引形態が選択されるが、他の機能活動に対しても同様なメカニズムによって取引形態が選択される。例えば、原糸メーカーが織物分野に対して直面する企業活動としては、織物開発、織物生産、織物販売等が考えられるが、それぞれの活動に対して図2-2のメカニズムによって取引形態が選択されると考える[23]。そして、これらの複数の機能活動に対して選択されたそれぞれの取引形態の組合せが、例の場合でいうと、原糸メーカーの織物分野に対する企業間システムであることになる。

図2-2　機能活動別取引形態の選択メカニズム

機能活動間の相互依存性 （コア活動と当該活動間）	他社優位	自社優位
低い	短期外部取引	内部取引
高い	長期外部取引	内部取引

組織能力の比較優位性

以上、本書における分析枠組が提示された。こうした枠組が原糸メーカーの行動を説明するのにどれほど有用であるかを確認するために、次の第3章から第5章までは原糸メーカーが歴史的にまた現実にどのような企業間システムをどのような理由で選択したかを詳しく考察する。原糸メーカーの行動を説明することにおける既存理論の限界を指摘するためには、前節で議論したように、反例を示せば良かった。しかし、本書の分析枠組の妥当性を立証するためには、詳細な事実によってその妥当性を納得させなければならない。そして、第6章では、第3章から第5章までにおいて考察された事実をベースにし、本書の分析枠組による原糸メーカーの行動を分析し、その枠組の妥当性を議論することにする。

---

(1) この Dore の議論は Nishiguchi（1994：13-15）によって分かりやすく要約されており、以下の議論はその要約も参照した。
(2) Doreは、信用と類似の概念として慈悲心（benevolence）も取り上げているが、不対等な関係を想定している慈悲心という概念を使うよりは、対等な関係を前提にしている信用という概念を使うことにしている。
(3) 彼は、その具体的例として、西脇のウール・テキスタイル産業の構造を取り上げながら、同地域において、紡績メーカーによる垂直統合が後退し、コンバーター、織布企業、染色企業等による長期取引的ネットワークが進展したことを議論している。
(4) X効率は Leibenstein（1966）によって提起された概念である。資源配分の効率に関する従来の分析においては、企業は費用を最小化し、利潤を極大化すると仮定されている。ところが、現実には企業は競争圧力から隔離されると、費用最小化や利益極大化を指向しなくなる。経営者や労働者は自分の利得のため費用の肥大化あるいは利益の費用化を行うことになる。これをX非効率という。逆に、企業の行動が費用の最小化を通じて企業内の資源を最適配分する場合にはX効率が達成されることになる。X効率に関する説明とその実証的研究に関しては植草（1982：350-356）が詳しい。
(5) 制度的要因が企業組織の行動に重要な影響を与えるという、いわゆる制度主義論は経済学の分野でのみならず、社会学の分野でも盛んに議論されている。DiMaggio & Powell（1983）がその代表的な研究として挙げられる。経済学的制度主義は主に国家を分析単位としているのに対して、彼らの場合には、分析単位

はいわゆる「組織フィールド（organizational field）」である。これは国家、産業、地域等のように、議論の必要に応じ、多様なレベルの組織環境であると考えることができる。なお、彼らの関心の焦点は、ある組織フィールドにはなぜ類似な組織現象が見られるのかである。そこで「同型化（isomorphism）」という言葉を議論の中心概念としている。同型化とは、「ある集団内にいる単位組織を、同一の環境に直面している他の単位組織に似ていくように強制する制約的過程」であり、ある環境特性の下では組織は類似した組織特性をもつように変化するという現象を指している。

(6) この独占資本論の考え方に基づきながら、藤井（1971：228-243）は合成繊維産業における系列システムを次のように分析している。合成繊維メーカーは、賃金の企業規模間格差を表す二重構造を前提とした上に、品質管理の徹底化、天然繊維等の既存繊維との競合の打ち勝ちのために、織布や染色部門に対する系列システムを構築した。それにしても、この系列化の本質は、原糸メーカーが、中小機屋、染色、縫製業者を掌握することによって、長期安定利潤つまり独占的利潤を確保することであるという。

(7) 短繊維の場合は、取引先が大企業の紡績メーカーである故、原糸メーカーは賃加工システムを採用せず、原綿販売システムを採用してきたと二重構造論によって説明できるかも知れない。

(8) Coase（1937）の議論をまとめた研究にとしては岡本（1987：4-5）を参照せよ。

(9) Williamson（1975）の議論をまとめた研究としては今井ほか（1982：55-61）を参照せよ。

(10) Williamson（1979）の議論をまとめた研究としては浅沼（1983）を参照せよ。

(11) また、Williamson（1979）のいう相対取引ないし長期取引である長期取引的原糸販売も考えられるが、現実に原糸メーカーはそのようなシステムを採用していない。

(12) 分析レベルを開発、生産、販売という機能活動に下げて、各活動に対する取引形態の選択の問題を取引コスト論で説明することも考えられる。この場合は、賃加工システムが採用されるのは、織物の開発と販売がその生産に比べて不確実性や投資の取引特殊性が高いからということになるが、この説明も説得力が低い。

(13) 原糸メーカーが合成繊維短繊維に対してもPTシステムを部分的には採用したものの、短繊維原綿の大部分を紡績メーカーに販売していた。より詳しい内容は第3章で記述される。

(14) 自動車産業のサプライヤー・システムについて、取引主体の組織能力の重要性

に注目した近年の優れた研究としては浅沼の他にTakeishi（1997、2001）の研究がある。浅沼は主にサプライヤーの組織能力を強調したのに対して、Takeishiはアセンブラーの内的能力がサプライヤー管理能力につながることを強調している点は特に注目すべきである。

(15) コンティンジェンシー理論一般に関しては、野中ほか（1978）と加護野（1981）を参照せよ。

(16) ここでいう企業戦略（corporate strategy）とは全社戦略ともいわれるものであり、主に企業の事業領域の選定に関わる戦略を指す。なお、競争戦略（competitive strategy）とは事業戦略ともいわれるものであり、特定の事業において如何に他社に比べて競争優位を獲得するかに関わる戦略を指す。

(17) 産業組織論ベースの競争戦略論の中でも2つの流れがあり、1つは、Bain（1959）等の旧産業組織論（old I.O.）に基づき、産業構造が企業の競争優位を決める決定的な要因であるという観点に立つPorter（1980、1985、1991）の競争戦略論であり、もう1つは、ゲーム理論に基づく新産業組織論（new I.O.）を企業間の競争分析に応用する競争戦略論（Saloner, 1991; Ghemawat, 1991; Camerer, 1994）である。なお、資源・能力アプローチの研究については、Barney（1986），Grant（1991），Chatterjee & Wernerfelt（1991），Mahoney & Pandian（1992），Peteraf（1993），Eisenhardt & Martin（2000）等を参照せよ。

(18) Pfeffer & Salancik（1978：114）は組織の拡大を次のように環境への働きとして捉えている。まず、垂直統合とは、組織にとって決定的に重要な分野へのコントロールを拡大する手段であり、水平統合とは、環境に対する組織のパワーを拡大させるとともに、競争からもたらされる不確実性を減らす方法であり、多角化とは、自らの組織に対する他組織の支配力を減少させる方法であるという。なお、資源依存論を含めた組織関係論については山倉（1993）と現代企業研究会（1994）を参照せよ。

(19) この部分の記述は、李（1999b）の一部の内容を基に改稿したものである。

(20) 本書は歴史的事実を分析することにおいて基本的には進化論の立場をとっている。但し、「変異（variation）－淘汰（selection）－保持（retention）という典型的進化論のモデルは適用しないということで、広い意味での進化論の立場をとっているといえる。進化論については、Nelson & Winter（1982），Burgelman（1994），Levinthal & Myatt（1994），Montgomery（1995），Barnett & Burgelman（1996），Doz（1996）等を参照せよ。

(21) Thompson（1967）は相互依存性の概念を主に企業内部の活動に対して使っているが、本書では企業内外部を問わず、複数の企業活動間における相互依存性を考

⑿　というのは、企業の経営資源は経営者の構想力に依存するとPenrose (1959) がいうように、企業が自社の組織能力を考慮し、企業間システムを選択する際にも担当者の主観が介入せざるを得ないからである。

⒀　実際は、織物の開発や生産も、撚糸、織布、染色の開発や生産のように、さらに細分化された機能活動として分類することもできるが、この場合でも同様のロジックが適用できると考えられる。

第3章　化学繊維産業における企業間システムの製品分野間の相違

1　はじめに

　日本の化学繊維産業において、原糸メーカーはPTシステムをあらゆる製品分野において採用したのであろうか。もし、そうでないならば、どのような製品分野においてPTシステムを顕著に採用したのであろうか。本章では、日本の化学繊維産業において、原糸メーカーは戦前のレーヨンや戦後の合成繊維短繊維ではPTシステムはあまり採用せず、戦後の合成繊維長繊維においてPTシステムを顕著に採用したことを明らかにする。

　第2節では化学繊維産業及びその川下産業の略史を概観する。第3節から第5節までは化学繊維産業においても企業間システムは製品によって異なってきたことを考察する。日本の化学繊維メーカーは戦前は主にレーヨン（ビスコースレーヨンの略称）を、戦後は主に合成繊維を生産した。なお、戦時中や戦後の経済統制期には市場経済が麻痺する状況であった。こうした事情から、レーヨンと合成繊維という両製品分野間の比較分析は企業間システムの時代間の比較分析にもなる。そこで、第3節では日中戦争以前におけるレーヨン長短繊維における企業間システムの状況を、第4節では、戦時及び戦後統制体制期における同製品分野における企業間システムの状況を考察する。なお、この2つの節では主に歴史的事実の記述を中心に考察する。そして、第5節では、戦後のレーヨン及び合成繊維長短繊維における企業間システムの状況を統計データを中心に考察する。最後に、第6節では本章の内容をまとめる。

2　日本の化学繊維産業及び同川下産業の略史

　原糸メーカーが川下の織物や紡績糸分野に対して選択してきた企業間システムを考察する前に、分析の対象とする産業の略史を考察する。まずは、原糸メーカー

が属している化学繊維産業を考察した後に、長繊維の川下分野である長繊維織物産業と、短繊維の川下分野である紡績糸産業を考察する。

(1) 日本の化学繊維産業の略史

原糸の生産量の推移を把握することによって、日本の化学繊維産業の歴史を簡単に考察してみよう。図3-1は日本における化学繊維の生産量を天然繊維の生産量と比較したものである。図に見られるように、いずれの繊維も日中戦争や第2次世界大戦の影響を受け、終戦の1945年にはその生産が壊滅状態になってしまった。それ故、日本の繊維産業は戦前の隆盛期はあったものの、戦後に再出発することになった。なお、繊維の主役は戦前と戦後に大きく異なっている。戦前は、化学繊維産業が大きな発展を成し遂げたものの、綿糸の生産量が圧倒的に多かっ

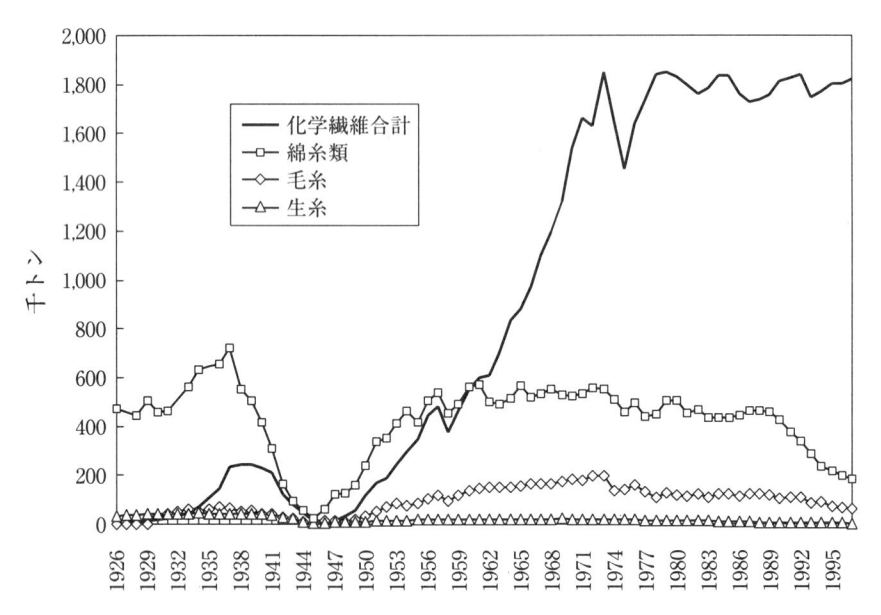

図3-1 日本の繊維別生産量の推移

(注) 化学繊維合計＝ビスコースレーヨン長短繊維＋キュプラ長短繊維＋アセテート長繊維＋合成繊維長短繊維。
(出所) 各年の「繊維統計年報」のデータから筆者が作成。

た。ところが、戦後になってからは、綿糸の生産量は1961年にピークに達した後に成熟段階に入り、第1次石油危機以後は衰退傾向を示している。戦後は、綿糸に代わって化学繊維が繊維の主役として発展したのである。綿糸、毛糸、絹という天然繊維は第1次石油危機を契機にいずれも衰退していったが、化学繊維はその影響を受けたものの、その後に回復し、今日まで約180万トン前後の年間生産量を維持している。

次に、化学繊維産業の発展過程を製品分野別に考察してみよう。前記の通り、化学繊維としては、再生繊維のレーヨン及びキュプラ、半合成繊維のアセテート、そして合成繊維がある。その中で、図3-2に見られるように、レーヨンと合成繊維が化学繊維生産量の大部分を占めている。なお、化学繊維の主役は戦前にはレーヨンであり、戦後には合成繊維であることが分かる。日本においては、1920年代に生まれたレーヨン産業は、日本が戦時体制に突入するまでは急速に発展したが、

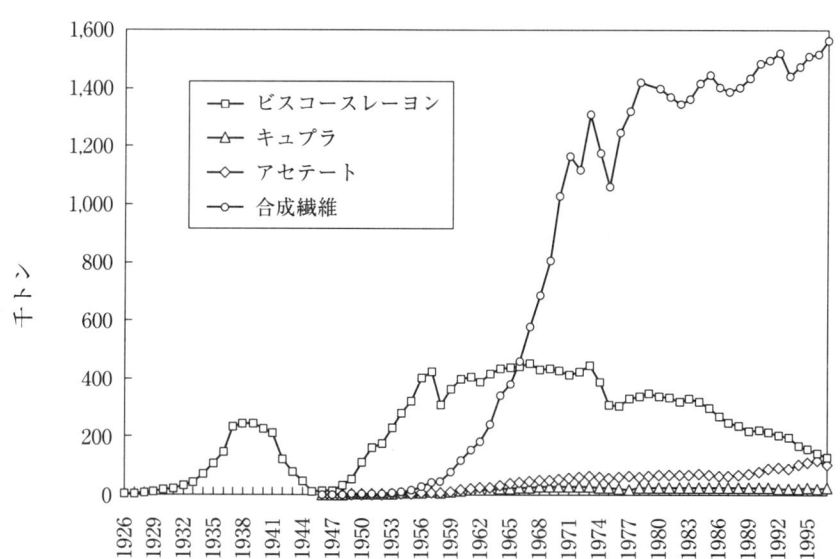

図3-2　日本の化学繊維の生産量推移

(注)　1926—1945年のビスコースレーヨン生産量の中にはキュプラの生産量が含まれている。
(出所)　各年の「繊維統計年報」のデータから筆者が作成。

42 第3章 化学繊維産業における企業間システムの製品分野間の相違

他の繊維の場合と同様に戦時体制の中で壊滅した。同産業は戦後復興したが、その生産量の推移は前記の綿糸の場合と類似したパターンを示している。つまり、早くも1960年代初頭に成熟段階に入り、第1次石油危機の後は衰退している。一方、戦後に生まれた合成繊維産業は第1次石油危機までは急成長し続けたが、その後は成熟の推移を示している。以下では、レーヨン産業と合成繊維産業の変化を長繊維と短繊維に区分して簡単に考察してみよう。

まず、レーヨンの場合を考察してみよう。図3-3に見られるように、日本では同長繊維は1920年代後半から、同短繊維は1930年代前半から生産が本格化した。両方の生産量は、その後急速に伸びたが、長繊維は1937年に、短繊維は1938年にピークに達した後、戦時体制における企業整備によって、急速に低下することになった。戦後は、長短繊維両方とも目覚ましく復興したが、長繊維は早くも1960年代初頭から、短繊維は第1次石油危機の後から衰退の道を辿ることになった。なお、戦後しばらくの間までは、長繊維は人絹糸またはレーヨン糸と、短繊維は

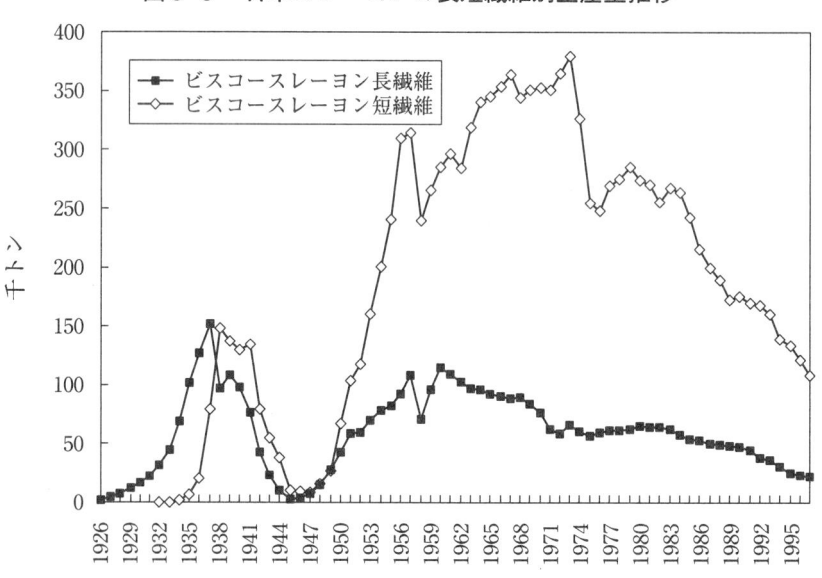

図3-3 日本のレーヨンの長短繊維別生産量推移

(出所) 各年の「繊維統計年報」のデータから筆者が作成。

スフ（staple fiberの略字）と、紡績糸はスフ糸と呼ばれていたが、以下ではそれぞれをレーヨン長繊維、レーヨン短繊維、レーヨン紡績糸と呼ぶことにする。

表3-1は、各時期におけるレーヨンのメーカーを生産量または生産能力の大きさ順で示したものである。長繊維の先発メーカーは帝国人造絹絲（鈴木商店が1918年に設立、今日の帝人）と旭絹織（日窒が1922年に設立、後の旭ベンベルグ、そして今日の旭化成）であった[1]。その後、1920年代後半に東洋レーヨン（三井物産が1926年に設立、今日の東レ）、日本レイヨン（大日本紡績が1926年に設立、今日のユニチカ）、倉敷絹織（倉敷紡績が1926年設立、後の倉敷レーヨン、今日のクラレ）、昭和レーヨン（東洋紡が1928年に設立、後に同社に吸収される）が設立され、主要6社体制が整った[2]。一方、短繊維の場合は、絹紡メーカーからレーヨン短繊維メーカーに転

表3-1　レーヨンの生産企業

	1925年	1937年	1950年	1965年7月	1976年10月	1995年8月
ビスコースレーヨン長繊維のメーカー	帝人、旭絹織	帝人、東レ、旭、倉敷、日レ、東洋紡、その他	帝人、東レ、旭化成、倉敷、東洋紡、日レ	帝人、旭化成、倉敷、東洋紡、日レ	旭化成、クラレ、ユニチカ	旭化成、クラレ
ビスコースレーヨン短繊維のメーカー		日東紡、東洋紡、帝人、新興（三菱レ）、旭、紡機製造、東邦、東レ、鐘紡、その他（同年3月実績基準）	三菱レ、東邦レ、東レ、東洋紡、大日本紡、倉敷、日東紡、帝人、興人、鐘紡、富士紡	鐘紡、東邦レ、三菱レ、日東紡、公人、東洋紡、東レ、倉敷、大和紡、富士紡、帝人、ニチボー、日レ、日清紡、近江絹絲	三菱レ、鐘紡、東邦レ、日東紡、東洋紡、大和紡、公人、富士紡、オーミケンシ、日清紡	東邦レ、フジボウ愛媛、興国人、ダイワボウレーヨン、オーミケンシ、東洋紡

（注）　1937年の旭ベンベルグの場合はキュプラの生産量を含む。1925-1950年の場合は生産量の大きさ順で、1965-1995年は生産能力の大きさ順で企業を並べた。
（出所）　日本化学繊維協会（1974：88、101、237、418、423、448、456）と「繊維ハンドブック」各年のデータから筆者が作成。

換した日東紡と、レーヨン短繊維専業メーカーとして出発した新興人絹(後の三菱レイヨン)が1930年代前半の産業初期の発展をリードした。その後、他のメーカーが加わり、レーヨン短繊維の生産量は急速に増加することになった[3]。1937年頃における短繊維メーカーの内訳はレーヨン短繊維専業メーカー（新興人絹）、紡績兼業メーカー（日東紡、東洋紡、大日本紡等）、レーヨン長繊維兼業メーカー（帝人、旭ベンベルグ、東レ等）であった。

　ところで、1930年代半ば頃に急速に伸びたレーヨン長短繊維の生産量は、日本が戦時体制に突入することによって、その後急落することになった。1937年に日中戦争、さらに1941年に太平洋戦争が勃発することによって、各産業に対する戦時統制が始まったのである。特に、1940年から始まった企業整備によって、レーヨン産業は決定的な打撃を受けることになった[4]。企業整備の目的は、弱小工場を閉鎖し、生産を優秀工場へ集中することによって、限られた資源を効率的に活用することであった。終戦まで5回に互る企業整備が行われた結果、操業中のレーヨン長短繊維の企業や工場の数は企業整備直前には33社の48工場であったが、終戦時にはわずか6社の8工場に過ぎなかった。このように、戦時中にレーヨンの生産能力は壊滅状態に陥ったが、それは、戦災被害よりは、企業整備に伴ったスクラップによるところが大きかった。

　戦後、レーヨン産業は急速に復興し、長繊維の場合は戦前の主要6社が完全に復活し、短繊維の場合にも3つの系統の企業がそれぞれ復活した。しかし、好調が続いた同産業は、1957年から始まった不況を契機に、早くも成熟さらに衰退の道を辿ることになった。その理由としては、設備の過剰投資という要因もあったが、より根本的には繊維間競争の中でレーヨンが競争力を失ったことが挙げられる。つまり、1950年代に新しく登場した合成繊維によってレーヨンが代替される中で、レーヨン産業から撤退した企業の多くが合成繊維分野に参入したのである。長繊維の場合は、早くも1960年代前半から退出企業が出始め、1970年代半ばには3社、1995年には2社しか残らなかった[5]。短繊維の場合にも、1960年代前半から退出企業が続出し、1995年にはレーヨン短繊維専業系や紡績兼業系の少数の企業のみが生き残るようになった[6]。

　上記のように、日本の化学繊維産業は戦後初めはレーヨンを中心に復興したが、

レーヨン産業は早くも1960年代から成熟ないし衰退することになった。その背後には合成繊維の躍進があった。図3-4は日本における合成繊維の生産推移を示したものである。合成繊維の場合は、長短繊維両方が類似したパターンで変化している。産業ライフサイクルの概念を借りると、長短繊維産業はともに、1950年代から1960年代半ばまでの産業生成期ないし産業確立期、1960年代半ばから1970年代半ばまでの成長期、1970年代半ば以後の成熟期を経験している。なお、前記の通り、3大合成繊維はナイロン、ポリエステル、アクリルであり、ナイロンは主に長繊維として、ポリエステルは長短繊維両方として、アクリルは主に短繊維として生産されている。さらに、長短繊維別状況を見ると、まず長繊維の場合は、成長期まではナイロンが主力であったが、1978年からはポリエステルの生産量がナイロンの生産量を上回っている。さらに、1980年代後半からはポリエステルは再び成長しているのに対してナイロンは衰退しており、前者による後者の代替が表れている。一方、短繊維の場合は、ポリエステルとアクリルともに生産量は1970

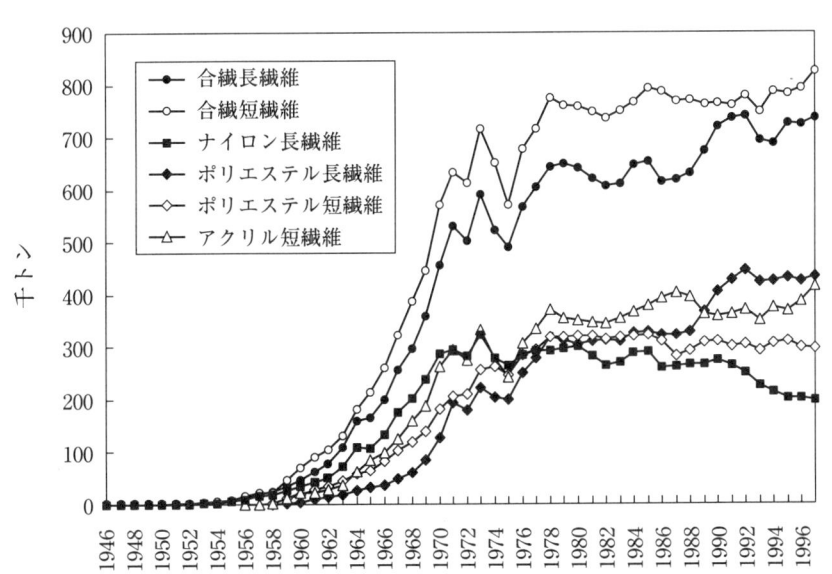

図3-4　日本の合成繊維の生産量推移

(出所)　各年の「繊維統計年報」のデータから筆者が作成。

年代半ばまでは急速に伸び続けたが、その後は停滞状態を維持している。

各合成繊維における原糸メーカーの状況は**表3-2**の通りである[7]。ナイロンの場合は、1951年のデュポン社からの技術導入を契機に本格的に生産を開始した東レと、1954年にインベンタ社から技術導入した日本レイヨン（後のユニチカ）が先発メーカーであった。その後、1960年代前半に鐘紡、帝人、呉羽紡（1966年4月に東洋紡に合併される）、旭化成の4社が後発として参入し、6社体制が整うことになった。ポリエステルの場合は、1957年にICIから共同で技術導入した帝人と東レが先発メーカーとして出発した。その後、1960年代前半に東洋紡績、クラレ、日本レイヨンが後発メーカーとして、そして1960年代後半に鐘紡、旭化成、三菱レイヨンが後後発メーカーとして参入することによって、ポリエステル8社体制が

表3-2　各合成繊維別合成繊維企業の参入時期

	1950年代前半	1950年代後半	1960年代前半	1960年代後半	1970年代前半
ナイロン長繊維	東レ、日レ（ユニチカ）		鐘紡、帝人、呉羽紡績（後に東洋紡績）、旭化成		
ポリエステル長繊維		帝人、東レ		鐘紡、旭化成、三菱レイヨン、東洋紡績、クラレ、日本エステル	ユニチカ
ポリエステル短繊維		帝人、東レ	東洋紡績、クラレ、日本レイヨン（日本エステル）		三菱レイヨン
アクリル短繊維		鐘淵化学、旭化成、日本エクスラン（東洋紡系）、三菱レイヨン、	東邦レーヨン、東レ		鐘紡

（出所）内田（1966）、鈴木（1991）、佐古田（1987）から筆者が作成。

構築されることになった。そして、アクリルの場合は、1950年代後半に鐘淵化学（当時はカネカロン）、旭化成、日本エクスラン（東洋紡績と住友化学の合弁）、三菱レイヨン（当時は三菱ボンネル）が先発メーカーとして参入し、その後1960年代前半に東邦レーヨンと東レが、1970年に鐘紡が参入することによって、7社体制が成立することになった。なお、レーヨンとは違って、合成繊維の場合は1970年代半ばからの成熟期においても退出企業はほとんどなく、各繊維別参入企業の大部分が今日まで存続している[8]。

(2) 日本の化学繊維長繊維織物産業及び化学繊維紡績糸産業の略史

化学繊維は川下の段階で様々な製品として加工されるわけであるが、その主要な用途は長繊維の場合は織物であり、短繊維の場合は紡績糸である。ここでは、日本における化学繊維の長繊維織物産業と紡績糸産業の略史を考察してみよう。

まず、長繊維織物産業の変化を各織物別生産量で表したのが図3-5 である。図

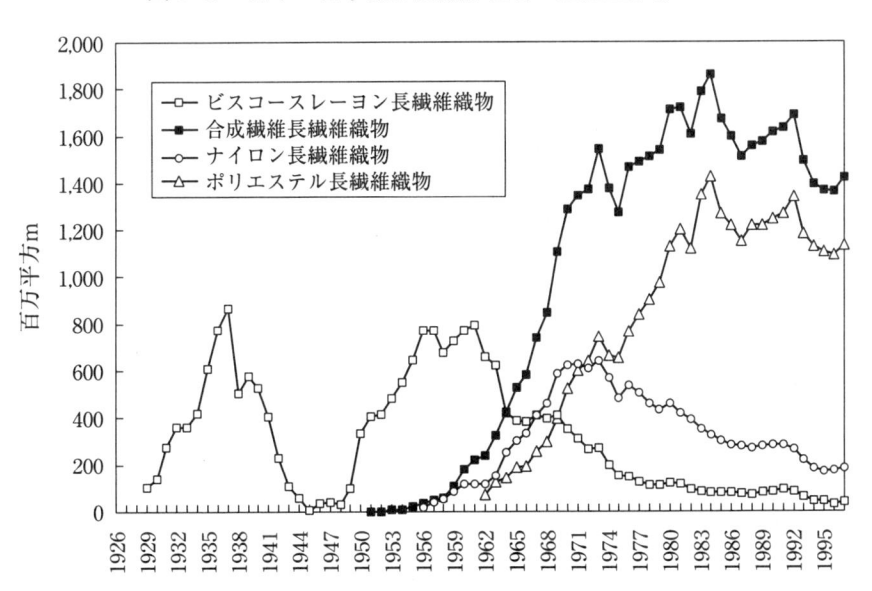

図3-5 日本の化学繊維長繊維織物の生産量推移

（出所）各年の「繊維統計年報」のデータから筆者が作成。

に見られるように、化学繊維長繊維織物産業は前記の同長繊維産業の場合と類似した変化パターンを示している。戦前には、レーヨン長繊維織物産業が1920年代後半に生まれ、急成長した後に、戦時体制の下で没落した。戦後、同産業は復興するが、その織物は合成繊維長繊維織物との競争に負け、早くも1960年代前半に衰退の道を辿ることになった。一方、合成繊維長繊維織物の生産量は1960年代に急速に伸びたが、第1次石油危機以後は停滞状態を示している。その内訳を見ると、ナイロン長繊維織物とポリエステル長繊維織物が合成繊維長繊維織物のほとんどを占めている。前者の生産量は第1次石油危機以後に急速に減っていったのに対して、後者の生産量は1985年のプラザ合意による円高が始まってから停滞ないし衰退の推移を示している。このように、化学繊維長繊維織物はレーヨン、ナイロン、ポリエステルの順でその主役が代わってきたのである。

　化学繊維の主役が戦前のレーヨンから戦後の合成繊維に代わっていく過程で、戦前のレーヨンメーカーが戦後に合成繊維メーカーに転換していったことは前述の通りである。これと類似した形で、化学繊維長繊維織物の場合は、戦前に絹織物生産者から出発したレーヨン長繊維織物生産者が戦後に合成繊維長繊維織物生産者に転換したのである。しかも、化学繊維長繊維織物の主要産地は戦前から今日まで福井県と石川県であり続けた[9]。表3-3は1997年における織物生産を地域別に把握したものである。表の中のナイロンとポリエステルの場合は長繊維織物と短繊維織物両方を含めており、ポリエステル短繊維織物は愛知県等の短繊維織物産地で主に生産されている。この点を考慮すると、表から化学繊維長繊維織

表3-3　化学繊維織物の地域別生産統計（1997年）

単位：千平方m

	ビスコースレーヨン長繊維織物	ナイロン織物	ポリエステル織物
福　井　県	10,427(27.1%)	88,665(48.4%)	507,535(31.7%)
石　川　県	11,851(30.9%)	58,566(32.0%)	399,226(24.9%)
福井県＋石川県	22,278(58.0%)	147,231(80.3%)	906,761(56.6%)
全　国　合　計	38,421(100%)	183,332(100%)	1,603,524(100%)

（出所）「繊維統計年報」1997年版、p.207のデータから筆者が作成。

図 3-6　日本の化学繊維紡績糸の生産量推移

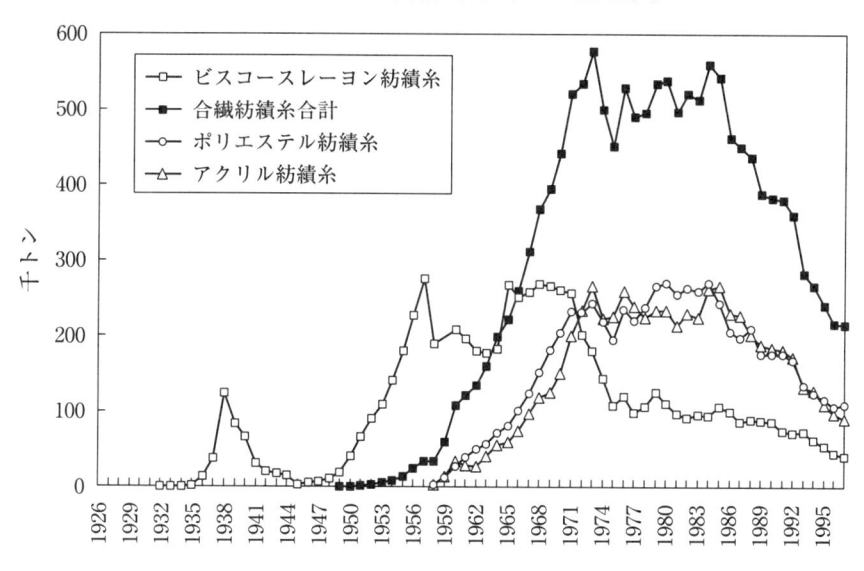

（出所）　各年の「繊維統計年報」のデータから筆者が作成。

物の生産が福井県と石川県に集中していることがよく分かる。

　次に、化学繊維短繊維の主要用途である紡績糸の生産推移について考察してみよう。図3-6の通り、レーヨン紡績糸の生産推移は前記のレーヨン短繊維の生産推移と類似している。戦前には急成長の後に、戦時体制の中で没落した。戦後になってからは1950年代前半までの急成長、1950年代半ばから第1次石油危機までの小康状態、第1次石油危機以後の衰退が見られている。レーヨン紡績糸産業の成熟や衰退の背後には合成繊維紡績糸産業の躍進があった。合成繊維紡績糸は1950年代末に生産が開始され、同産業は第1次石油危機までは急成長した。しかし、その後、停滞の時期を経て、プラザ合意による円高の後には衰退の道を辿っている。合成繊維紡績糸のメインはポリエステル紡績糸とアクリル紡績糸であるが、両者はほぼ同じ変化パターンを示している。

　表3-4は主要な化学繊維紡績企業の状況を表したものである。戦前においては、レーヨン紡績糸の生産は、大日本紡績、東洋紡績、日東紡績、鐘紡等の大手綿紡績メーカーと多数のレーヨン紡績専業メーカーによって行われた。特に、大

表3-4　化学繊維紡績糸の生産企業

	1937年2月	1967年7月	1986年9月
紡績糸生産企業	内海紡績、大日本紡績、新興人絹、東洋紡績、日東紡績、倉敷紡績、鐘淵紡績、その他	東洋紡績、鐘淵紡績、日清紡績、富士紡績、大和紡績、近江絹絲紡績、都築紡績、その他	東洋紡績、日清紡績、オーミケンシ、大和紡績、富士紡績、鐘紡、ユニチカ、その他
備　　考	レーヨン紡績糸メーカーの中、生産量の大きさ順	化学繊維協会会員の中、紡績設備の規模順	化学繊維協会会員の中、紡績設備の規模順

(出所)　日本化学繊維協会（1974：237）と「繊維ハンドブック」各年のデータから筆者が作成。

手紡績メーカーは自社の紡績能力を活かす形で、前記の通り、レーヨン短繊維も生産していた。戦後は、主要な化学繊維紡績糸メーカーとしては、東洋紡績、鐘紡のように、レーヨン短繊維事業から撤退し、合成繊維短繊維に参入した企業と、日清紡績、富士紡績、近江絹絲、大和紡績のように、レーヨン短繊維のメーカーとして存続した企業に分類される。

　本書は、化学繊維長繊維の中でも織物用に、また同短繊維の中でも紡績糸用を分析対象とするとしたが、このように細分化された用途別繊維の生産量に関するデータは産業レベルの統計データから入手できなかった。しかし、化学繊維長繊維織物の生産量推移は織物用化学繊維長繊維のそれを、化学繊維紡績糸の生産量推移は紡績糸用化学繊維短繊維のそれを間接的に示していると類推することができる[10]。この類推から織物用化学繊維長繊維と紡績糸用化学繊維短繊維の推移については次のことが言える。

　第1に、化学繊維の長短繊維いずれにおいても、1960年代に繊維間競争の中でレーヨンから合成繊維への代替が行われた。その結果、織物用レーヨン長繊維は早くも1960年代初頭に、紡績糸用レーヨン短繊維は1970年代初頭から衰退の道を辿ることになった。第2に、1960年代に急速に成長した合成繊維も第1次石油危機以後は成熟または衰退の道を辿ることになった。より詳しく言うと、紡績糸用合成繊維短繊維は第1次石油危機後に成熟、プラザ合意以後に衰退の道を辿っ

た。これに対しては、織物用合成繊維長繊維は第1次石油危機以後に成熟はしているものの、今日にも高いレベルの生産量を維持している。このように、今日、天然繊維や他の化学繊維が衰退の道を辿っているの対して、合成繊維長繊維、特にポリエステル長繊維のみが健在している故、本書の冒頭で同繊維は未だに高い国際競争力を維持していると指摘した。

いずれにしても、第1次石油危機後における日本の合成繊維産業の不振は、図3-7に見られるように、海外からの競争という要因に起因している。図に見られるように、合成繊維の長繊維と紡績糸両方を含む合成繊維糸に対する内需は今日まで増え続けている。それにもかかわらず、国内生産が第1次石油危機以後に低迷しているのは、輸出が減る代わりに輸入が増加していることに起因していることがよく分かる。つまり、まず、日本国内で生産されたアパレル等の二次製品、織物、さらには糸は、輸出市場において競争力を失いつつあるといえる。なお、輸入の場合は、糸や織物の輸入はそれほど増加していないが、二次製品の輸入が

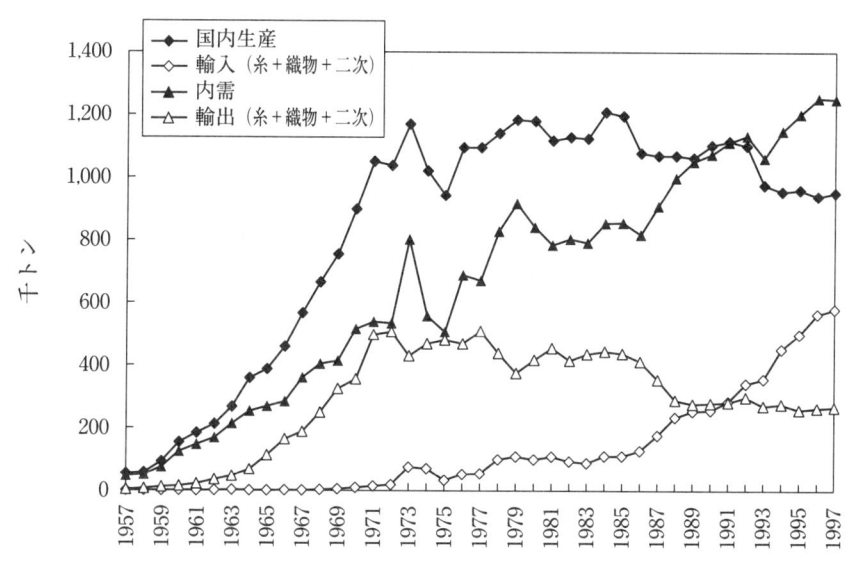

図3-7　日本の合成繊維糸の需給状況

(注)　合成繊維糸＝合成繊維長繊維＋合成繊維紡績糸。
(出所)　各年の「繊維統計年報」から筆者が作成。

圧倒的に増えている(11)。これは、日本が労働集約的なアパレル分野において競争力を失うことによって、国内生産の織物さらに糸の国内需要も低下していることを物語っている。

3 日中戦争以前のレーヨン産業における企業間システム

前節では、日本の化学繊維産業及びその川下産業の略史を概観したが、この節では日中戦争以前のレーヨン産業における企業間システムについて考察する。日本が戦時体制に入る前までは、レーヨン長繊維産業においては基本的に短期取引的な原糸販売システムが、レーヨン短繊維産業においては部分的垂直統合を除いては短期取引的な原綿販売システムが主たる企業間システムであったことが示される。以下では、レーヨン長短繊維それぞれにおける企業間システムを考察する。

(1) レーヨン長繊維分野における企業間システム

日本でレーヨン長繊維が紹介されて間もない1920年以前には、同繊維は京都地域で組紐、メリヤス、その他の編物、雑品類の生産に用いられたが、この時期にはその消費量は小規模であった。レーヨン長繊維が大量に消費されたのは、織物産地に同繊維が使用されてからである。織物産地への普及は、1921年頃京都で女帯地の緯糸に同繊維が使われることに始まり、その後、桐生、足利、米沢等の帯地産地へ拡大された。レーヨン長繊維はさらに他の産地へ普及したが、特に、日本最大の絹織物産地である福井産地へ浸透することよって、その大量消費は本格化することになった。その結果、1930年代には同繊維の主要産地は福井、金沢、両毛になる。以下では、レーヨン長繊維輸入時代、先発2社体制の産業生成期、そして後発メーカー参入後の隆盛期において、原糸メーカーが採用していた企業間システムについて考察してみよう。

まず、国内メーカーがレーヨン長繊維を生産する以前には、海外から輸入された原糸が使われており、糸の流通には商社が主導的役割を果たしていた(12)。総合商社である三井物産と、外国商館である謙信洋行、カメロン商会、シーベル・ベグナー商会、コンス商会等が外国のメーカーから糸を輸入し、国内の糸商に販売していた。輸入相手国は1914年の第1次世界大戦以前はドイツであったが、それ

以後はイギリス、フランス、スイスへ代わった。特に、1919年に三井物産がイギリスのコートールズ社と一手販売契約を締結し、日本におけるレーヨン長繊維輸入の最大手になった。三井物産や外国商館を通じて輸入された原糸は国内の糸商に販売されていたが、有力な糸商は西田商店、藤井彦四郎商店、町田糸店、青木商店、国広商店等であった。この中、西田商店が最大手であったが、同社は1910年代には京都市内の紐屋に信用を供与しながら原糸を販売し、紐屋はこれを手工業者に下請けさせていた。レーヨン長繊維が帯地にも使われ始めてからは、西田商店は西陣の機屋にも販売し始めた。但し、機屋の中には信用が弱いものが多かったので、中問屋を経由して糸を販売していた。

　国内メーカーがレーヨン長繊維を生産してからは、それらのメーカーは初めは糸商に製品の流通を任したが、その後は特約店制度を導入することで、自社製品の流通を部分的でありながらコントロールしようとした[13]。帝人は1917年に国内生産を始めた時に西田商店に一手販売を委託した。これによって西田商店は輸入原糸のみならず、国内生産原糸の流通においても主導的役割を果たしていた。ところで、1924年に旭絹織がレーヨン長繊維を製造・販売してから状況は変わって、メーカーによる特約店の制度が導入され始めた。旭絹織は日本綿花を総代理店として糸を販売したが、日本綿花は綿糸商を中心に各地域に特約店網を作り上げ、特約店にリベートを与えながら、原糸の販売を促したのである。旭絹織の特約店制度は、先発の帝人の流通戦略にも影響を与えることになった。帝人は1923年までは西田商店に一手販売を行っていたが、1924年前後には特約店制度を導入した。帝人の特約店になったのは綿糸商、糸商であったが、親会社である鈴木商店の東京支店及び名古屋支店も特約店になった。このように、輸入または国産のレーヨン長繊維は大手糸商または原糸メーカーの特約店によって各産地に流通されたが、産地においてはそれらの企業が原糸を直接に機屋に販売するか、または産地の糸商を経由して機屋に流した。

　なお、流通の各段階においては、次のような取引方法が採られていた[14]。まず、原糸メーカーと特約店との間には、現物見本取引と最長6カ月の先物取引が行われた。代金の決済は原則としては現金取引であったが、実際は60日サイト手形取引も行われていた。そして、特約店は直接にまたは糸商を通じて機屋に原糸

を販売した。その場合にも現物及び先物取引が行われ、手形決済もあったが、原則的には現金決済が行われた。レーヨン長繊維は生糸の代用品として使われ始めたが、初期にはその取引にはリスクが大きかったので、メーカーは特約店にリベートを支払うことによって原糸の販売を促した。このリベート付き特約販売方法は、綿糸の国内流通において使われていた方法であった。つまり、原糸メーカーは、既存の生糸または綿糸の流通機構を活用し、また綿糸の販売方式をレーヨン長繊維の販売に応用したのである。

先発メーカーである帝人と旭絹織の成功は他社の参入を呼び起こし、1926、27年頃に東洋レーヨン、日本レイヨン、昭和レーヨン、倉敷絹織が設立されたというのは前述の通りである。1920年代後半における各原糸メーカーの特約店状況は**表3-5**の通りである。帝人の場合は創立初期には西田商店に一手販売をしたが、特約店制度を導入した後は、親会社の鈴木商店の支店を含む多数の特約店に原糸を販売した。鈴木商店が1927年に破綻した後は、同商店の社員が独立して設立した広撚商会が、帝人と鈴木商店との関係から、最大手の特約店になった。旭絹織の場合は竹夫商店と丸紅が首位特約店の地位を争っていた。後発メーカーの場合

表3-5　レーヨン長繊維メーカーの有力特約店

	1920年代後半	1930年代半ば
帝　　　　人	広撚商会、大長商店、佐久間商店、西田嘉兵衛商店	伊藤忠、蝶理商店、岸商店、広撚商店、豊島商店
旭　絹　織	丸紅、竹夫商店	蝶理商店、丸紅、伊藤忠
日本レイヨン	丸紅	酒伊商店、蝶理商店、伊藤忠
東洋紡（昭和レ）	丸紅、藤井商店	伊藤忠、丸紅
倉　敷　絹　織	丸紅、蝶理商店	蝶理商店、丸紅
東洋レーヨン	伊藤忠、蝶理商店、西田商店、高柳商店、丸栄	蝶理商店、西田商店、西野商店、酒伊商店

（注）　東レの場合は三井物産を総代理店とし、三井物産が特約店と取引をした。
（出所）　日本化学繊維協会（1974：162—163）の記述から筆者が作成。1920年代後半の東レについては、日本経営史研究所（1998：85）を参照。

は、東レ以外の3社は紡績会社の子会社であったが、これらの企業は丸紅を最大手の特約店としながら、自社の原糸を流通させた。呉服商としての歴史的背景をもつ丸紅は、レーヨン長繊維の買い手である絹織物産地に以前から地盤を持ち、生糸、絹紡糸、毛糸等の流通に豊富な経験を持っていた上で、早くからレーヨン長繊維の将来性に注目していたので、この時期における同原糸の流通に主導的役割を果たしたのである。

　ところが、1930年代に入ってレーヨン長繊維の生産量が急速に拡大し、その黄金時代になると、原糸流通の担い手は大きく変わっていく[15]。第1に、レーヨン長繊維専門商社の道を歩んできた蝶理商店が躍進した。表3-5に見られるように、1920年代後半には同社は倉敷絹織のみの大手特約店であったが、1930年代半ばになると、東洋紡を除く各原糸メーカーの有力な特約店になっている。第2に、綿糸の商社である伊藤忠がレーヨン長繊維の流通に大きく活躍した。1920年代後半にはどのレーヨン原糸メーカーの流通にも重要な役割を果たしていなかった伊藤忠が1930年代半ばには帝人、旭絹織、日本レイヨン、東洋紡の有力な特約店になっている。第3に、酒伊商店、西野商店、岸商店等、レーヨン長繊維織物産地の商社が原糸の流通に重要な役割を果たすことになり、特に酒伊商店は日本レイヨンの首位特約店になった。これらの変化の中で丸紅の地位はやや後退したものの、レーヨン長繊維産業の全盛期であった1937年において、原糸流通の大手3社は蝶理商店、伊藤忠、丸紅であった[16]。

　原糸メーカーから生産された原糸は特約店を通じて各産地に配給されたが、原糸の流通構造の変化は各産地にも起こった[17]。1930年代のレーヨン長繊維織物の主要産地は福井、金沢、両毛であったが、その中で、福井と金沢の状況を見ると次の通りである。まず、福井の場合は、1920年代後半までは地元の糸商が組合を形成し、レーヨン長繊維の流通を担ってきた。ところが、福井がレーヨン長繊維物の主要産地になるにつれ、原糸流通の担い手は変化していった。何よりも、蝶理商店等の京都の生糸商・綿糸商、岩田商事等の大阪綿糸商、塚島合名等の名古屋・岐阜の生糸商のような県外商社が福井に進出し、地場の商社の勢力は相対的に弱まることになった。但し、県外糸商の進出の中でも、地元糸商である広撚商会や酒伊商店は繁栄し続けた。一方、金沢の場合は地元商社の勢力が強く、そ

れらの企業による地元の独立性を維持することができた。レーヨン長繊維の消費が増加することに伴い、金沢にも蝶理商店や八木商店等の県外商社が進出したものの、岸商店、一村商事、信名、安井等の地元商社が堅く地盤を維持したのである。

なお、レーヨン長繊維の消費が急速に伸びてからも、原糸メーカーと特約店との取引方法としては、特約店が原糸メーカーに保証金を預け、原糸メーカーが特約店に累進的リベートを支払うという形態が維持された[18]。つまり、原糸メーカーは特約店制、保証金制、累進的リベート制等を通じて、原糸の販売を促進しながら、川下流通に対するコントロールを図ったのである。

しかし、市場の拡大とともに、レーヨン長繊維流通における原糸メーカーのコントロール力は次第に低下し、自由市場的な流通構造が形成され始めた[19]。レーヨン長繊維産業の初期には帝人と旭絹織2社は協定建値制を維持したが、イタリア産レーヨン長繊維のダンピングを契機に1926年にその建値制度が崩壊することになった。また、新規参入に伴い、1920年代後半には主要6社間に激しい競争が行われ、レーヨン長繊維の価格は大きく変動することになった。そこで、原糸メーカーと織物業者との間を結びつけた糸商は、価格変動によるリスクを削減する方法として仲間取引を漸次行い、さらに投機的取引で利潤を得ようとする行動も現れた。仲間取引は、1928年頃に福井のオッパ取引で始まったが、1930年以後に急速に各地に広まった[20]。

ところで、オッパ取引は売買双方にとって証拠金を必要としなかったので、危険性をはらんでおり、買手の倒産等の弊害が多かった。その弊害を是正する手段として、レーヨン長繊維の取引所が次々と設立された[21]。表3-6のように、1932年2月に福井人絹取引所が、1933年2月に東京米穀商品取引所内で人絹清算市場と、大阪三品取引所内で人絹清算市場が設立されたのである。レーヨン長繊維専門の取引所が設立されたのは日本が世界初であり、価格が激しく変動した当時の日本のレーヨン長繊維市場の状況を反映している。取引所での取引の場合は、取引期間の設定、証拠金の要求等、オッパ取引に比べて厳格たる規制が行われていたので、その分売買に関わるリスクは削減された。取引所の設立に伴って、オッパ取引は取引所での取引へと代替されていったが、その取引上の簡便さの故に依

表3-6 三取引所におけるレーヨン長繊維取引の概要及び売買高

	福井人絹取引所	東京米穀商品取引所 人絹清算市場	大阪三品取引所 人絹清算市場
設立（上場開始）	1932年2月21日	1933年2月	1933年2月15日
組織	会員	株式会社	株式会社
会員（取引員）	甲34人、乙5人	19人	人絹部専業31人、綿花・人絹兼業8人、綿糸・綿花・人絹兼業34人
取引限月	3カ月	5カ月	5カ月
取引法格	格付清算取引 銘柄別清算取引	格付清算取引 銘柄別清算取引	格付清算取引 銘柄別清算取引
格付清算取引の標準銘柄	帝人岩国 120デニールC	東レ 120デニール一等品	昭和レーヨン 120デニール一等品
1936年人絹糸売買高 （片道、単位100ポンド）	2,981,350	979,670	766,850

（出所）日本化学繊維協会（1974：180—181）の資料を加工して、筆者が作成。

然として盛んに行われ続けた。

(2) レーヨン短繊維分野における企業間システム

日本においてはレーヨン短繊維は1934年頃に生産されはじめたが、当初は絹綿や羊毛との混紡糸用に主に使われていた。当時の主要メーカーにおける企業間システムの状況を見ると、次の通りである[22]。帝人の場合は、同社レーヨン短繊維は呉羽紡で紡績されてから、中京、泉州地方に販売されていた。日本レイヨンの場合は、同社レーヨン短繊維は大日本紡績で紡績されてから、金沢地方の人絹・スフ交織物用の原糸として販売されていた。そして、日東紡の場合は、生産量の3分の1を自家用に、3分の2を市販用に投入していたが、市販先は内海紡、名古屋紡、福島紡、東洋モスリン、東京モスリン等の紡績メーカーであった。

レーヨン短繊維産業は1935、1936年に大きく成長したが、その需要先には変化が起こった。まず、オール・レーヨン短繊維織物が爆発的に売れることになり、

58　第3章　化学繊維産業における企業間システムの製品分野間の相違

表3-7　1937年3月におけるレーヨン短繊維、レーヨン紡績糸の月産高

企業名	レーヨン短繊維	レーヨン紡績糸	企業名	レーヨン短繊維	レーヨン紡績糸
日東紡	1449.9	388.7	太陽レーヨン	317.6	
東洋紡	1327.0	393.8	富士繊維	240.9	(112.3)
帝人	1159.4		昭和人絹	208.1	
新興人絹	989.4	441.8	日本ヴルツ	200.0	
旭ベンベルグ	900.0		新潟人絹	188.2	
紡機製造	527.5		東京人絹	155.2	
大日本紡	496.0	558.0	庄内川レーヨン	144.4	
東邦人繊	413.6		福島人絹	139.6	(133.0)
東洋レーヨン	411.9		錦華人絹	62.8	(28.2)
鐘紡	393.6	175.8	日本毛織	50.0	
倉敷絹織	370.0	(236.6)	大日本セルロイド	50.0	
明正レーヨン	366.7	(50.0)	日清レーヨン	47.0	(94.4)
日本人繊	348.2		他の紡績糸メーカー、21社		2473.7
日本レイヨン	326.7		合計	11283.9	5086.3

（注）　「レーヨン紡績糸」欄のカッコ内の数値は同一資本系列会社での生産を示す。
（出所）　日本化学繊維協会（1974：237）のデータに修正を付け加え、筆者が作成。

　以前の混紡用に比べて、単独紡糸用のレーヨン短繊維の消費が圧倒的に優勢になった。また、対米輸出が1936年には実需の20％を占める程急増した。そして、1937年3月の産業レベルにおける出荷状況をみると、**表3-7**の通りである。表に見られるように、レーヨン短繊維生産高の約4分の1がメーカーの自家工場または同一資本系列会社の紡績工場に投下され、残りの4分の3は市販されていた[23]。このようにレーヨン短繊維の場合に自家消費量が多いのは、表の通り主要なメーカーの中には紡績兼業メーカーが多数含まれていたからである。

　なお、市販用の大部分はレーヨン長繊維の糸商や綿糸商へ販売されていたが、レーヨン短繊維の取引はレーヨン長繊維の場合とほとんど同じ方法で行われた[24]。つまり、その取引は3カ月位の先物取引中心、受渡し後現金決済の原則、

リベート制という特徴を持っていた。但し、レーヨン長繊維の場合に比べて、リベート率は低かった。それは、レーヨン短繊維の場合は、メーカーの数が多い故に競争が激しかったのみならず、創業期の市場開拓においてもメーカーがイニシャティブを採ったからであると言われている。ちなみに、レーヨン紡績糸の場合にもレーヨン長繊維の場合と類似の方法で取引された。つまり、レーヨン紡績糸の取引も主にレーヨン長繊維の糸商によって行われ、しかもレーヨン長繊維と同じ取引方法が適用されたのである。

4　戦時及び戦後統制期のレーヨン産業に対する統制システム

　レーヨン長短繊維の国内生産量は、前記の図3-3に見られたように、それぞれ1937年と1938年にピークに達した後に減り始めた[25]。この生産量縮小の背後には、日本が1937年に日中戦争、さらに1941年に太平洋戦争に突入し、各産業に対して戦時体制が行われた。レーヨン長短繊維産業を含む繊維産業全体に対する戦時下の統制は、初期には自治的な需給調節統制から漸次法的統制へ進み、法的統制の内容も個別産業統制から総合的統制へ進んだ。これらの統制は統制機構を通じて行われたが、その内容は生産統制、輸出入統制、価格統制、配給統制のように生産や流通全般に対するものであった。戦後もしばらく統制経済は続き、レーヨン産業は統制体制の中で復興されることになった。以下では、戦時及び戦後統制期それぞれにおける統制システムをレーヨンの場合を中心に考察する。

(1)　戦時の統制システム

　まず、戦時下の統制機構について考察してみよう。戦争の深化とともに、統制機構は図3-8に見られるようにその形を変えながら、繊維産業に対する統制を強めていった[26]。レーヨン長繊維の場合は、戦時統制が始まる前から業界の活動を調整する機構として「日本人絹聯合会」が存在していた。これは、人絹会社間の親睦と、同業者の連絡や共通利益の保護を促す目的で1927年3月に設立された業界団体である。1937年の日中戦争を契機に戦時統制が始まるが、当初はこの人絹聯合会を通じて業界に対して間接的な統制が行われた。一方、レーヨン短繊維の場合は、カルテル団体として1936年5月にステープルファイバー部門が人絹聯合

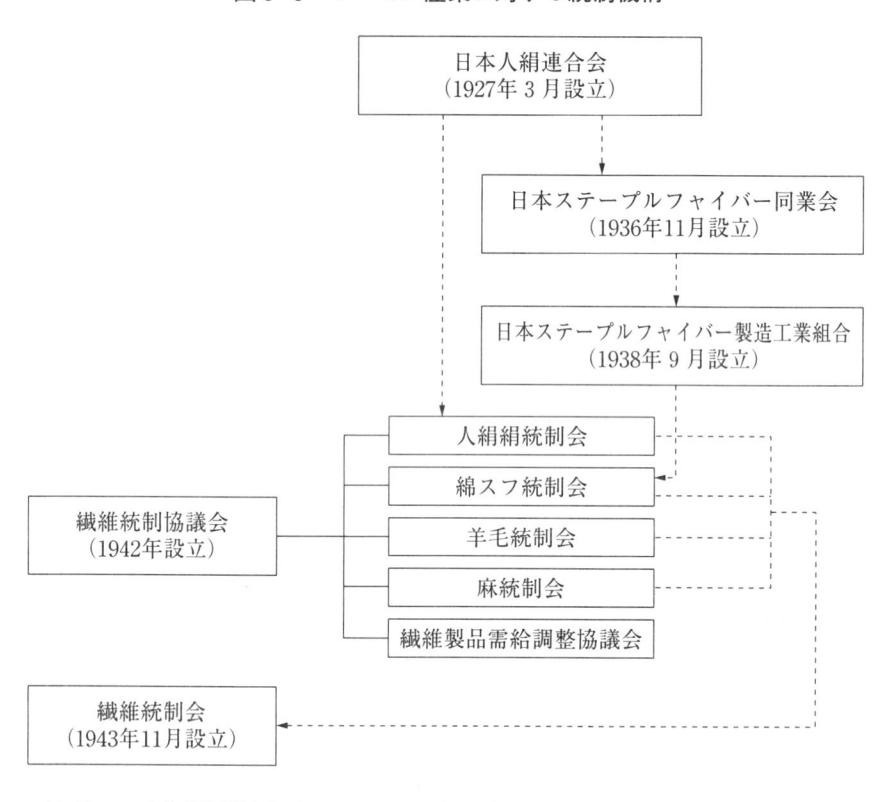

図3-8 レーヨン産業に対する統制機構

```
日本人絹連合会
（1927年3月設立）
  │
  ├─→ 日本ステープルファイバー同業会
  │   （1936年11月設立）
  │       │
  │       ↓
  │   日本ステープルファイバー製造工業組合
  │   （1938年9月設立）
  │
  ├─ 人絹絹統制会
  ├─ 綿スフ統制会
繊維統制協議会 ─┤
（1942年設立）  ├─ 羊毛統制会
  ├─ 麻統制会
  └─ 繊維製品需給調整協議会

繊維統制会
（1943年11月設立）
```

（出所） 日本化学繊維協会（1974：285—293）の内容を基に筆者が作成。

会の第2部として設立され、同年11月に同部門が同会から独立して「日本ステープルファイバー同業会」が設立された。そして、1938年9月に同会は発展的に解消し、「日本ステープルファイバー製造工業組合」が創立されることによって、レーヨン短繊維工業に対する統制は自治的統制から工業組合法による法的統制へと進展した。

さらに、1940年に経済新体制要綱が決定されることによって、統制機構の目的としては利益の擁護が否定され、国家公益が優先されることになった。なお、「国家総動員法」に基づいて、1941年8月に重要産業団体令が公布されることによって、主要産業には統制会が設立されるようになり、やがて1942年9—10月に繊維

産業においても統制会が設立された。各繊維分野を対象にして、従来の統制機構は解散される代わりに、「人絹絹統制会」、「綿スフ統制会」、「羊毛統制会」、「麻統制会」が設立された。その上、二次製品及び配給部門の統制機関として1939年5月に設立された「繊維製品需給調整協議会」を合わせた5つの統制団体を連絡する機関として「繊維統制協議会」が設立された。

その後、戦況が悪化する中で繊維の生産や配給を徹底化するために、繊維分野別に設けられた4団体が統合され、1943年11月に「繊維統制会」が設立された。この繊維統制会を中心とする統制方式は終戦後も継続された。さらに、こうした生産統制とともに、企業の再編成、生産設備の廃棄と軍需目的への転用等を内容とする企業整備が行われ、前記の通り、終戦時にはレーヨン長短繊維の生産は破滅状態になっていたのである。

以上のような統制機構の整備に沿って、レーヨン長短繊維の生産統制は戦争の拡大とともに強化されていった[27]。レーヨン長繊維の場合は、1938年8月にリンク制が実施されることを契機に、統制方法は従来の操短制から、より確実な統制効果を持つ生産割当制へと変化した。さらに、1939年1月からは、生産品は輸出向けと内地向けに分類されたが、1939年から1941年までの間に、国内向けの生産割当は漸次減り続けた。一方、レーヨン短繊維の場合は、生産統制は休錘操短の段階を経ず、生産割当から始まった。ステープルファイバー同業会は1938年5月に臨時総会を開き、生産割当を6月から実施した。太平洋戦争の勃発後は生産統制がさらに強まったが、統制会設立の後は原料生産から価格に至るまで全てが国家統制の下に置かれることになった。

生産統制が強化される中で、需給の均衡を維持するために配給統制が行われた[28]。レーヨン長繊維の場合は、1938年8月にリンク制が実施されてからは国内向け消費数量に対しては制限が加えられた。レーヨン短繊維の場合は、ステープルファイバー同業会が1938年7月に各消費団体と協議し、各消費者の既約定に基づいて割当を決定し、8月以降は切符制度による配給を行った。その後1939年1月18日に半自治的機関である「繊維配給協議会」が設立され、この機関が国内向けの綿糸、レーヨン短繊維、レーヨン紡績糸、レーヨン長繊維の配給に関する調整を行い、これらの繊維の国内向け生産計画と消費割当の基本方策を決定した。

さらに、配給統制の強化のため、繊維配給協議会が解散され、1939年5月24日には法的団体である「繊維需給調整協議会」が新設された。この機関が繊維統制の中枢団体としてその後の糸の配給割当を行った。統制機関の整備とともに法律の整備も行われたが、当局は1939年1月に「糸配給統制規則」を公布し、2月にその実施を開始した。従来は糸の配給が繊維別、段階別に行われていたが、この規則によって一元化され、厳格な法的規制の下で全ての織物業者及び糸商は割当配給を通じて糸を受け取ることになった。

上記のような生産統制、配給統制とともに、価格統制も行われた[29]。レーヨン長繊維の場合は、1938年6月29日に発令された「繊維製品販売価格取締規則」によって、原糸の最高価格は、輸出用を除いて、その前日の価格に固定され、それ以上の価格での販売は禁止された。そして、7月9日には繊維製品販売価格取締規則の廃止とともに「物品販売価格取締規則」が公布され、価格の高騰を防ごうとした。一方、レーヨン短繊維に関しても、商工省が1938年6月15日に「スフ及びスフ糸販売価格取締規則」の省令と最高価格を公布し、同月18日から実施した。そして、戦争の深化とともに、1939年9月19日に国家総動員法を発動されることになったが、それによって、各品目別に価格統制を行った上記の価格取締規則は廃止され、その後は物価、運賃、保管料、賃貸料、加工賃、賃金、給料等広範囲にわたる引上が全般的に禁止されるようになった。

(2) 戦後の統制システム

戦後、連合軍の占領政策は日本の軍事力を弱体化させ、日本社会を民主化することであった。その方法は、軍事力を支えた重化学工業を民需生産体制に転換させることであった。繊維産業は平和産業の1つとして、極端に不足していた衣類を日本国民に提供するばかりではなく、将来的に輸出産業として食糧及び復興資材の輸入に必要な外貨を獲得するものとして認識された。それ故、総司令部は同産業の復興のために早くから振興措置をとった。実際の政策実行過程においては、総司令部の監督の下に、商工部が産業全般に対して統制を行っており、経済が依然として政府の統制下に置かれる状況は変わらなかった。

総司令部の1945年9月29日付の覚書によって戦時法規や制度が廃棄されるこ

とに伴い、繊維統制会も解散されることになった[30]。この統制会の業務を継承する機関として、1945年12月20日に「日本繊維協会」が設立された。同協会は原材料の割当、資材の共同購入、労務指導、価格改訂、政府や司令部との連絡等の業務を行ったが、その統制活動は不十分であった。一方、戦時統制における基本法令であった国家総動員法と「輸出入等臨時措置法」が1946年9月30日に失効する代わりに、10月1日からは「臨時物資需給調整法」が戦後統制の基本法として施行された。総司令部は、1946年12月11日付覚書「臨時物資需給調整法による統制方式に関する件」をもって、民間団体による割当を原則的に禁止し、政府自らが割当を行うように指示した。企業数が多く、加工段階が長いという繊維産業の特殊事情の故に、その指示があっても、暫くは割当補助団体による割当が行われた。しかし、1947年9月10日に「指定繊維資材配給規則」が公布施工されてからは、政府の繊維局による直接割当が開始された。

さらに、繊維局は業界団体の再編成も行ったが、化学繊維に関しては1947年3月11日に「日本化学繊維工業会」が設立された。この機関は統制補助機関として政府の統制業務にも関わったが、民間団体の統制機能は排除すべきとする「閉鎖機関令」によって1948年9月3日に閉鎖機関として指定された。その代わりに1948年8月19日に「日本化学繊維協会」が設立され、化学繊維の業界団体として今日まで至っている。この機関は、化学繊維業者の連絡を緊密にし、同業の発展に必要な調査研究等を行い、同業界の共通利害を計らうことを目的とする、任意団体の性格をもつものであった。

ところで、大戦後に冷戦体制が進行し、特に1949年に中国が共産主義国家として統一されるにつれ、米国の対日戦略は従来の非軍事化の方針から日本経済自立化の方向へ変更されることになった[31]。日本経済の自立は日本政府の意向でもあった。この自立の手段として何よりも重要なことはインフレの抑制と自由経済への復帰であった。この背景の中で、1948年12月19日に総司令部は日本政府に対して「経済安定九原則」の実施を促した。その9原則の要点は財政インフレを早期に抑制すること、均衡財政を確立すること、そして企業の自主性を回復することであった。特に、1949年2月に来日したドッジ公使によって要請されたいわゆる「ドッジライン」によって、このような要求はさらに強化されるようになっ

た。

　その上、1949年には繊維産業が不況に陥ったが、これが戦後統制を終了させる契機にもなった。ドッジラインに加えて、1948年の異常暖冬による繊維在庫の増加、ドル不足による海外市場の不況が重なった。その結果、滞貨が深化し、ヤミ市場価格が公価を下回る状況が起こり、製品に対して統制を行う意味がなくなってしまった。そこで、1949年5月25日の「繊維統制整理簡素化要綱」、また6月15日の「指定生産資材割当規則の改正」により一部製品に関して配給統制が解除され、その後漸次統制解除の対象が広がった。その結果、1949年10月25日にレーヨン長繊維、レーヨン長繊維織物に対する割当が解除され、11月21日には衣料配給からもはずされるようになった。1950年1月にはレーヨン長繊維に対する公定価格制度が廃止された。レーヨン短繊維、レーヨン紡績糸、レーヨン短繊維織物は1950年3月6日に「指定生産資材規則」から、4月1日には「衣料品配給規則」から除外され、5月1日には公定価格が廃止された。

　流通においても、1949年8月に「指定繊維資材販売業者登録追加要綱に関する件」により新規業者の登録が無制限に認可され、自由競争体制が敷かれた。また1950年9月1日には普通衣料切符制度と衣料品販売業者登録制が廃止され、衣料品を自由に販売する体制になった。そして、貿易体制の民間化が行われた。1949年10月24日付「自由輸出承認に関する覚書」、同年12月1日付「民間輸入に関する覚書」と「外国為替及び外国貿易管理法」の実施により、輸出は1949年12月より、輸入は1950年1月から民間貿易になった。

5　1950年以後の化学繊維産業における企業間システム

　上記のように、戦前にはレーヨン長短繊維いずれにおいても原糸メーカーによる賃加工システムや系列システムは存在しなかった。そして、日中戦争勃発後の戦時体制及び戦後統制の時には、原糸や原綿の自由な売買は禁止され、繊維の流通は政府の統制下に置かれていた。戦後統制が解除されてからは再び市場取引が復活したが、朝鮮動乱後の反動不況を契機にレーヨン長繊維を中心に賃加工システムが形成されることになった。そして、その時期に生まれた合成繊維長繊維においては賃加工システムは系列システムとして発展していった。以下では、レー

第3章　化学繊維産業における企業間システムの製品分野間の相違　**65**

ヨン長繊維における賃加工システムの形成過程、合成繊維長繊維における系列システムの形成過程を考察した後に、1950年代から今日までにおける各繊維分野別企業間システムの状況を「繊維統計年報」の統計データから考察する。

(1) レーヨン長繊維分野における賃加工システムの発生

　1950年頃から繊維の生産と流通が統制から自由化に変更されることによって、レーヨン長繊維メーカーは自社の判断で糸を販売し始めた。なお、繊維の流通においては糸商の間に戦前の取引所取引やオッパ取引が復活した[32]。価格統制の撤廃以降、商品取引所の設立が検討され、レーヨン長繊維の場合は1950年11月1日に大阪化学繊維取引所に、1951年2月19日には福井人絹糸取引所に、1951年2月27日には東京繊維商品取引所にそれぞれ上場され、会員の糸商の間で取引が行われるようになった。ところが、戦前に比べて取引所での取引は活発ではなかった。それは、手数料が高くかかったのみならず、戦後は糸商の資本力が低下していたからである。また、自由化とともにオッパ取引も復活したが、これは後述の朝鮮動乱中やその後の反動期において、商社にとって信用創造の機構としての役割を果たした。つまり、オッパ取引が結ばれる都度に手形が発行され、糸商はその手形を割り引いて必要な資金を調達したのである。

　ところが、朝鮮動乱による反動不況は糸商に決定的な打撃を与えた[33]。動乱の勃発は輸出の拡大をもたらしたが、その拡大はレーヨン長繊維ではなく同織物によるものであった。織物輸出の急激な拡大は国内市場においてレーヨン長繊維の不足をもたらし、同製品の価格が急騰する結果になった。しかし、1951年に入って朝鮮動乱が収束に向かうにつれ、その反動としてレーヨン長繊維市場は不況に陥った。まず、1951年3月に米国の軍事物資買付が停止し、レーヨン長繊維の価格は同月下旬から下落し始めた。また、6月にソ連代表が国連で朝鮮和平を提案したことを契機に7月には価格は暴落した。この価格暴落によって原糸メーカーも打撃を受けたが、大打撃を受けたのは糸商や織物業者であった。というのは、朝鮮動乱によるブームの中で繊維商社はレーヨン長繊維の思惑買い入れを大量に行ったが、価格暴落はそれらの企業を窮地に押し入れたからである。その結果、1951年12月には福井の有力商社である西野産業が倒産した。また、酒伊繊維（設

備規模で最大手のレーヨン長繊維織物織布企業)、酒伊商事(酒伊繊維の商事部門)、蝶理、鈴木商店等の有力企業も大打撃を受けた。繊維商社(負債1,000万円以上)の倒産件数は1951年に86件、1952年には218件であった。この過程で戦後乱立していた繊維商社及び問屋が淘汰され、原糸メーカーによる販売先の集中化が行われた。いずれにしても、業界における繊維商社の地位が大きく低下することになった。

　このように朝鮮動乱後の反動不況は糸商に大打撃を与えたが、糸商はその負担をさらに機屋に転嫁した。織物業分野では小規模の機屋が多数に存在していたため、機屋の糸商に対する交渉力は弱く、糸商は工賃を切り下げることで自社の損失を縮小しようとしたのである。織物業の破綻は長期的には原糸メーカーの業績に影響を与えるはずであったので、原糸メーカーは苦境に陥った織物業を救済するために何らかの対応策を打ち出さなければならなかった。そこで、1つの対応策として、操業短縮によって原糸の生産量を減らし、糸の需給関係をバランスさせようとした。

　もう1つの対応策は、原糸メーカーが機屋に対する賃織をさせることによって、機屋の操業をある程度安定化させることであった。つまり、有力機屋に賃織させることによって、原糸メーカーは自社原糸の消費先を確保する一方、それらの織布業者は市況の変動にかかわらず加工賃という安定的収入源を維持することができたのである[34]。その結果、原糸メーカーによる賃織は1952年下半期から不況対策としてレーヨン長繊維分野で広く活用されはじめた。表3-8は絹・人絹織物業における賃織の状況を表している。表から織物総生産量に占める賃織による生産高の比率は年々増加したことが分かる[35]。

(2) 合成繊維長繊維分野における系列システム(PTシステム)の発生

　上記のように、賃加工システムは朝鮮動乱後の反動不況によってレーヨン長繊維分野において発生したが、そのシステムは必ずしも系列システムないしPTシステムとは言えない。というのは、レーヨン長繊維の場合は、原糸メーカーは特定の織布企業群を対象にして長期的に賃加工発注を行ったとは限らず、織布企業側でも特定の原糸メーカーの糸のみを継続的に加工したわけではなかったからであ

第3章　化学繊維産業における企業間システムの製品分野間の相違　**67**

表3-8　絹人絹織物業賃織生産状況

(単位1,000m²)

	総生産高 (含賃織)	委託者別賃織生産高					
		合　計	%	紡績化繊会社	商社産地問屋	親　機	その他
1953年4月	74,978	17,451	23	2,842	11,282	3,164	163
1953年　計	907,621	247,098	27	42,270	144,064	51,188	9,576
1954年　計	821,957	285,960	35	65,034	170,544	45,891	4,491
1955年　計	954,480	391,037	41	82,452	240,840	62,741	5,004
1956年　計	1,098,724	521,719	47	112,295	327,874	74,527	7,023
1957年　計	1,121,426	570,358	51	114,609	367,388	78,445	9,916
1958年　計	974,545	481,221	49	106,533	292,107	69,091	13,490
1959年6月	73,950	37,716	51	7,490	23,776	5,342	1,108

(出所)　日本長期信用銀行調査部(1960：40)。

る[36]。なお、この場合は、原糸メーカーと織布企業との間には、商社が中間に入り、原糸メーカーが織布企業と直接に取引することはあまりなかった。賃加工システムが系列システムないしPTシステムとして発展したのは合成繊維長繊維が登場してからである。PTシステムの形成経緯については、第4章で詳しく記述されるが、ここではその経緯を簡単に触れると、次の通りである。

朝鮮動乱後の反動不況を契機に賃加工システムが普及し始めた頃に、合成繊維が市場に現れ始めた。合成繊維の先発メーカーでもあり、系列システムの立役者でもあったのが東レであった[37]。同社は1951年6月のデュポン社との技術導入を契機にナイロンの本格生産を始めたが、その織物の生産には次のような事情があった。まず、まったく新しい繊維であるナイロンを買える織布企業もなく、また買う企業があったとしても技術的にナイロンを製織できる企業が存在しなかった。また、成長性の高い繊維が普及するためには最初の評判が重要であり、そのために原糸メーカーが最終製品までの責任を採らざるを得なかった。このような状況の下で東レは、従来からレーヨン長繊維の取引で関係があった織布企業、または従来は関係がなかった企業の中でもナイロンの製織に熱意があった企業を対象に技術指導を行いながら、ナイロンの賃織を行わせたのである[38]。このように特定の企業群に対して長期的に賃加工を行わせたということで、ナイロンに関しては最初の段階から長期取引的賃加工システム、つまり系列システムないしPTシ

ステムが採用されたのである。

　ところで、原糸メーカーが系列織布企業に賃加工を行わせることにおいては、産地間に相違が見られた。レーヨン長繊維の織布企業が合成繊維長繊維の織布企業に転換したので、レーヨン長繊維の主要産地である福井県と石川県が合成繊維長繊維の主要産地になった。福井県では織布企業が伝統的に自主性が強く、レーヨン長繊維織物の時代から自主的判断によって糸供給商社を選んできた。また、原糸メーカーが商社を経由させて賃織を行わせる場合にも、直接に原糸メーカーと下交渉を行った後に商社と契約を結ぶことが多かった。このような経緯で合成繊維の系列化においても、取引上商社の介在はあったものの、原糸メーカーと織布企業間のつながりが強かった。それ故、福井県では、「原糸メーカー→機屋」または「原糸メーカー→商社→機屋」という取引関係が結ばれるようになった。具体的には、東レは酒井繊維工業のような大手企業に対しては直接取引を行う一方で、蝶理を主要な仲介商社としながら、他の織布企業に賃加工を行わせた。他に日本レイヨンと三菱アセテートは酒伊商事を、帝人は広燃を主要商社として織布企業の系列化を進めた。

　これに対して、石川県の場合は一村産業、岸商事、西川商店、新名商店、安井商店、金沢商店の6大産元商社が伝統的に強く、これらの産元商社が傘下に織布企業を支配してきた。また、織布企業はさらに傘下に子機と呼ばれる零細織布企業に下請を出したので、石川県では「原糸メーカー→産元商社→機屋→子機」の関係が成り立っていた。合成繊維メーカーが系列化を進める時にはこれらの産元商社に働きかけて、傘下の織布企業を系列化させた。東レは一村産業、岸商事、蝶理関係の織布企業を、日本レイヨンは新名商店、岸商事、西川商店、伊藤忠関係の織布企業を、帝人は安井商店、新名商店、西川商店関係の織布企業を系列化したのである。

(3) 各繊維種類別原糸の投入状況から見た企業間システム

　以上で、朝鮮動乱後の反動不況の中でレーヨン長繊維産業で生まれた賃加工システムが、合成繊維長繊維産業においてはPTシステムとして発展したことを考察した。ここでは、合成繊維が登場してから今日に至るまでにおける企業間システ

ムの状況を統計データを中心に考察してみよう。通商産業大臣官房調査統計部が毎年発行している「繊維統計年報」は原糸の出荷状況を取引形態別に分類して集計している。同年報は1956年版から1991年版までにおいて、原糸の出荷状況を「自社他工場用」、「賃織・賃紡・賃編用」、「市販用」、「その他」という4つの形態に分類している[39]。これらの分類項目を、本書で使われている企業間システムの類型として再解釈すると、「自社他工場用」は垂直統合システムに、「賃織・賃紡・賃編」は賃加工システムに、「市販用」は原糸・原綿販売システムに当てはまる。

図3-9は原糸及び原綿の出荷量全体において、賃加工システムへの出荷量が占める比率を表している。図は、代表的な化学繊維であるレーヨン長短繊維、ナイロン長繊維、アクリル短繊維、ポリエステル長短繊維の状況を示している。本書では賃加工システムの中で長期取引的性格を持つもののみを系列システムないしPTシステムとして呼ぶことにした。ところが、繊維統計年報では出荷方法項目と

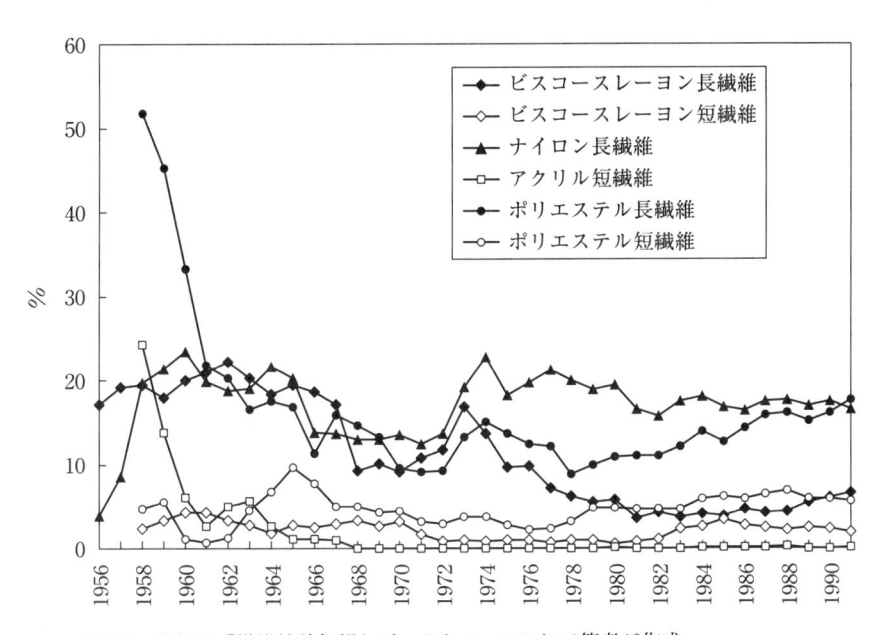

図3-9　出荷量全体に占める賃加工システムの比率

(出所)　各年の「繊維統計年報」データをベースにして筆者が作成。

して賃加工システムは取り上げているものの、その中でどの程度が長期取引的性格を持つものであるかを統計データから把握することはできない。こうしたデータ収集上の限界を考慮し、ここでは賃加工システムをPTシステムとして擬似的に取り扱い、原糸や原綿が賃加工システムに投入された比率が繊維分野によってどのように異なるかを考察してみる。

　まず、全体の傾向を長短繊維別に区分してみると、賃加工システムの比率は長繊維の場合が短繊維の場合より相対的に高いことが分かる。レーヨン長繊維は既に1956年の時点で出荷量の20％が賃加工システムに投入されている。ナイロンの場合は賃加工システムの比率は初期は低かったが、1958年から20％台の水準を維持している。そして、1958年から生産が始まったポリエステルの場合は最初から50％以上の高い比率を示している。1960年代以後の傾向について注目すべき点は、賃加工システムの比率は、合成繊維長繊維であるナイロン長繊維とポリエステル長繊維の場合は高低の変化があったものの、大抵20％台の比率を維持しているのに対して、レーヨン長繊維の場合は特に第1次石油危機後に低下し続け、1980年代以後は短繊維の場合のように5％前後の水準になっている。つまり、第1次石油危機以後にも賃加工システムの比率が高い水準を維持しているのは長繊維の中でも合成繊維長繊維のみであることが分かる。一方、短繊維の場合は、全体的な傾向としては長繊維に比べて賃加工システムへの投入比率が低い。レーヨン短繊維の場合は一貫して5％未満の水準を示している。アクリル短繊維の場合は産業生成の初期には24％の高い水準で始まったが、その後低下し、1968年からは0％になっている。ポリエステル短繊維の場合は若干の高低はあるが、10％以下の水準である。

　なお、原糸・原綿の垂直統合システムへの投入状況が繊維種類によってどのように異なるかを考察してみよう。図3-10は、原糸・原綿が「自社他工場用」、つまり垂直統合システムに投入された比率を各繊維分野別に示している。図に見られるように、6つの繊維分野の中で、相対的にレーヨン短繊維の場合が垂直統合システムの比率が高い。これは、戦前からレーヨン短繊維メーカーの中には紡績メーカーが多かったことを反映している。レーヨン以外の繊維の場合はいずれの場合にも垂直統合システム比率が1960年代まで15％未満として低く、しかもその比

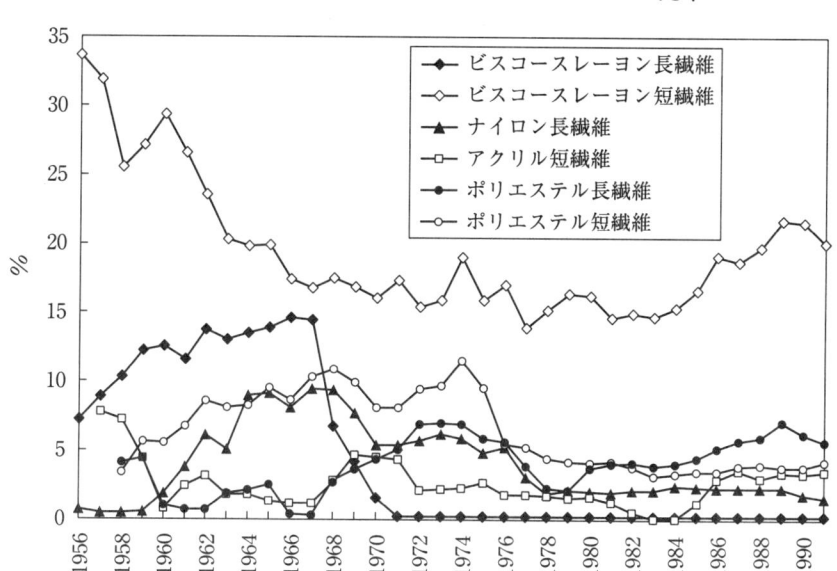

図 3-10　出荷量全体に占める垂直統合システムの比率

（出所）　各年の「繊維統計年報」データをベースにして筆者が作成。

率が特に第1次石油危機以後にはさらに低下している。これは、その時期から日本の織物産業や紡績糸産業が国際競争にさらされる過程の中で、原糸メーカーが自社内で生産する織物や紡績糸の量を減らしてきた結果であると考えられる。

　以上で繊維統計年報のデータから、賃加工システムが特に合成繊維長繊維に相対的に顕著に見られることが確認できたが、図3-9の解釈には注意を要する。図の賃加工システム投入比率は、長繊維の場合は衣料用と産業用を含む全ての長繊維を対象にし、また、短繊維の場合は紡績糸用を含む全ての短繊維を対象にし、その中でどの程度が賃加工に投入されたかを示している。ところが、本章では長繊維の場合は織物用のみを分析対象にしており、また短繊維の場合は紡績糸用のみを分析対象にしている。そこで、この点を考慮した上での図の解釈を行って見よう。

　まず、長繊維の場合は織物用に限って見ると、賃加工システムの比率は図の約20％という数値より相当高くなると考えられる。例えば、ナイロンの場合は、**表**

表3-9　ナイロンの内需構成推移

単位：トン、％

		1957		1958		1959		1960		1961	
		需要量	％	需要量	％	需要量	％	需要量	％	需要量	％
衣料用	織物	3,550	25.3	4,032	25.1	5,200	24.7	5,500	22.5	5,840	18.8
	一般メリヤス	3,100	22.1	,610	22.5	4,870	23.1	5,493	22.4	5,900	19.0
	トリコット・レース	710	5.1	950	5.9	1,200	5.7	1,380	5.6	1,530	4.9
	婦人長靴下	320	2.3	376	2.3	440	2.1	499	2.0	560	1.8
	男女ソックス	2,850	20.3	3,200	19.9	4,010	19.0	4,502	18.4	5,100	16.4
	その他	350	2.5	386	2.4	400	1.9	527	2.2	670	2.2
	小計	10,880	77.7	12,554	78.1	16,120	76.4	17,881	73.0	19,600	63.0
産業用	漁網	2,100	15.0	2,176	13.5	2,600	12.3	2,800	11.4	2,980	9.6
	その他	180	6.1	1,170	7.3	2,120	10.1	3,448	14.1	8,155	26.2
	小計	2,950	21.1	3,346	20.8	4,720	22.4	6,248	25.5	11,135	35.8
官需		180	1.3	170	1.1	250	1.2	350	1.4	370	1.2
合計		14,010	100	16,070	100	21,090	100	24,479	100	31,105	100

（出所）　日本化学繊維協会（1974：763）の表を加工し、筆者が作成。

3-9に見られるように、産業初期には国内需要全体に占める織物用の比率は約20％前後であった[40]。織物用以外の場合は製品特性上、原糸販売の形態で出荷されることを考慮すると、織物用に限っては、原糸のほぼ全量が賃加工システムに投入されたと推測することができる。実際、次の第4章で考察するように、合成繊維長繊維産業の初期の段階では織物用原糸の全ては賃加工システムないし系列システムに投入されたのである。このような注意点はポリエステル長繊維についても当てはまる。なお、図3-9からは、特にポリエステル長繊維の場合は、賃加工システムの投入比率がU字型曲線を示していることがわかる。このU字型的変化パターンを含めて、織物用合成繊維長繊維における賃加工システムないし系列システムの重要度が歴史的にどのように変化してきたかについては次の章で詳しく説明される。

　次に、短繊維の場合を考察してみよう。本書では短繊維の場合は紡績糸用に限っての企業間システムを考察するとしたが、短繊維全体における紡績糸用が占める割合がどの程度であるかを調べて見よう。ある原糸メーカーの社内資料から、

第3章 化学繊維産業における企業間システムの製品分野間の相違 **73**

表3-10 ポリエステル短繊維の用途別投入状況
（1967年4月～9月）

単位：％

| | 紡績糸 | | | | | 布団綿 | 原綿輸出 | 産業資材その他 | 合計 |
	綿混	レーヨン混	毛混	麻混	小計				
東 レ	37.5	35.2	34.0	4.8	1.5	75.5	3.3	20.7	0.6	100.0
帝 人	32.3	44.0	23.5	5.8	2.1	75.4	2.8	18.2	3.6	100.0
東 洋 紡	7.7	66.7	15.9	4.4	0.7	87.7	2.9	8.7	0.7	100.0
倉 レ	10.7	46.0	32.6	4.2	—	82.8	2.6	13.1	1.6	100.0
日 レ	7.2	48.0	29.5	4.7	—	82.2	3.9	10.0	3.9	100.0
鐘 紡	4.4	70.0	30.0	—	—	100.0	—	—	—	100.0
ニチボー	0.2	25.0	75.0	—	—	100.0	—	—	—	100.0
合 計	100.0	44.0	28.7	4.8	1.3	78.8	2.9	16.4	1.9	100.0

（出所）　某原糸メーカーの社内資料から筆者が作成。

1960年代後半におけるポリエステル短繊維の出荷状況に関する具体的データが入手できたので、この時期における状況を調べてみよう。**表 3-10** は1967年4月から9月までの期間におけるポリエステル短繊維の用途別出荷状況をパーセンテージで示している。表に見られるように、産業全体レベルにおいて、原糸が紡績糸用に投入される比率は約80％である。しかも、原糸輸出をも紡績糸用として見なすと、原糸の約95％が紡績糸用に投入されたことになる。つまり、布団綿のように綿のような形で出荷されるのは極僅かであることが表から分かる。なお、紡績糸用の中では綿混用が主たる用途である。従って、図 3-9 や図 3-10におけるポリエステル短繊維の出荷状況は概ね紡績糸用の出荷状況として解釈することができ、紡績糸用ポリエステル短繊維の場合は原糸が賃加工システムに出荷される割合は5％前後として低かったと言える[41]。

このように、ポリエステル短繊維の場合は原綿のほとんどが紡績糸用であり、その中でも綿混用が主たる用途であったことが分かったが、それでは原糸メーカーが綿混紡績糸用原綿を自社や他社にどのように出荷したかを企業間システムの観点から把握してみよう[42]。表 3-11は1967年7月から12月までの期間におい

表3-11 各社の綿混用ポリエステル短繊維の投入状況（1967年7月〜12月）

	自家消化		原綿販売%（原綿販売先）
	自社工場%	賃紡%（賃紡先）	
東　レ	—	—	100% （敷紡、倉紡、大和紡、新日本紡、平田紡、都築紡、サイボー）
帝　人	—	—	100% （日清紡、ニチボー、鐘紡、東洋紡、富士紡、興和紡、日東紡、その他）
東洋紡	76%	16% （近江絹糸、同興紡、その他）	8% （近江絹糸）
倉　レ	—	72% （新日本紡、中央紡、豊田紡織、東綿紡、竜田紡、東海紡、その他）	28% （新日本紡、八木→森田紡、八木→日東紡、東綿→竜田紡、伊藤忠→帝産）
日　レ	—	42% （日清紡、岡山紡、第一紡、その他）	58% （新内外綿、日綿→近江絹糸、日綿→阪本紡、綾羽紡、その他）
鐘　紡	73%	14% （竜田紡、サイボー）	13% （東綿→久大紡）
ニチボー	100%	—	—

（出所）某原糸メーカーの社内資料から筆者が作成。

て、各社がポリエステル短繊維の綿混紡用をどのように投入したかを表している。表に見られるように、先発メーカーであり、大手メーカーである東レと帝人は綿混用の全てを原糸販売に投入しており、その取引先は主に大手紡績メーカーである[43]。しかも、販売先の紡績メーカーは東レや帝人という特定の原綿メーカーのみと取引するのではなく、他の原綿メーカーから原綿を調達しており、東洋紡や鐘紡は自社の中で原綿を生産していた。後発メーカーの場合は原綿販売比率は必ずしも大きくはないが、東洋紡、鐘紡、ニチボーのような大手紡績メーカーは主

に自社工場へ原綿を投入しており、賃加工(賃紡)システムを積極的に活用しているのは倉レと日レのみである。こうした各社の投入状況からも、ポリエステル短繊維の場合は原綿販売システムが主たる企業間システムであったことが分かる。

6 まとめ

本章では、日本の化学繊維産業及びその川下産業の歴史を概観し、戦前のレーヨン産業、戦後のレーヨン及び合成繊維産業における企業間システムを考察した。その考察をまとめると次の通りである。戦前のレーヨン産業においては、短繊維の場合に垂直統合システムは存在したものの、原糸メーカーは基本的に原糸・原綿を販売するシステムを採用した。なお、市販された原糸・原綿に対しては商社が自由な売買取引を行い、しかも取引所取引まで成り立っていた。日中戦争が起こった1937年から1949年までの戦時及び戦後の統制期間中は原糸・原綿は政府の統制下に置かれ、この期間中は市場経済が機能することはできなかった。戦後統制の後に市場取引は復活したが、朝鮮動乱後の反動不況によって、従来には存在しなかった賃加工システムがレーヨン長繊維産業に生まれた。但し、レーヨン長繊維産業における賃加工システムは長期取引的性格を持つまでには至らず、系列システムと呼べるものではなかった。長期取引的賃加工システム、つまり系列システムが形成されたのは、賃加工システムが形成された時期に丁度生まれた合成繊維産業においてである。特に、合成繊維長繊維産業にPTシステムという系列システムが形成され、それはその後同産業における主要な企業間システムとして定着することになった。合成繊維短繊維の場合は、産業初期には若干の賃加工システムがあったものの、大手の東レと帝人においては紡績メーカーに原綿を販売することが主たる企業間システムであった。

以上で考察したように、日本の化学繊維産業において系列システムないしPTシステムが顕著に見られたのは、戦後の合成繊維長繊維という特定の製品分野においてのみであることが確認された。しかも、PTシステムが顕著に見られてきた合成繊維長繊維産業の場合においても、図3-9のポリエステル長繊維の場合で見たように、原糸の全出荷量の中でPTシステムに投入された量の割合は時期によって変化してきたことが分かる。つまり、U字型的変化パターンが見られたのであ

る。産業規模の変化パターン、即ち逆U字型とは裏腹に、PTシステムの重要度がU字型的に変化してきたことについては、次の章で考察することにする。

---

(1) レーヨン産業の初期状況については日本化学繊維協会（1974：49-76）を参照した。1920年の時点におけるレーヨンのメーカーとしては、帝人以外に、日本人造絹糸株式会社、旭人造絹糸株式会社、富士人造絹糸株式会社、人造絹糸工業株式会社、東洋人造絹糸株式会社があった。ところが、この中で帝人のみが事業に成功し、後の旭絹織とともに、日本のレーヨン長繊維産業初期における2社体制を確立した。1925年における帝人と旭絹織の両社の生産能力は日本国内全体の90％以上を占めていた。

(2) 日本化学繊維協会（1974：77-94）。

(3) 日本化学繊維協会（1974：227-239）。

(4) 日本化学繊維協会（1974：285-301）。

(5) ナイロンとポリエステルの先発メーカーであるが東レはいち早く1963年にレーヨン長繊維の事業から撤退し、合成繊維事業へ資源を集中した。それに続いて1970年代初頭には東洋紡績と帝人が同事業から撤退し、その後はユニチカ（元日本レイヨン）、クラレ（元倉敷レイヨン）、旭化成という3社のみがレーヨン長繊維を生産した。さらに、1980年代後半にはクラレが生産能力を減らし、1995年にはユニチカも同事業から撤退した。

(6) 帝人、ユニチカ、東レ、クラレというレーヨン長繊維系企業の全ては1970年代半ば頃までレーヨン短繊維から撤退した。紡績兼業系の中では、ニチボー（元大日本紡績）が1960年代後半に、日東紡績とカネボウレイヨン（元鐘淵紡績）が1980年代後半に撤退した。そして、レーヨン短繊維専業系の中では、三菱レイヨンが1970年代後半に撤退した。その結果、1995年8月の時点で残っている企業は東邦レーヨン、興人（元興国人絹）、東洋紡績、フジボウ愛媛（元富士紡績）、オーミケンシ（元近江絹糸）の6社になっている。

(7) 合成繊維産業の発展過程については、内田（1966）、佐古田（1987）、鈴木（1991）を参照した。

(8) 退出の例としては、ポリエステル短繊維に最後発として1974年に参入した三菱レイヨンが1991年に同分野から退出した。また、帝人は1995年6月にデュポン社とともに、ナイロンの製造・販売をする合弁会社、帝人デュポンナイロン㈱を設立し、その後は本体ではナイロンを生産していない。

(9) 福井県織物産業の歴史については福井県繊維協会（1971）を参照せよ。

⑽　この類推には、長短繊維の輸出入が考慮されていない点を注意しなければならないが、長短繊維の国内生産量に比較される輸出入の量はそれほど大きくなかったと言える。

⑾　例えば、糸、織物、二次製品の輸入量の糸換算値は、1991年にはそれぞれ8.8万トン、4.5万トン、15.2万トンであったが、1995年にはそれぞれ9.1万トン、5.0万トン、35.8万トンであった（各年の「繊維統計年報」のデータによる）。なお、二次製品の中でも長繊維系より紡績糸系の伸びが顕著である。

⑿　日本化学繊維協会（1974：66-69）。

⒀　日本化学繊維協会（1974：70-74）。

⒁　日本化学繊維協会（1974：75）。

⒂　日本化学繊維協会（1974：163-166）。

⒃　蝶理商店、伊藤忠、丸紅等の大手特約店は、産地の糸商や機屋に対する関係について異なる戦略を採用していた。蝶理は実需密着型の戦略を通じて成長を成し遂げた。同社はレーヨン長繊維織物産地の拡大とともに、京都、大阪、足利、一ノ宮、福井、金沢に出張所を設立し、既に有力問屋が存在していた産地にはそれらの問屋に、またそうでない産地には直接に機屋に原糸を販売していた。その販売においては思惑による投機的な取引を行わず、買い手の実需要に応じて販売を行い、産地糸商や機屋両方から信用を築くことで取引を拡大した。また、それに伴い、メーカーからは高率のリベートを獲得することができた。蝶理の戦略とは逆に、伊藤忠は綿糸商としての体質から相場型の販売戦略を取っていた。伊藤忠は集散地である大阪、東京、名古屋のみに支店を置き、地方のことは地方に任す形で地方の糸商や産元商社へ原糸を販売した。そして、その流通は仲間取引を経由するものが多かった。レーヨン長繊維は各産地に流れる前に大阪の仲間取引を通って産地に流れ、また産地で再び仲間取引を通って実需要者に流れたが、伊藤忠はこの仲間取引における最大の仕手であったのである。そして、丸紅は蝶理の実需密着型と伊藤忠の相場型両方を取り入れた中間型の戦略を取っていた。つまり、呉服商として培った産地での地盤を活かし、産地の実需に対応しながら、一方では仲間取引や取引所の清算取引をも積極的に利用したのである。

⒄　日本化学繊維協会（1974：164-175）。

⒅　メーカーが特約店に対して保証金を要求した理由は、初期のレーヨン長繊維の糸商の中には資金力が弱いものが多く、それらの糸商との取引におけるリスクを削減するためであった。保証金の代わりに、メーカーは特約店に販売量に応じてリベートを支払ったが、レーヨン長繊維の品質が向上し、その消費量が拡大するにつれ、そのリベート率は傾向的に低下していった。つまり、レーヨン長繊維市

場を開拓した時代には最高10％であるほど高かったが、その後徐々にその率は低下し、1932年以後には最高3％前後、普通2％の水準になった。そして、リベート制が累進的であることは、買入量が多ければリベート率が高くなることを意味する。レーヨン長繊維の場合は価格が漸進的に低下する製品であった故、大量に買い入れる糸商には価格下落によるリスクが伴っていた。そこで、メーカーは大量買入には高いリベートを支払うことで、レーヨン長繊維の販売を促進しようとしたのである。

(19) 日本化学繊維協会（1974：175-178）。

(20) 福井では、1926―1927年以降に絹紬を対象にして契約期限満了の際に差金を決済する「盟廻し」と呼ばれる取引が盛んに行われた。1928年4月からはレーヨン長繊維に対してもこのような取引が行われるようになった。その取引は、最初は絹紬の場合と同様に「盟廻し」と呼ばれたが、1929年春頃から次第にオッパ取引と呼ばれるようになった。オッパ取引は形式的には現物を「盟廻し」したものの、実質的には差金取引を目的とする仲間取引であった。

(21) 日本化学繊維協会（1974：178-181）。

(22) 日本化学繊維協会（1974：227-232）。

(23) 表でレーヨン短繊維メーカー及びその同一資本系列会社で生産されたレーヨン紡績糸の量は2,612.6千ポンドである。この数値は、レーヨン短繊維メーカーのレーヨン短繊維生産量11,283.9千ポンドの23％に当たる。紡績工程でのレーヨン短繊維の歩留まりを90％とすると、紡糸一貫メーカー及びその関連紡績会社によるレーヨン短繊維消費高がレーヨン短繊維生産高合計に占める比率は26％になる。

(24) 日本化学繊維協会（1974：236-238）。

(25) レーヨン短繊維の場合は1938年にその生産がピークに達するもの、その後も1941年までは高い生産量を維持している。これは、綿花、羊毛等の輸入が出来ない状況で、レーヨン短繊維が綿製品や毛製品の代替品として使用され、その需要が大きかったからである。しかし、レーヨン短繊維も、太平洋戦争が始まってからは戦時統制の中で、その生産量が急速に低下することになった。

(26) 日本化学繊維協会（1974：291-293）。
(27) 日本化学繊維協会（1974：285-287）。
(28) 日本化学繊維協会（1974：289-291）。
(29) 日本化学繊維協会（1974：288-289）。
(30) 日本化学繊維協会（1974：346-349）。
(31) 日本化学繊維協会（1974：361-367）。

(32) 日本化学繊維協会（1974：459）。
(33) 日本化学繊維協会（1974：430-433）。
(34) 但し、原糸メーカー主導の賃織はこの時期に初めて生成されたものではなかった。統制時代に、レーヨン長繊維メーカーは、割り当てられた供出織物を供給するために、自社の責任で機屋を見つけて製織を委託したことがある。なお、1952年以前に旭化成は他社より先にメーカー賃織を先駆的に行った。同社は1930年代初期から福井県の大野地区で自社のベンベルグ（キュプラの商品名）の織布基盤を育成していたが、戦後復興期に再びこの地域でベンベルグ織布基盤を再構築し始めた。ところで、ベンベルグは戦前から細番手織物に使われてきており、朝鮮動乱までは細番手使いの高級織物市場が育つ余裕がなかったので、ベンベルグ使いの織物はあまり売れず、滞貨が増大することになった。そこで、旭化成が織物を買い上げることになり、ここに原糸メーカーによる賃織制度が生まれた。また、旭化成はその後ベンベルグ糸に対して建値制度も導入した。同社はその後織布企業に対して技術指導も行い、その地域にある織布企業との関係を強化した（日本長期信用銀行調査部、1960：37-38）。
(35) 賃織の内容を発注者別に見ると、商社・産地問屋による賃織の量が相対的に大きいが、その中には原糸メーカーが商社・産地問屋を通じて行った賃織が含まれる。その部分を考慮すると、原糸メーカーによる賃織は表の数値より大きいと考えられる。
(36) 例えば、第4章の東レのケースの場合、同社のレーヨン長繊維を初期に賃加工した織布企業は同社との取引を長く続けなかった。
(37) 東レにおける系列システムの形成に関しては第4章で詳しく議論する。
(38) 日本長期信用銀行調査部（1960：47-48）。
(39) 分類項目名は年によって若干異なっている。なお、1992年以後は「市販用」、「その他」の二分類が使われている。
(40) 図3-9の繊維統計年報におけるナイロン長繊維の各年の出荷量は1957年16,211トン、1958年18,275トン、1959年27,152トン、1960年31,914トン、1961年42,768トンである。こられの数値を表3-9のナイロン長繊維国内需要量と比較すると、産業初期には輸出用はあまり多くなかったことが分かる。
(41) 表3-9が対象にしている1967年4月〜9月におけるポリエステル短繊維全社合計の月平均の投入量は9,007トンであった。この数値を1年分に換算すると、108,084トンである。この量は、図3-9の繊維統計年報における1967年出荷量である102,668トンと近似している。従って、表3-10は図3-9の1967年ポリエステル短繊維の出荷状況を具体的に把握したものとして取り扱うことができる。

⑷2 レーヨン混の場合は、各社は自社工場への投入や賃紡を積極的に活用していたが、その賃紡先は比較的中小の紡績メーカーであった。

⑷3 東レにおけるポリエステル短繊維に関する企業間システムについて、東レの社史（日本経営史研究所、1997：311）は次のように記している。「東レは〝テトロン〟の初期の市場開拓において、先行したナイロンとの競合を避けつつ、このような製品特性を活用できる方向をめざすことにより、大量消費型の綿混紡用途の開拓に力を入れたのである。倉敷紡績、敷島紡績、大和紡績をはじめ有力綿紡メーカーを大手ユーザーとして獲得し、原綿を販売する一方、綿紡メーカーが生産した製品の販売促進を東レが行う体制をとり、また、毛混・麻混用途についても、紡績メーカーに対する原綿販売を行って、〝テトロン〟を拡販することが初期の営業戦略の中心であった。」

第4章　合成繊維長繊維におけるPTシステムのU字型的変化：東レのケースを中心に

1　はじめに

　本章は、日本の化学繊維産業の中でも、織物用合成繊維長繊維という限定された分野における企業間システムの変化を東レのケースを中心に考察することを目的とする。前章では、日本の化学繊維産業の中でPTシステムが顕著に見られたのは合成繊維長繊維産業であることが考察されたが、同産業においてPTシステムは常に主たる企業間システムであったのだろうか。既に前章で若干議論されたように、同産業においてPTシステムの重要度は産業規模の変化とともに変化してきた。具体的には、同産業が生成、発展、成熟ないし衰退し、産業規模が低、高、低する中で、PTシステムの重要度は高、低、高というU字型的変化パターンを見せてきたのである。

　第2節では、原糸の企業間システム別の投入状況を産業レベルで、また各原糸メーカーレベルで考察し、PTシステムの重要度がU字型的に変化してきたことを示す。次に、このU字型的変化パターンがなぜ起こったかを究明するために、第3節から第5節までは、先発メーカーである東レにおいてPTシステムがどのように生成・変化したかを考察する。第3節では合成繊維事業の開始に伴ったPTシステムの生成について、第4節では高度成長期におけるPTシステムの重要度の低下について、第5節では産業成熟期におけるPTシステムの再強化過程について考察する。そして、最後の第6節では本章をまとめる。

2　織物用合成繊維長繊維産業におけるPTシステムの変化パターン[(1)]

　本章が注目するのは、産業変化の中でPTシステムの重要度がどのように変化してきたかである。本書では賃加工システムの中の長期取引的なものをPTシステム

として規定したが、賃加工システムを長期取引的なものと短期取引的なものに区分している統計データは入手できなかった。そこで、以下では議論の便宜上、賃加工システムをPTシステムとして見なし、その変化のパターンを考察することにする。先に結論をいうと、産業規模の変化パターンとは逆に、PTシステムの重要度は高・低・高というU字型的変化パターンを示してきたといえる。その変化パターンを産業レベルと各原糸メーカーレベルで把握してみよう。

(1) 産業レベルにおけるPTシステム重要度のU字型的変化パターン

既に第3章で化学繊維産業における各繊維の生産量の推移を把握したが、ここでは合成繊維長繊維のみを取り出して、同繊維及びその織物の生産量の推移を把握してみよう。図4-1は第3章の図3-4と図3-5の中から合成繊維長繊維及びその織物のみの生産量の状況を示したものである。各長繊維全体（衣料用と産業用の合計）の生産量の推移をみると、ナイロンは生産量が1973年にピークに達した

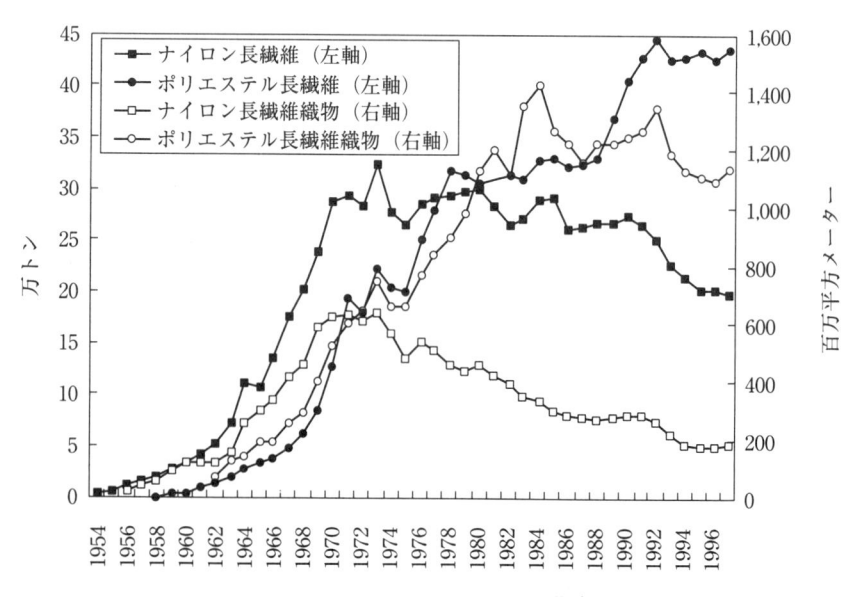

図4-1 日本の合成繊維長繊維及び同織物の生産量

（出所）各年の「繊維統計年報」のデータから筆者が作成。

後は停滞ないし減少の傾向を示しており、ポリエステルは1973年までは高い成長率を示してきたが、その後は成長率が鈍化している。

　本章は長繊維の中の織物用を分析対象としているが、「繊維統計年報」は原糸の用途別生産量は把握していない。そこで、長繊維織物生産量を織物用長繊維生産量の代理変数とし、その推移を見ると、ナイロン長繊維織物の生産量は1974年から、ポリエステル長繊維織物の生産量は1985年から停滞ないし減少いる。つまり、織物用ナイロン長繊維産業は第１次石油危機を境に、織物用ポリエステル長繊維産業はプラザ合意を境に、成長から成熟ないし衰退の道を辿ることになったと言える。なお、その推移から、第１次石油危機を境に織物用合成繊維長繊維の主役の座がナイロンからポリエステルへ移ったことが分かる。

　本章が注目するのは、上記のような産業変化の中でPTシステムの重要度がどのように変化してきたかであるが、その変化を前章でも触れた「繊維統計年報」のデータを使って把握して見よう。同年報は各合成繊維長繊維全体の用途を「自社他工場用」、「賃織・賃編用」、「市販用」、「その他」に分類し、用途別出荷状況を毎年統計として出している。前からの３つの項目は本書の概念では「垂直統合システム」「賃加工システム」「原糸販売システム」に該当する。

　図4-2はナイロン長繊維とポリエステル長繊維の状況を示している。ナイロンの場合は、総出荷量で占める織物用の比率が低いので、この統計データから直接に織物用における賃加工システムの変化を把握することは困難である[2]。なお、出荷量全体で占める織物用の比率が比較的高いポリエステルの場合にも織物用は長繊維全体の一部であること、産業用及び編物用原糸の大部分は原糸販売システムに投入されること等を考慮すると、織物用のみにおける賃加工システムの比率は図の比率よりかなり高いと考えられる。それ故、図からは織物用における賃加工システム比率の変化パターンを概略的に類推することしかできない。

　このような限界を踏まえた上で図を見ると、まず、ナイロンの場合は、微々たる変化であるが、1960年代後半から1970年代前半において賃加工システムの比率は相対的に低いレベルを示している。次に、ポリエステルの場合は、賃加工システムの比率はU字型的変化パターンを示していることが分かる。つまり、賃加工システムの比率は1958年の産業の生成期には非常に高いが、その後1960年代

84 第4章 合成繊維長繊維におけるPTシステムのU字型的変化：東レのケースを中心に

図4-2　ナイロン長繊維及びポリエステル長繊維の出荷状況

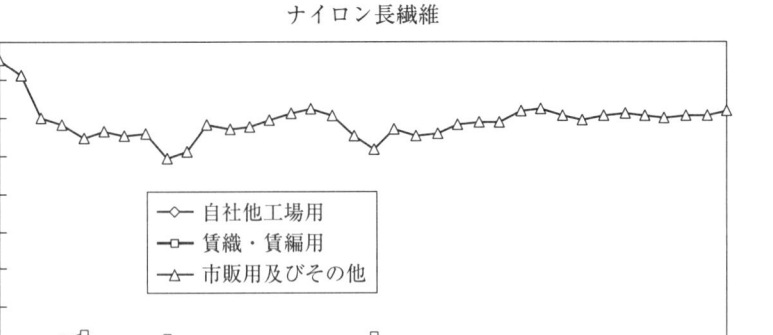

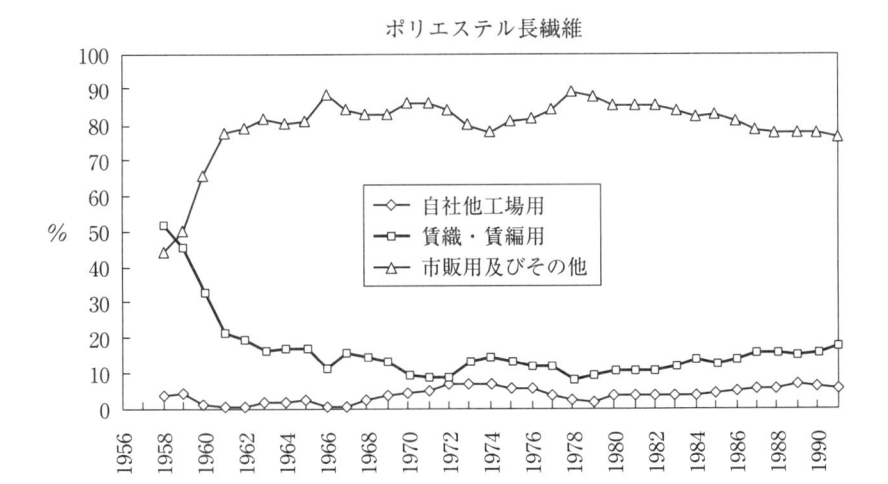

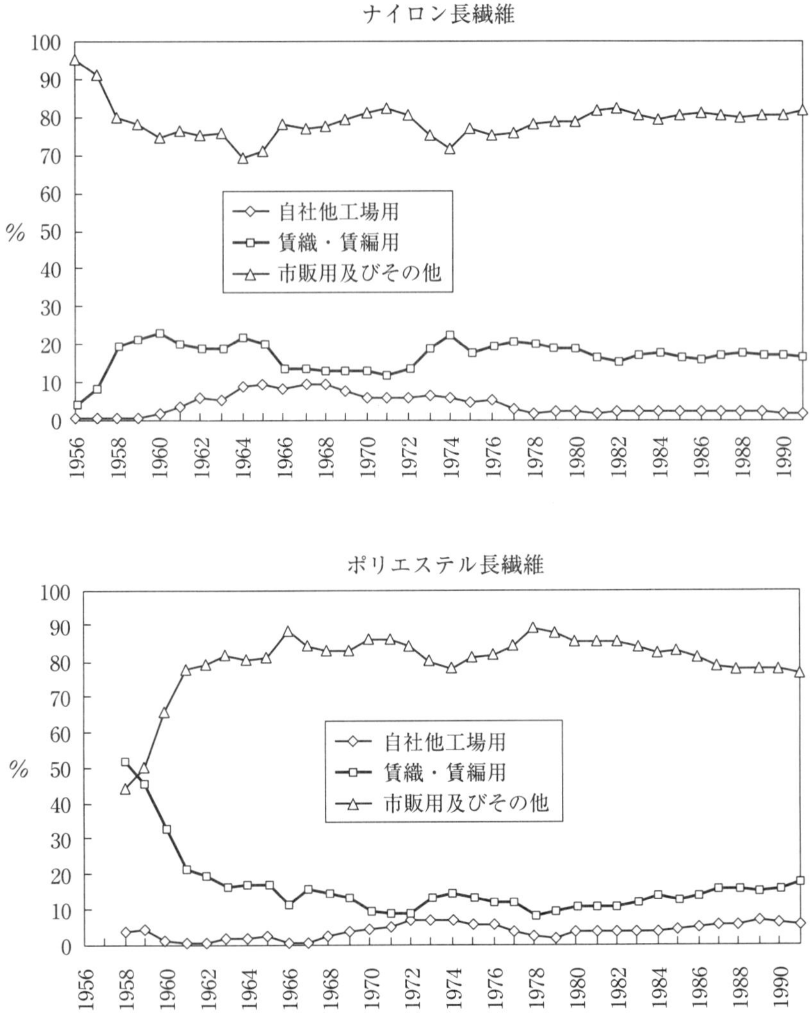

ナイロン長繊維

ポリエステル長繊維

（凡例）
- ◇ 自社他工場用
- □ 賃織・賃編用
- △ 市販用及びその他

（注）　出荷量は図4-1における生産量に年初在庫と受入を出したものである。また、年報では1992年以後は「市販用」以外は「その他」として分類されている。
（出所）　各年の「繊維統計年報」のデータから筆者が作成。

末までは低下傾向を示している。そして、その比率は1970年代半ばまで安定的に低い水準を示しているが、1978年頃からは増加推移を示している。賃加工システムの比率のこのような推移とは逆に、原糸販売システム（市販用及びその他）の比率は逆U字型的変化パターンを示している。

次に、賃加工システム比率の変化パターンを織物生産者の立場から考察してみよう。「繊維統計年報」は織物生産者を「綿スフ織物業」、「毛織物業」、「絹人絹織物業」、「麻織物業」に分類し、各織物業における製品別の賃織生産状況を集計している。「絹人絹織物業」の合成繊維織物における賃織の状況は織物用合成繊維長繊維における賃加工の状況を間接的に表していると解釈できる。その状況は図4-3の通りである。図の中の第1項目の「賃織」比率とは、織物生産量全体の中で、賃織による生産量が占める比率を表しており、他の項目は賃織生産量全体の中で各委託者による賃織生産量の占める比率を表している。図からまず言えることは、賃織の比率が約70％であり、合成繊維長繊維織物の生産者は事業の基盤と

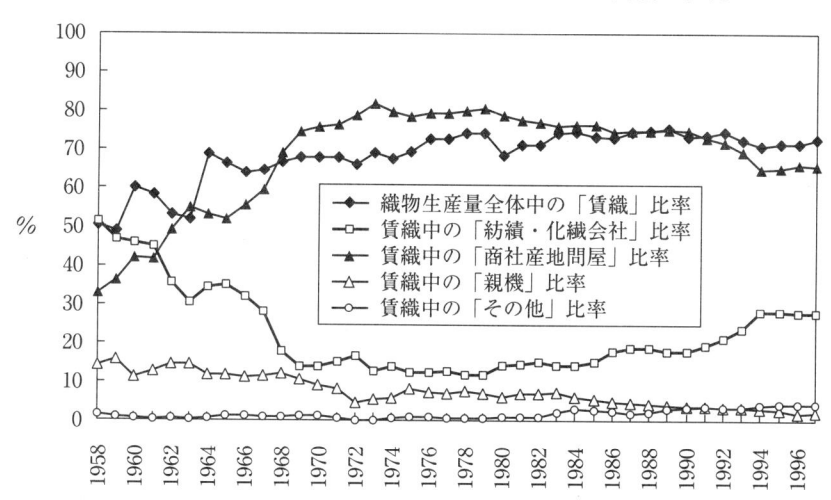

図4-3　絹人絹織物業の合成繊維織物における賃織の状況

凡例：
- 織物生産量全体中の「賃織」比率
- 賃織中の「紡績・化繊会社」比率
- 賃織中の「商社産地問屋」比率
- 賃織中の「親機」比率
- 賃織中の「その他」比率

（注）1958-1964年に関しては「その他織物」を合成繊維として見なし、それをデータとして使用した。
（出所）各年の「繊維統計年報」のデータから筆者が作成。

して賃織に深く依存していることである。

ところで、本章が注目するのは原糸メーカーによる賃織委託であり、図の中の「紡績・化繊会社」比率の変化である。但し、ここでも図の解釈には注意を要する。原糸メーカーは商社経由で賃織を委託する場合が多く、それは統計上で「商社産地問屋」による賃織委託として扱われる。それ故、図の中の「紡績・化繊会社」の比率は原糸メーカーによる直接委託賃織の比率であり、商社経由分を含めた賃織全体の比率はそれよりかなり高いと言える。この点を考慮した上で、図の中の「紡績・化繊会社」比率の推移を見ると、それもU字型的変化パターンを示していると言える。つまり、産業の初期段階には高かったその比率は1960年代後半に大幅に低下し、その後は安定的な推移を示している。しかし、1970年代後半、特に1985年頃以後は、逆に増加推移を示しているのである。

(2) 個別企業レベルにおけるPTシステム重要度のU字型的変化パターン

上記の産業レベルで見られたPTシステム重要度のU字型的変化パターンは個別企業レベルについても言えるのであろうか。ある企業の内部資料を使って、各原糸メーカーにおける織物用合成繊維長繊維の出荷状況を考察してみよう。図4-4はナイロン長繊維とポリエステル長繊維の中の織物用のみを対象にし、原糸の賃加工システムへの投入比率を示したものである。賃加工システムに投入されなかった原糸は原糸販売システムに投入されたことになる。データのない年もあるが、この図は織物用合成繊維長繊維における賃加工システムの状況をかなり正確に表していると言える。

まず、日本ではナイロン長繊維の主要メーカーは1950年代に生産を開始した東レとユニチカ（当時、日本レイヨン）、そして1963年頃に後発として参入した帝人、東洋紡（当時、呉羽紡績）、鐘紡、旭化成である。同産業の成長期である1965年から1973年までの状況を見ると、いずれの企業の場合も賃加工システムの比率は低下傾向を示している。図は1983年以後については東レと6社合計の状況しか示していないが、賃加工システムの比率は1980年代末までは増加推移を示し、1990年代には若干の低下推移を示している。このような推移から各社における賃加工投入比率は、事業開始から少なくとも1980年代末まではU字型的変化パター

ンを示してきたと言える。

次に、ポリエステル長繊維の状況について見てみよう。この原糸の主要メーカーは、1958年に生産開始した先発メーカーの東レと帝人、1960年代後半に参入した後発メーカーの東洋紡、ユニチカ（日本エステル）、鐘紡、旭化成、クラレ、三菱レイヨンである。各社における賃加工システムの比率は1974年までは低下傾向を示

図4-4　各社における原糸の賃加工システムへの投入状況

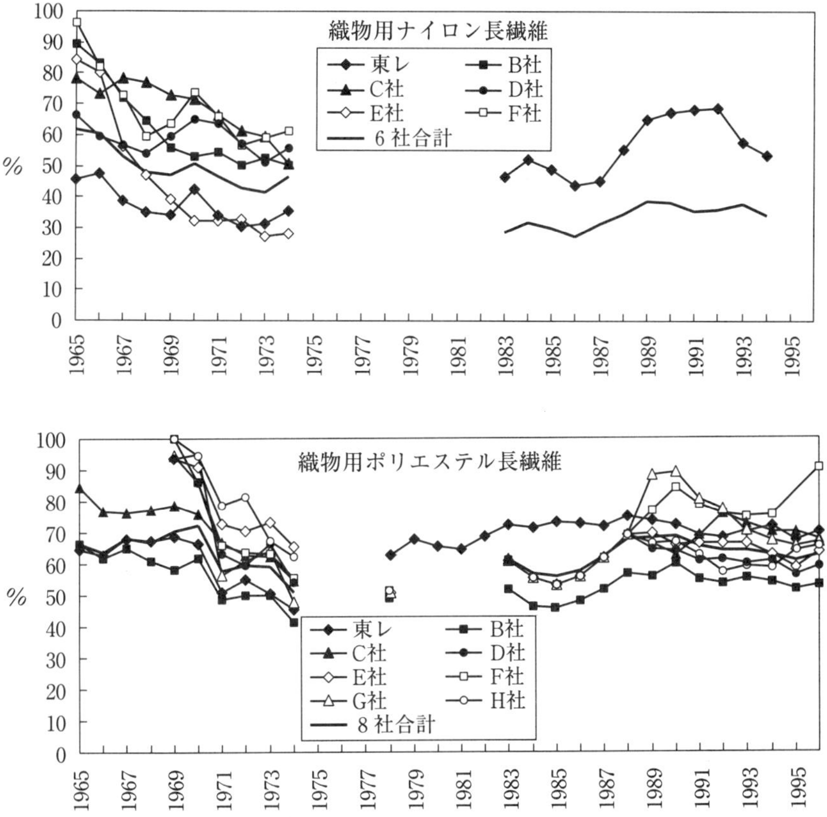

（注）ポリエステルの場合、1978年、1983年～1988年におけるC社、D社、E社、F社、G社、H社の数値は、これら各社の合計値をベースとして、計算されたものである。
（出所）東レの内部資料から筆者が作成。

している。その後、1980年代末までは各社ともおおよそ増加傾向を示しており、1990年代には各社は異なった推移を示している。従って、ポリエステルに関しても事業開始から少なくとも1980年代末までは賃加工投入比率は各社においてU字型的変化パターンを示しているといえる。なお、1980年代以後における賃加工システムの比率はポリエステルの場合がナイロンの場合より高い。

以上で、原糸の賃加工システムへの投入比率の変化を中心にPTシステムの重要度の変化について考察してみたが、ここには2つの問題がある。第1に、データで示されたのは賃加工システムの比率であり、長期取引的賃加工システムと規定されるPTシステムの比率ではない。第2に、仮にPTシステムの比率に関するデータが入手できたとしても、そのデータからはPTシステムの重要度がなぜU字型的変化パターンを表すのかを説明することは難しい。この2つの問題を解決する方法として、次の節では合成繊維の先発メーカーである東レのケースを取り上げて、同社においてPTシステムがなぜ生成され、その後どのような理由で変化してきたかを考察する。なお、その考察においては長期取引的賃加工システムを短期取引的賃加工システムとは区別し、前者のみをPTシステムとして呼ぶことにする。

3 東レにおける合成繊維事業の開始とPTシステムの生成

この節以下では、東レにおけるPTシステムの生成とその後の変化について織物用合成繊維長繊維分野に限って考察する。この節では、まず、東レの概要を考察した後に、合成繊維事業以前のレーヨン長繊維事業における企業間システムと、合成繊維事業の開始とともに始まったPTシステムの生成過程について考察する。

(1) 東レの概要

東レはビスコースレーヨンの生産を目的として三井物産によって1926年に設立された企業である[3]。三井物産は1919年にイギリスのコートールズ社（Courtauls Ltd.）とビスコースレーヨン長繊維の日本国内一手販売権契約を結び、その輸入を行った。東レの設立前に日本国内では既にレーヨン長繊維の市場が形成されており、輸入品とともに、帝國人造絹絲（今日の帝人）と旭絹織（今日の旭化成）を中心

とした国内メーカーからの供給でレーヨン長繊維産業が着実に発展していた。レーヨン長繊維需要の増加は輸入の急増をもたらしたが、政府は1926年3月に関税を引き上げることで国内産業を保護しようとした。このような状況の下で大正末期から昭和初期の時期に、紡績や商社の資本によって多くのレーヨン企業が設立されたが、その中の1つが東レであった。

図4-5は1945年までにおける東レの売上構成の変遷を表したものである。図に見られるように、戦前にはレーヨンの販売が売上のほとんどを占めていた。1935年や1940年の一時的縮小を除いて、レーヨンを中心とする売上は順調に伸び、1941年にはピークに達した。1941年の後はレーヨンの売上が急速に縮小したが、これは、太平洋戦争中の企業整備によって設備が廃棄され、レーヨンの生産が急速に減少したからである。設備の廃棄と供出のために遊休化した工場で、兵器の部品や落下タンク等の軍需物資を生産したが、これはその他の項目の売上が伸びたことに反映されている。また、注目すべきことは、既に戦時中にナイロンの売上が見られることである。同社は既に戦時中にナイロン（当時の名前はアミラン）

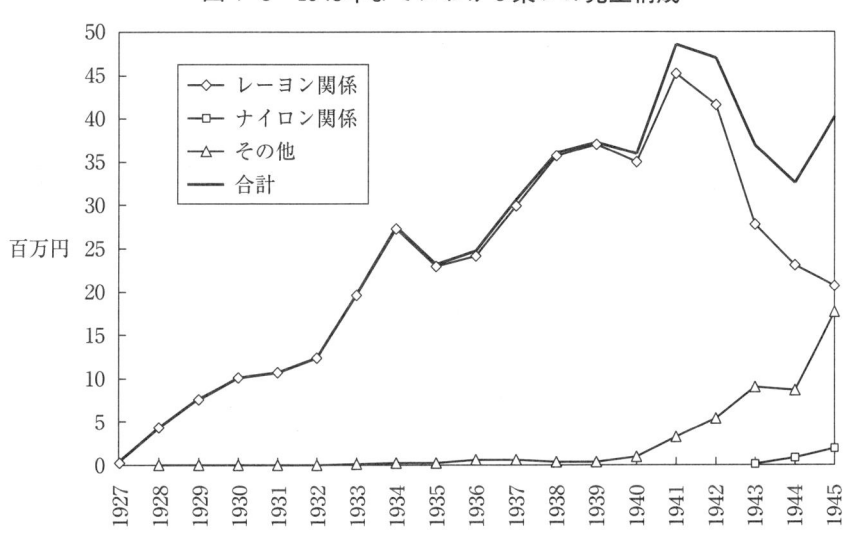

図4-5　1945年までにおける東レの売上構成

（出所）　日本経営史研究所（1997）の資料から筆者が作成。

の製造に成功し、テグスや樹脂を生産していたのである。

次に、図4-6は戦後における東レの売上構成の変遷を金額ベースで表したものである。同社の売上は、1970年代は日米繊維協定、第1次・第2次石油危機の影響で一時的に減少した時はあったものの、戦後から1984年までは順調に伸びていることが分かる。1985年以後は売上が低迷しているが、これは1980年代から始まった繊維部門売上の縮小に起因している。繊維部門の縮小を補っているのは非繊維部門であり、その内容は主に化成品やプラスティック事業である。この非繊維部門は1970年代初期から急速に伸び始め、遂に1995年にはその売上が繊維部門の売上を追い越している。繊維部門だけを取り上げてその内訳を見ると、その中心となっていた事業はレーヨンからナイロンへ、ナイロンからテトロン（東レのポリエステルの商品名）へ移ってきたことが分かる。つまり、前章で考察した化学繊維産業の歴史が東レの売上構成にも反映されているのである。なお、その他繊維の売上も無視できないほど多いが、その主な内容はトレロン（東レのアクリルの

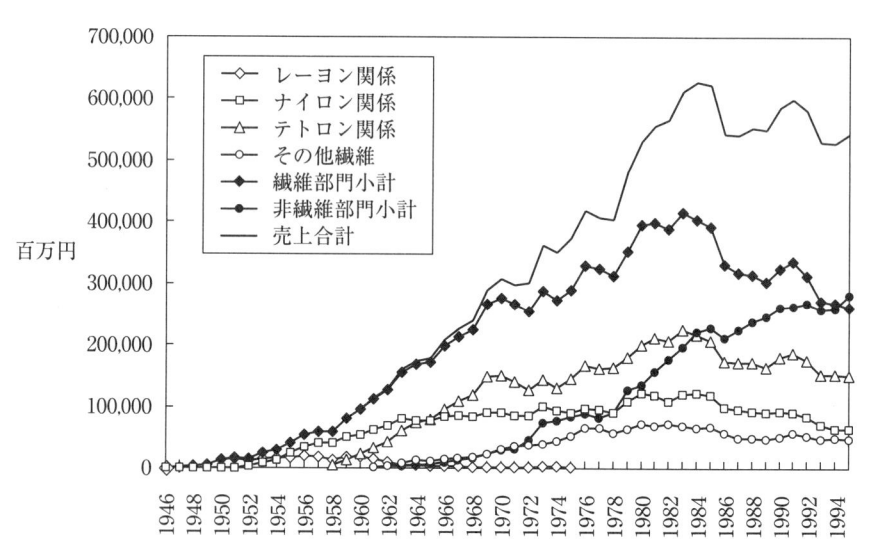

図4-6 戦後における東レの売上構成

（出所）東レ「有価証券報告書」のデータから筆者が作成。

商品名）とエクセーヌ（東レの人工皮革の商品名）である。

　こうした東レの発展過程を踏まえた上、本章では同社における企業間システムの変化を4つの時期に区分して分析することにする。まず、第1期は創立から1950年までの合成繊維以前の時期である。この時期にはレーヨン事業が同社の事業のほとんどを占めていた時期である。そして、同社は1951年のデュポン社との技術提携を契機にナイロン事業を本格化させ、その後ポリエステル、アクリル事業に参入した。こうした同社の合成繊維事業は1964年までは着実に基盤を固めた。そこで、1951年から1964年までを第2期とし、合成繊維事業確立期として分類する。ところで、1965年にはナイロン不況が訪れることになり、ナイロンに代わってポリエステルが同社の中核事業になった。しかし、ナイロン不況は長く続かず、その後、同社の合成繊維事業は第1次石油危機までは急速に伸びることになった。そこで、1965年から第1次石油危機発生の1973年までを第3期とし、合成繊維事業の高度成長期と呼ぶことにする。第1次石油危機の後は、同社の合成繊維事業は原料コストの高騰や輸出の低迷でそれまでの高度成長は維持できず、成熟段階に入ることになる。そこで、1974年から今日までを第4期とし、合成繊維事業成熟期と呼ぶことにする。以上の分類に基づいて、この第3節では第1期及び第2期に、第4節では第3期に、そして第5節では第4期における東レの企業間システムを考察する。

(2) 合成繊維登場以前における企業間システム

　レーヨン長繊維の生産を目的として三井物産によって設立された東レは、当初から三井物産を総代理店として原糸を販売した[4]。東レのレーヨン長繊維生産工場であった滋賀工場内に商務課が設置され、同課が三井物産の東京本店営業部、横浜支店、名古屋支店、大阪支店のレーヨン掛と取引を始めた。三井物産以降における原糸の流れについては既に前章でも触れた通りである。つまり、総代理店である三井物産は特約店に原糸を販売し、特約店はさらに産地の糸商や機屋に販売したのである。当初の東レ製品の特約店は伊藤忠、蝶理のような商社と、西田商店、高柳商店、丸栄等のレーヨン専門問屋であった。その後、有力特約店の地図には変化があり、1935年には蝶理が東レ製品の35％を取り扱うほど優勢にな

り、それについで西田商店、西野商店、岸商事、酒伊商店、岸商事、一村産業、伊藤忠、田附、岩田が有力であった言われる[5]。

但し、総代理店制による販売方式は東レと三井物産双方にとって不満のあるシステムであった[6]。というのは、三井物産の立場からみると、製造本位の東レの姿勢は品不足や商機逃しを起こしがちであり、しかも販売の現場から東レの商務課と連絡をとるのも当時の通信事情の下では容易ではなかったからである。一方、東レの商務課の立場では、販売の主導権がなく、組織的な営業活動を全国的に展開できないという不満があったからである。しかし、これらの問題にもかかわらず、東レは三井物産の営業力と信義を信頼し、三井物産は東レの成長と発展を支援するという基本姿勢の下で、両社の協力関係は崩れることがなかった。このように、三井物産との協力体制の下で東レの販売は順調に伸びた。それに伴い、1937年2月には三井物産大阪支店内に出張員駐在事務所（1941年6月には大阪出張所に昇格）が設けられた。さらに、1938年9月には三井物産の大阪支店にレーヨン受渡掛が設けられ、製品の受渡しは三井物産の大阪支店で行われることになった[7]。

ところが、日中戦争が勃発してからは繊維製品に対する統制が始まり、レーヨン短繊維は増産される代わりに、レーヨン長繊維の生産は縮小された。さらに、1941年太平洋戦争が始まってからは、戦時統制が繊維の販売・流通・消費までに至ることになった。特に1942年2月に「繊維製品配給消費規則」が制定されてからは、各種の繊維は繊維別統制会によって配給されることになった。この統制体制の下で東レにおいては軍需品の納品が増えることになり、販売組織にも変化があった。1943年2月に大阪出張所の商務課は製品課として改称され、同年3月には東京本店にも製品課が設けられた。いずれにしても、統制体制の中では東レの商務課や製品課の主務は配給に関わるものであり、三井物産の役割も極度に限られることになった[8]。

戦後、三井物産が解体されることによって、東レは自主的販売組織を構築せざるを得なかった。そこで、1947年5月に大阪に商務部が設立され、自主的な販売組織が確立した[9]。1949年には本部が滋賀から大阪へ移転し、商務部が販売部へと改称され、その販売部は1950年8月にレーヨンを取り扱う販売第1部と、ナイロン等を取り扱う販売第2部として拡大された。さらに、1952年5月にはそれぞ

れがレーヨン販売部とナイロン販売部に改称され、1953年には織物販売部が新設された。その後、1955年3月には全社組織が管理、生産、営業という機能別組織に再編され、営業部門はレーヨン販売部、ナイロン販売部、織物販売部、購買部、東京営業部で構成されることになった。

そして、東レは社内では原糸・原綿以降の紡績、織布、染色等の領域を「高次加工」と呼称しているが、その高次加工分野に対しては、短繊維の場合は戦前から積極的に垂直統合を行ったが、長繊維の場合は極僅かな規模で進出することに止まった。紡織分野に対する同社の進出は、東洋綿花と共同で1936年に設立した東洋絹織から始まる。その工場は短繊維製造設備のみならず、精紡機、撚糸機、織機、染色設備をもった垂直統合型の工場であったが、1941年に東レに合併され、東レの愛媛工場になった[10]。なお、東レは1937年には紡織専門工場として瀬田工場を設立し、短繊維の高次加工分野に積極的に進出した[11]。さらに、短繊維織物の染色のために、1939年1月に京都の染工場を買収し、桜島染工場とし、1944年にもう1つの染工場を買収し、山科電気工場とした。これらの紡織・染色工場は戦時中の企業整備によって相当設備を失った[12]。しかし、戦後の復興過程によってそれぞれの工場は再建された。なお、それらの工場は、紡織加工部門の再編成が行われた1960年代前半までは東レの原綿の主要な需要先であった[13]。

一方、長繊維の場合は、東レは原糸を基本的に外部に販売し、自社内では小規模の織布設備を持つことに止まった。自社内織布工場としては、1940年12月に織布企業の買収によって設立された金津織布工場(買収当時の織機は170台)と、1942年10月にもう1つの織布企業の買収によって設立された武生織布工場のみであった。戦後は武生工場が1950年に売却され、金津工場のみが残ることになった。しかも、後述するように東レがナイロンを生産してからは金津工場は試験工場の性格を持ち、試験研究と製織企業への技術指導がその主たる役割になった。なお、同工場は、1960年12月には織布試験所として改称されることになった。

(3) レーヨン長繊維における賃加工システムの発生

戦後も経済統制がしばらく続いたが、1949年10月にレーヨン長繊維とレーヨン長繊維織物に対する割当が解除され、また1950年1月にはレーヨン長繊維に対す

る公定価格制度も廃止されたことによって、市場経済が復活することになった。この経済統制の解除に伴って、東レは自社主導で多くの商社と取引関係を結び始めた。1950年当時のレーヨン長繊維の主な販売先は岸商事、酒伊興業（現酒伊商事）、蝶理、一村産業、丸佐等であった。特に、同年朝鮮動乱が勃発することになり、東レの業績は急速に伸びた。しかし、動乱が1951年後半から落ち着くことになるにつれ、繊維産業は深刻な不況に陥ることになった。この動乱後の反動不況は前章でも触れたように、賃織という新しい企業間システムを生み出す契機になったのである。東レにおける賃織システムの生成経緯を見ると、次の通りである。

東レは既に1947年にレーヨン長繊維織物の賃加工による生産を少量で始めた。同社は同年に、福井県にある7社の機業場を「東レ会」として組織し、それらの企業に対して賃織を行わせたのである。同会のメンバーは、坪金織物有限会社、森栄織物株式会社、八木織物株式会社、株式会社土肥機業場、西沢機業場、南島機業場、勝倉機業場であった。これらの織布企業が賃織を行うことになった背景については、勝倉織布株式会社（現カツクラ株式会社）の社史は次のように記述している[14]。

> これと云うは当時はなお敗戦直後のことではあり、機業場はいずれも自己資本難に喘ぐとともに、原糸の入手にも困難を来たし、先行不安の経営難に陥っていたので、直接有力な人絹糸メーカーと結びつき、その系列工場になることによって、安定経営を求める状態に置かれていたこと、および一方、人絹糸メーカー側では、自家生産の人絹糸の優秀性を発揮せしめ、その増産を計画的に図るためには「糸から織物へまで」の一貫性を確立することの必然性に迫られていた結果、ついに両者の結びつきとなって実現した訳である。

このように、東レの場合は朝鮮動乱以前にも少量の賃織発注を行ったが、賃織が本格化したのはやはり朝鮮動乱後の反動不況の後の1953年頃であった。朝鮮動乱によって高騰したレーヨン長繊維の価格は、動乱が1951年後半に収束することによって暴落し、繊維商社や織布企業が破壊的な被害を受けたというのは前章で記述した通りである。このような状況で、賃織は織布企業の要請を原糸メーカー

が受け入れる形で本格化した。その経緯を前田テックス株式会社の社史は次のように記述している[15]。

> 当時、福井県繊維協会々長の要職にあった前田社長は、28年3月、石川県繊維協会々長の岸加八郎氏と北陸産地織物業界救済のため、東洋レーヨン㈱田代会長と帝国人絹㈱大屋社長を訪れ、化繊メーカーが一致して賃織生産を実施するよう要請した。これは北陸産地の朝鮮戦争反動不況の傷跡があまりにも深く、糸を買う資力をなくしてしまったために、化繊メーカーから糸を貸してもらい、織物を製造して加工賃を受け取るという賃織生産システム以外に産地機屋を救済する方法がないとの信念に基づいたものであった。この賃織生産システムがその後の北陸産地の合繊メーカーの系列生産体制の根幹となった。

こうした経緯で、賃加工システムは成立することになったが、東レにおいては、レーヨン長繊維織物の主な賃織先は酒伊繊維工業(現サカイオーベックス)、松文産業、土肥機業場、西沢機業場、一村産業、京都織物、岸商事であった。また、染色に関しては、酒伊繊維工業と竹仁染化に賃加工を行わせた。但し、レーヨン長繊維に関しては、賃加工システムは原糸販売を代替できるほどの主たる企業間システムではなかった。

表4-1は東レにおけるレーヨン関係の売上構成を示している。**表**に見られるように、レーヨン長繊維織物は1947年から売上の項目として計上されており、1953年からその金額と総売上に占める比率が急激に伸びている。しかし、レーヨン長繊維の売上はレーヨン織物の売上を大幅に上回っている。そして、**表4-2**は1956年3月における東レの瀬田工場で生産されたレーヨン長繊維の出荷状況を示している。この表からも賃織に投入された原糸の割合は22.7%に過ぎないことが分かる。ちなみに、自家織布工場の金津工場への投入比率はわずか0.7%に過ぎなかった。なお、このレーヨン長繊維における賃加工システムが長期取引的性格をもつものであったとは必ずしも言えない。これを裏付ける事実として、初期の賃織先であった東レ会のメンバーの中で、後述の「東レ合繊織物会」のメンバーになったのは勝倉機業場のみであったのである。

表4-1　東レのレーヨン長繊維関係の売上構成

単位：円、％

年度	レーヨン長繊維		強力レーヨン長繊維		レーヨン織物		レーヨン長繊維関係計（その他を含む）	
	金額	割合	金額	割合	金額	割合	金額	割合
1946	24,513	96.3					25,458	100.0
1947	203,753	96.6			4,859	2.3	210,924	100.0
1948	1,119,556	99.2			88	0.0	1,128,292	100.0
1949	2,620,021	98.6			18,487	0.7	2,658,324	100.0
1950	7,111,329	97.2			205,371	2.8	7,316,700	100.0
1951	8,817,974	95.1			451,581	4.9	9,269,555	100.0
1952	5,779,924	82.6	622,419	8.9	592,696	8.5	6,995,039	100.0
1953	6,862,117	74.7	1,208,745	13.2	1,111,296	12.1	9,182,158	100.0
1954	6,418,353	68.2	1,133,641	12.0	1,865,004	19.8	9,416,998	100.0
1955	5,369,837	61.9	1,152,072	13.3	2,156,312	24.8	8,678,221	100.0
1956	6,343,335	58.3	1,823,224	16.8	2,710,175	24.9	10,876,734	100.0
1957	5,416,836	56.0	1,936,323	20.0	2,323,790	24.0	9,676,949	100.0
1958	3,384,000	46.7	1,842,000	25.4	2,021,000	27.9	7,247,000	100.0
1959	4,226,447	44.7	2,891,194	30.6	2,339,684	24.7	9,457,325	100.0
1960	4,724,489	49.8	2,615,643	27.5	2,154,347	22.7	9,494,479	100.0

（注）　1946年は46年8月から47年3月までの8ヵ月分。
（出所）　東レ「有価証券報告書」と日本経営史研究所（1997：200）のデータから筆者が作成。

(4) ナイロン長繊維における系列システムの成立

　東レは、ナイロン事業に成功することによって、レーヨン企業から合成繊維企業へと急成長を成し遂げたが、同社におけるナイロンの研究は早くも戦時中から始まった。デュポン社におけるナイロン事業の成功を聞き、東レは1938年にナイロンの研究に着手し、1941年5月にナイロン6のマルチフィラメントの紡糸に成功した。同製品はアミラン（Amilan）と命名され、1942年から漁業用の合成テグスとして市販された[16]。戦後もアミランの生産はテグス用から再開されたが、1949年頃からは漁網用としてその用途が拡大された。さらに、同年には滋賀工場で、衣料用のアミラン長繊維の生産が開始され、初めて合成繊維織物の研究が始まった。

表 4-2　1956年3月における東レのレーヨン長繊維の出荷状況

単位：万ポンド、％

		投入量	割合
原糸販売	内　需	190	63.3
	輸　出	40	13.3
	小　計	230	76.7
垂直統合（金津工場）		2	0.7
賃　織	酒伊繊維	35	11.7
	その他	33	11.0
	小　計	68	22.7
合　　　　計		300	100.0

（注）　強力レーヨンを除いた一般レーヨン長繊維のみを状況を表す。
（出所）　日本経営史研究所（1997：343）のデータに基づいて筆者が作成。

　このような独自技術によるナイロン事業はある程度の成果を上げたものの、東レにおいてナイロン事業が急成長する契機になったのはデュポン社からの技術導入であった。東レは1949年からデュポン社との接触を始め、1951年6月11日に同社と正式に技術提携の契約を結んだ。この契約によって、東レはナイロンの日本特許の実施権（契約当時は非独占、その後独占的実施権）を受け取ったのみならず、ナイロンの生産に関する様々な問題を解決することになり、その後ナイロン事業は急成長することになった。なお、この技術契約を契機に、アミランはナイロンという名称に変わることになり、ナイロンの織物への使用も本格化することになった。

　ナイロン事業の本格化とともに、東レはレーヨン企業から合成繊維企業へ変身していったが、合成繊維長繊維事業における企業間システムに関連して特記すべき点は、賃加工システムが長期取引的性格を持つPTシステムへと発展したことである。前記の通り、賃加工システムは既にレーヨン長繊維において行われていた。但し、それは必ずしも長期取引的性格を持つものではなく、原糸の賃加工システムへの投入も部分的なものに過ぎなかった。これに対して、ナイロンにおける賃加工は東レと織布企業間の密接な依存関係を前提にしたものであった。しかも、東レは織物用ナイロン長繊維に関しては原糸販売はせず、全面的に賃織による織

物販売を行ったのである。なお、このシステムは後のポリエステルにも適用された。以下では、この系列システムの確立過程についてより具体的に考察してみよう。

　前記の通り、東レが織物用ナイロン長繊維を生産し始めたのは1949年であった。同社は既にレーヨン長繊維の賃織先でもあり、金津工場の近くにあった勝倉織布にナイロン長繊維を持っていき、その試織を秘密裏に依頼した[17]。しかし、その糸の製織には様々な技術的問題が散在していた。その糸は、伸度が60％にもなり、織りにくい繊維であったのみならず、織り進めると静電気が起こり、機械の操作に問題を起こした。また、糊付けの工程においても従来のレーヨン長繊維用の糊は使えず、新しい糊の開発のために度重なる試織を行わざるを得なかった。勝倉織布はこのような様々な問題を解決しつつ、1年がかりでやっと試織品10数点を作り上げた。1950年に酒伊合同紡織（1952年3月に、酒伊繊維工業と合併）もナイロンの試織に参加したが、同社は織布のみならず、染色の試験も行った。こうして、最初は勝倉織布、酒伊繊維工業、東レの金津工場という3ヵ所がナイロンの製織に関わった。その後、東レは1951年頃、ナイロンの賃加工先を7社に増やした。それらの企業とは、上記の勝倉織布株式会社と酒伊繊維工業株式会社の他に、株式会社細川機業場、羽田機業場、大野織産、酒清織物株式会社、白崎織物株式会社であった[18]。

　折しも1951年に、東レがデュポン社と技術提携を結ぶことによって、ナイロンの品質は格段に向上し、ナイロン織物の量産化にも拍車がかかることになった。その結果、様々な種類の織物が商品化され、ナイロン長繊維の用途はレインコート、カッターシャツ、ブラウス、ジャンパー、ネッカチーフへとその用途が拡大された[19]。これとともに、東レはナイロンの各用途別に研究会を設け、織物に関しては1952年には9社の織布企業（酒伊繊維工業、酒清織物、勝倉織布、東洋織物、細川企業、大野織布、滝尾織布、羽田機業場、遠藤織物工場）、1社の染色企業（酒伊繊維工業）、4社の商社（蝶理、丸紅、伊藤忠、伊藤万）を持って「ナイロン織物研究会」を結成した[20]。さらに、東レは各機業地にナイロン織物会を組織し、ナイロン織物の生産を拡大していった。

　こうしたナイロン事業の立ち上げにおいて、東レが採用した取引方法は賃加工

第4章 合成繊維長繊維におけるPTシステムのU字型的変化：東レのケースを中心に **99**

システムをベースにした安定的な取引関係であった。賃加工方式で生産され、原糸メーカーの責任で販売される織物は「チョップ」とも言われた。それ故、賃加工方式は「チョップ方式」とも呼ばれていた[21]。織物用原糸に関する賃加工方式ないしチョップ方式の内容を見ると、次の通りである[22]。

賃加工の方式としては「糸売り製品買い」方式と、単なる加工賃を支払う「委託加工」（純賃）方式があったが、当時は前者の方がより多く使われていた[23]。前者の方式の中でも、商社が介在せず、東レが直接に織布企業に賃加工を依頼する場合もあったが、ほとんどの場合は原糸は商社の介在を通じて流れた。この場合、東レから指定された少数の商社は糸や製品の在庫を持たない単なる経由先であった。原糸はこれらの商社を窓口にして、東レが指定した織布企業に流れるわけであるが、原糸は織布企業において生機になり、生機は再び商社を経由して東レに戻った。この際、東レと商社間の取引は糸売り製品買いが、商社と織布企業間の関係は純賃方式が多かった。なお、東レに戻った織物はさらに自社の染色工場で加工されるか指定の染色企業で賃加工され、染色済みの織物になった。完成された織物はさらに商社を通じて縫製企業に渡り、最終商品化され、消費者の手に渡ることになった。

このように、東レは織物用ナイロンに関しては原糸の販売はせず、主に賃加工システムによって織物化された製品を販売していたが、その状況は表4-3からも

表4-3 東レのナイロンの段階別生産状況（1955年度、月間）

単位：万ヤード

織物（生機）の織布加工高

	レーヨン長繊維織物	ナイロン長繊維織物
金津工場	12(3.1%)	7(5.2%)
外注加工	376(96.9%)	42(31.1%)
買戻し		86(63.7%)
計	388(100.0%)	135(100.0%)

織物の染色加工高

	レーヨン長繊維織物染色	ナイロン長繊維織物染色
山科工場	1(0.7%)	15(11.1%)
愛知工場		26(19.3%)
外 注	149(99.3%)	94(69.6%)
計	150(100.0%)	135(100.0%)

（出所）日本経営史研究所（1997：345）の表を加工し、作成。

確認できる。表は1955年度月間におけるレーヨン長繊維とナイロン長繊維の織布及び染色の状況を示している。まず、レーヨン長繊維の場合は、生産された原糸の一部のみが東レ責任の織物に投入されたということは前記の表4-2で確認した通りである。表4-3からは、こうして生産されたレーヨン長繊維織物の一部のみが東レ責任の染色に投入されたことが分かる。つまり、388万ヤードの38.7%である150万ヤードのみが自社工場や外注によって染色済みの織物になり、他は生機の状態で販売されたことが分かる。

　一方、ナイロンの場合は、織物用の原糸は原糸販売されず、専ら自社責任の織物用に投入されていたが、織物調達方法の内訳を表4-3から見ると、糸売り製品買い方式が63.7%、純賃方式（表の外注加工）が31.1%、自社生産（表の金津工場）が5.2%であった。なお、生産された135万ヤードの100%が東レ責任の染色加工に投入され、自社工場か外注によって染色済みの織物になったのである。

　なお、東レはナイロン長繊維の賃加工においては、賃加工先を指定し、それらの企業を系列企業として呼びながら、長期的取引関係を結んだ。つまり、系列システムを確立したのである。レーヨン長繊維の場合は、賃加先との関係は必ずしも長期的ではなかったことは前記の通りであった。これに対して、ナイロン長繊維の場合は、賃加工先は東レのみと関係を持っていたことが、当時の有力系列企業の前田産業の例から確認できる。前田産業（現前田テックス）は朝鮮動乱後の反動不況を契機にレーヨン長繊維の賃織を始めることになったが、その場合の発注先は旭化成と倉敷レーヨンであった。レーヨンの長繊維の場合は、このように賃織の発注企業は2社であったのみならず、賃加工発注は必ずしも安定的なものではなかった。こうした中で、同社は1956年暮れに東レからナイロン賃織の提案を受け、翌年から東レの系列生産に参加することになった。東レから賃加工の依頼を受けた当時の状況を同社の会長、前田栄雄氏が次のように回顧しているように、東レはナイロン長繊維の賃加工においては織布企業と独占的関係を維持しながら、長期的関係を維持したのである[24]。

　　業界では東レのものは東レ全部をやるのがおきてになっていた。しかし、前田さんだけは義理でやってもらうのだから、どうぞ今まで通り旭化成を続けて

いただいて、うちのナイロンもやってもうら形で十分です。と、森常務から強く言われた。それではとにかく帰り、うちの専務や役員とも相談したいと答え、武生へ戻った。結局、前田さんのところは特別といわれ、とにかく5、6月は織機の半分が東レのもので埋まった。

(5) ポリエステル事業の開始と系列システムのPTシステムへの体系化

ナイロンに成功した東レは次にポリエステル事業に参入した。東レは早くも1948年11月にポリエステル繊維の製造実験に成功したことはあった。1952年に工業化研究を再開するとともに、ICI社からの技術ライセンスの導入を打診した。ICIとの交渉において、ICIが東レと帝人2社に独占的ライセンスを供与するという方針を持っていたので、1957年2月7日にICIと東レ・帝人間に技術提携の契約が調印された。なお、ポリエステルに関しては帝人と東レの頭文字をとった「テトロン」という名前が採用された。テトロンの場合は、1958年に生産が開始されてからしばらくは、綿との混紡用の短繊維の生産量が圧倒的に多かった。ところが、1960年代に入ってからは長繊維織物分野が急速に発展し、その後は長繊維織物の素材としてナイロンを凌駕することになったのである。

東レはナイロンとともにポリエステルを生産することによって、合成繊維事業をより本格化したが、その過程で同社とその系列企業との間には新しい関係が生まれることになった。これはPT（Production Team）という概念に基づく関係である。この概念は、福井経済同友会の代表幹事であった前田栄雄氏が1959年4月、京都で開かれた関西経済同友会大会の席で発表したものであったと言われる[25]。その発表で、原糸メーカーと産地のあり方は支配・被支配の関係ではなく、ともに協力し合う「プロダクションチーム」であるべきだという提案がなされた。つまり、原糸メーカーと系列の織布企業は利益共同体ないし運命共同体の中のイコールパートナーであり、原糸メーカーは資本力、技術力、情報収集力、商品開発力を活かし、織布企業や染色企業をもっと支援すべきであるという提案であった。福井経済同友会はさらに同年5月に「化繊織物工業における企業系列のあり方―生産共同体への構想」と題する論文を発表、PTという概念をさらに具体化した。その内容の一部を引用すると、次の通りである[26]。

メーカーは共同体の中核としての指導的立場から、全般を統括するとともに、商社と協力して機業、染色加工業の育成をはかる。商社は各部門間の調整、斡旋のほかに、各部門と協調してマーチャンダイジングにつとめる。機業と染工場はメーカーとともに技術の面を担当する。(中略) 共同体生産の品種は、原則としてチョップ品に重点をおくべきである。チョップ品は、新興繊維製品、高級品等であって、その需要の喚起拡大には、メーカー、商社の資本力、宣伝力を必要とするようなものを選ぶ。

こうしたPTの概念を、東レを始めとする原糸メーカー各社が受け入れ、従来の系列企業はPTとして呼ばれることになった。東レも、1959年5月にそれまでの生産系列という呼称を改め、東レプロダクションチーム (PT) として呼ぶことにし、なお、販売系列に対しては東レセールスチーム (ST) と呼ぶことにした[27]。なお、同年末には、それまで各機業地にあったナイロン織物会を発展的に解消し、全国の系列織布企業59社をもって、「東レ合繊織物会」を結成した。同会の組織は、技術部会 (新技術の指導、会員間の技術格差の解消が目的)、新製品部会 (新デザインによる新規需要の喚起、新製品に関する知識普及が目的)、経営部会 (適正工賃の計算、各企業間賃金水準の平均化等が目的) から構成された[28]。この東レ合繊織物会が、長繊維織物分野における同社の公式的組織であり、同会は今日までPTの公式組織として存続している。

さらに、東レは1961年に「東レ合繊織物会会則」(同年4月1日発効) を制定し、同会を成文化させた。その会則の内容を見ると、次の通りである[29]。まず、会の目的を、「会員相互の協力により経営管理の向上、生産技術の改善、製品の品質向上、規格の研究、内外市場の調査等を行うことにより、合成繊維の製織ならびに加工業の振興発展を図ること」としている。同会の事業としては、「(1) 会員各社工場の経営管理等に関する指導ならびに援助、(2) 合成繊維織物製織工業ならびに加工業の発展に資する意見の交換、(3) 調査資料、統計および情報の交換、(4) 技術および規格の研究、(5) 優秀なる発明、考案、工夫に対する表彰、(6) 講演会、講習会の開催および見学、視察、(7) 会員相互の連絡、親睦をはかるための事業、(8) その他本会の目的達成に必要な事業 (展示会等)」を取り上げている。なお、会員の資

格としては「東洋レーヨン株式会社ならびに東洋レーヨン株式会社の製造にかかる合成繊維（長繊維）の製織あるいは加工業を営む者」としている。なお、同会の当時の組織の概略図は図4-7の通りであり、前述したように同会は委員会組織で運営されていた。

以上で、東レにおける系列システムの生成、さらに系列システムのPTシステムへの発展過程を考察したが、次はPTシステムの成立の背後にあった東レ経営陣の考え方について考察してみよう。まず、当時の社長(1948年7月10月～1960年1月31日)であった袖山喜久雄氏は、ナイロン事業において系列システムを採用した理由として、ナイロンという新しい繊維における加工技術上の難点を取り上げながら、次のように述べている[30]。

　ナイロンを市場化するにあたって、私どもが最も強く考えたことは、責任をもって推奨できる製品を消費者に提供したいということであった。このことはナイロン商品化のプロセス上の困難さということからもきている。すなわち、日本の繊維産業界にまったく新しい素材を提供するということは、紡績以降の

図4-7　東レ合繊織物会組織図の概略（1961年4月1日）

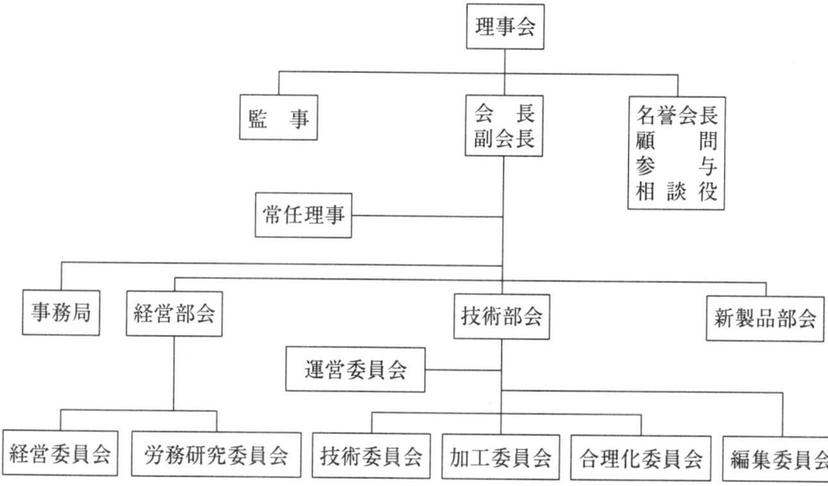

理事会
├─ 監事
├─ 会長・副会長
│   └─ 常任理事
│   ├─ 事務局
│   ├─ 経営部会
│   │   ├─ 経営委員会
│   │   └─ 労務研究委員会
│   ├─ 技術部会
│   │   ├─ 運営委員会
│   │   ├─ 技術委員会
│   │   ├─ 加工委員会
│   │   ├─ 合理化委員会
│   │   └─ 編集委員会
│   └─ 新製品部会
└─ 名誉会長・顧問・参与・相談役

（出所）東レ社内資料。

加工メーカーにとってまったく未知のものを取り扱うこととなるわけで、当社として生産するナイロン糸あるいはナイロンステープルを、たんにこれら加工メーカーに売り渡すだけで、最終製品について関知しないという態度をとった場合、粗悪品が出廻ってナイロンの評価、ひいては合成繊維に対する評価を一挙に悪いものにしてしまうだろう。(中略) 最終製品について品質を保持していくためには、当社がたんに原糸、原綿メーカーとしての立場だけにとどまらず、加工の全過程について管理、指導する必要があった。

そして、袖山氏の後に社長（1960年3月18日～1966年11月30日）になった森廣三郎氏も、系列システムないしPTシステムの成立理由として最終製品の販売力と加工技術上の難点を取り上げながら、次のように述べている[31]。

　最近のように販売競争が激烈化し、しかも新製品がどんどん作り出される時代にあっては、新製品を強力に売りさばいていく販売力と、販売組織を計画的に築き上げていくことが営業面での急務である。(中略) とかく新製品というものは、世の抵抗を受けがちなものであるから、新製品の売込みには、取り扱いの技術指導が必要であるとともに、強力な販売網を確立しておくことが必要である。(中略) 販売業社の系列化にもまして重要なのは、加工業者の育成強化と系列化である。新製品といっても、原料生産から加工の各段階を通じて幾多企業の協力なくしては、すぐれた最終製品として消費者に提供することが難しい。新製品の加工は、新技術を必要とすることが多く、この意味で優秀な技術をもつ加工業者に常々技術面、資金面で援助協力し、ギブ・アンド・テイクの精神で協調態勢を備えておく必要がある。

これらの証言から、合成繊維という技術革新が系列システムないしPTシステムの決定的な契機になったことが分かる。こうして構築されたPTシステムは1960年代前半にさらに拡大していた。PT組織は長繊維織物のみならず、紡績及び短繊維織物分野にも組織化されたが、PT組織の全盛期であった1964年には、PTのメンバーは長繊維織物関係で143社、紡績17社、短繊維織物関係55社、染色加工関係46社、撚糸関係41社等、合計337社に達することになった[32]。

4　高度成長期における東レのPTシステムの縮小

　レーヨン企業から合成繊維企業へ転換していく過程で、東レは織物用合成繊維長繊維に関しては、原糸ではなく織物の形で販路を開拓した。なお、織物の調達方式としては極小規模の垂直統合を除いてはPTシステムを採用した。ところが、1965年のナイロン不況を契機に、東レの企業間システムには変化が現れることになった。織物用合成繊維長繊維に関する変化とは、原糸販売を行い始めるとともに、賃加工による織物調達においても、長期取引的性格をもつPTシステムのみならず、商社を経由する短期取引的賃加工システムも積極的に活用し始めたことである。ナイロン不況は長く続かず、その後、合成繊維産業は高度成長を成し遂げる。この高度成長期にはPTシステムの重要性が相対的に低下する代わりに、原糸販売システムや短期取引的賃加工システムへの原糸投入が拡大されることになった。

(1)　ナイロン後発メーカーの参入とナイロン不況

　東レはナイロンの先発メーカーとして急成長したが、1964年末からナイロンの市況は悪化し、1965年にはいわゆるナイロン不況を迎えることになった。その不況の影響は、東レのナイロンの生産推移にも表れている。図4-8に見られるように、東レのナイロン生産は事業開始以来拡大し続けたが、1965年に初めて減産が行われた。ナイロン不況をもたらした要因としては、日本経済全体が東京オリンピック後に不況に陥ったことも挙げられるが、新規参入によって過剰供給が起こったことが重要であった。先発の東レと日本レイヨンに加えて、1963年頃から鐘紡、帝人、呉羽紡績(後に東洋紡績)、旭化成がナイロンの生産を開始することによって、ナイロンの供給は競争体制に突入したのである。

　後発メーカーの参入によって、いわゆる合繊ラッシュが1963年から始まったが、当時の状況を長繊維織物の最大産地である福井県を中心に見てみよう[33]。後発メーカーは、自社原糸の加工先としての織布企業の獲得に乗り出したが、その獲得戦は1963年末から1964年初頭に絶頂に達した。例えば、特に系列作りに積極的であった鐘紡は、県下の兼松や伊藤忠等の総合商社に働きかけ、系列の織布

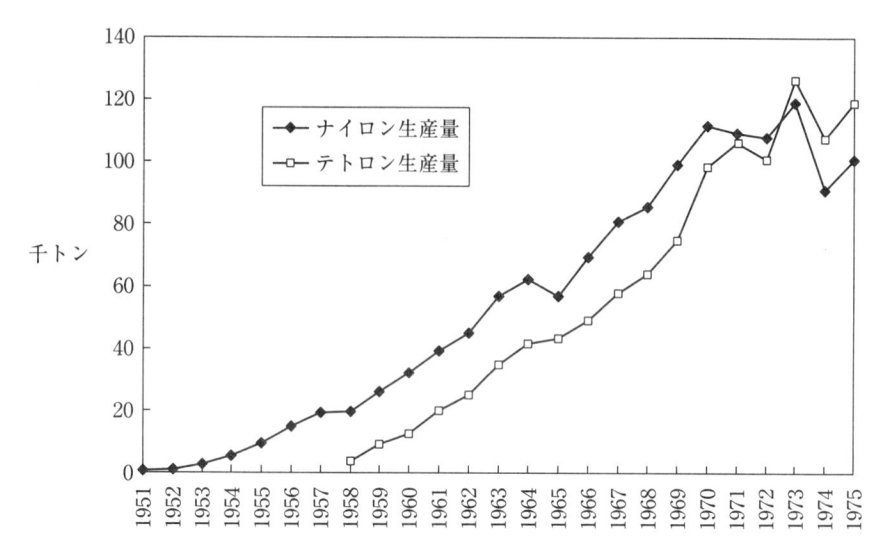

図4-8　東レのナイロン及びポリエステルの生産量

（注）　図の数値はナイロンとポリエステル両方で長繊維と短繊維の合計値である。
（出所）　東レ「有価証券報告書」のデータから筆者が作成。

企業の数を増やした。但し、織布企業の中で中堅以上の大部分は既に先発の原糸メーカーの傘下に組み込まれていたので、後発メーカーは商社の力を借りながら小規模の織布企業と組まざるを得なかった。しかも、合成繊維の糸質が向上し、その製織技術が普及したので、普通品であれば、絹織物の製織技術でも充分合成繊維が織れるようになった。その結果、福井県では5～6台の織機しか持たない零細企業も合成繊維を織るまで、合成繊維が普及した。

　このように、後発メーカーは織機50台未満の小規模織布企業を対象にした系列作りに走ったが、それにも限界があり、原糸を市販することによって市場を獲得しようとする動きが出始めた。このような状況で、先発メーカーの東レも原糸の増産分を系列ルートだけでは消化しきれず、系列、非系列を問わず、原糸の市販に乗り出すことになった。なお、1964年初から産地ではナイロン長繊維の実勢価格が原糸メーカーの建値を下回る状況が生まれ、商社は相場の先安を憂慮し、原糸を買うのを控えていた。そこで、東レは関係商社に対して同年6月分から30％

前後の建値引き下げを実施することになった。東レの値下げに追随し、他の原糸メーカーも建値を引き下げ、ナイロン長繊維は自由競争体制に突入することになった。それとともに、ナイロン長繊維の市場は売手市場から買手市場へ変化していったのである。その結果、従来は一次、二次製品に関係なく、すべての製品は原糸メーカーのものになったが、この時点を境にして、非系列商社も原糸を購入し、自社独自の織物を開発することができた。

　ナイロン長繊維における買手市場化という変化は東レにおける糸販売価格の変化にも現れている。東レはナイロンの販売を開始した頃から、原糸・原綿の販売価格に対して建値制を採用してきた。しかし、ナイロン市場内における原糸メーカー間の競争と、他の繊維との競争が激しくなるにつれ、建値と実勢価格の差が広がり、1962年には名目的に建値を廃止した[34]。こうした状況は、東レのナイロン長繊維価格の変化を示す図4-9にも表れている。この図は1951年4月から

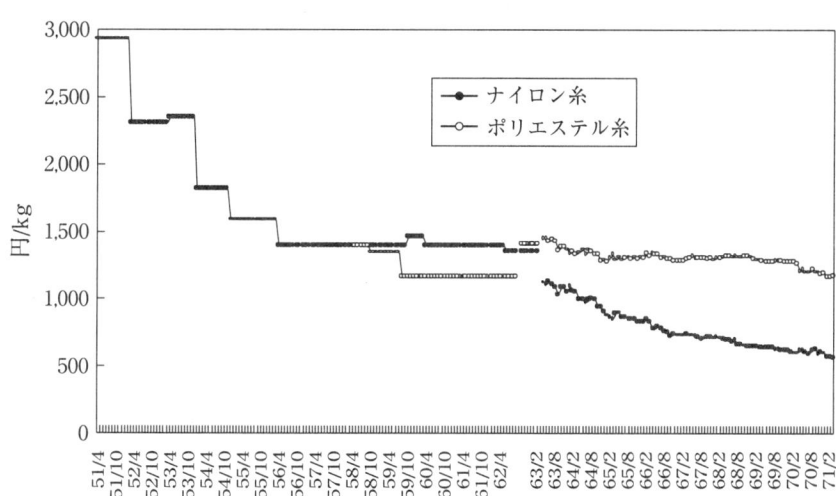

図4-9　東レにおけるナイロン長繊維及びポリエステル糸の販売価格

(注)　ナイロン長繊維の場合は、1951年4月〜1963年3月は110デニールA級品の内需価格、1963年4月〜1971年3月はナイロン実際販売価格の平均値である。ポリエステルの場合は、1958年4月〜1962年9月は250デニールA級品の内需価格、1962年10月〜1963年3月は100デニールA級品の内需価格、1964年4月〜1971年3月はポリエステル実際販売価格の平均値である。
(出所)　東レ有価証券報告書。

1971年3月までにおける東レの糸販売価格を有価証券報告書から抽出したものである。1960年代初頭までは価格が階段式に変動していることは建値制を反映している。そして、1963年4月以後の価格は、ナイロン長繊維やポリエステル長繊維の実勢販売価格の平均値を表している。その変動を見ると、ナイロンの場合は1964年3月までは比較的安定していたが、同年4月から価格が急速に下落している。ポリエステル長繊維の場合も価格は下落していたが、下落幅はナイロンほどではない。このような価格変動のパターンは、1964年と1965年におけるナイロン不況を如実に示しているのである[35]。

　一方、ナイロン市場の買手市場化に伴い、東レの産地に対する姿勢も変化した。供給過剰に対する措置として、原糸メーカーは原糸の減産を行ったのみならず、加工賃の引き下げと織物生産の縮小を行った。東レの場合は、まず1965年1月以降、従来の生産量の17％に当たる月産800トンの減産を実施した。その上、東レは同年3月末に系列企業に対して、加工賃の総平均10％引き下げを告知し、ナイロン、ポリエステル両方を対象にその引き下げを4月の織物分から実施した。そして、同社の合繊織物会会員、約80社（織機18,000台）に対して、第1回17％、第2回10％、第3回10％と3回に分けて、6月末までに織物生産を合計37％縮小させた。これらの措置は系列企業の経営には大きな影響を与えたが、東レはそれらの企業に対して、立ち直り援助金の形で織機1台当たり15,000—35,000円の援助をする等、有形無形の産地保証を行った。

　不況に対する原糸メーカーのこうした努力にも関わらず、原糸や織物の滞貨の問題は解決されず、結局政府の関与による解決が試みられた。1965年初から原糸メーカーや産地は滞貨問題の解決案として買い上げ機関の設置を望んでいたが、通産省の許可の下で、同年8月30日に「ナイロン糸布輸出振興株式会社」が発足した。この買い上げ機関が原糸メーカーや系列の織布企業の滞貨を買い上げ、その結果、ナイロンの市況は好転することになった。

(2)　PTシステムの見直しと原糸販売及び短期取引的賃加工の拡大

　ナイロン不況を契機にして、東レの企業間システムにも変化が現れた。織物用合成繊維長繊維におけるその変化は次の2つとしてまとめることができる。1つ

は、原糸の出荷方法として、原糸販売システムへの投入比率を高める代わりに、賃加工システムへの投入比率を低下させたことである。もう1つは、賃加工システムの中においても、東レが商社を経由して、短期取引的賃加工先から織物を調達する方法、即ち短期取引的賃加工システムが増加したことである。この2つの変化は、結果的に原糸の出荷方法としてのPTシステムの重要性が低下したことを物語っている。

まず、第1の原糸販売システムの拡大について考察してみよう。原糸販売システムとは、原糸メーカーが販売先の商社に原糸を販売し、その後の川下活動には関与しないシステムである。この場合の商社の役割はいわゆるコンバーターといわれるが、ナイロン不況の後にいわゆる「コンバーター待望論」が台頭することになった[36]。これに関して、「日本経済新聞」の1966年2月9日の記事が次のように記しているように[37]、東レがコンバーターを育成しようとしたのは確かのようである。

> 東洋レーヨンは、従来のプロダクションチームによる系列生産や系列販売体制に代わり、コンバーターシステムを取り入れることを検討し始めた。コンバーターとは、原反から最終消費までの企画、加工、販売などいっさいの機能を担当する業者をいう。わが国ではいままで原糸メーカーが、系列化した加工業者の中核となって実質的にコンバーターの役割を果たしてきたが、東レは今後、集散地の問屋、商社をコンバーターに仕立てることによって流通経費などを軽減し、体質改善を図ろうとしている。（中略）
>
> 東レでは、このような情勢の変化から、コンバーターシステムへの転換を取り上げたわけだが、問題はコンバーターに成長できる業者が少ないことで、森社長も「織物産地の業者が一挙にコンバーターになることは資力の面で難しい。当面やはり蝶理、伊藤万などの大商社がコンバーターになることが望ましい」と語っている。

それでは、その後商社のコンバーター化が実際どれくらい進んだのか、つまり、東レにおいて原糸販売がどれくらい拡大したのかについて考察してみよう。原糸販売の拡大にはやや否定的な見解もあるが[38]、東レの社内資料はナイロン不況の

後に原糸販売が拡大したことを明確に示している。東レでは合成繊維長繊維原糸は図4-10のように衣料用と産業用に分類されている。衣料用はさらに国内向け用と原糸輸出用に、国内向け用はさらに織物用、加工糸用、トリコット用、その等に分類されている。このような階層的分類の中、国内向け用に限定して、織物用、織物用及び加工糸用、原糸輸出を除く衣料用全体、それぞれにおける原糸の賃加

図4-10 東レにおける原糸の用途別分類

図4-11 東レのナイロン長繊維及びポリエステル長繊維の用途別投入比率

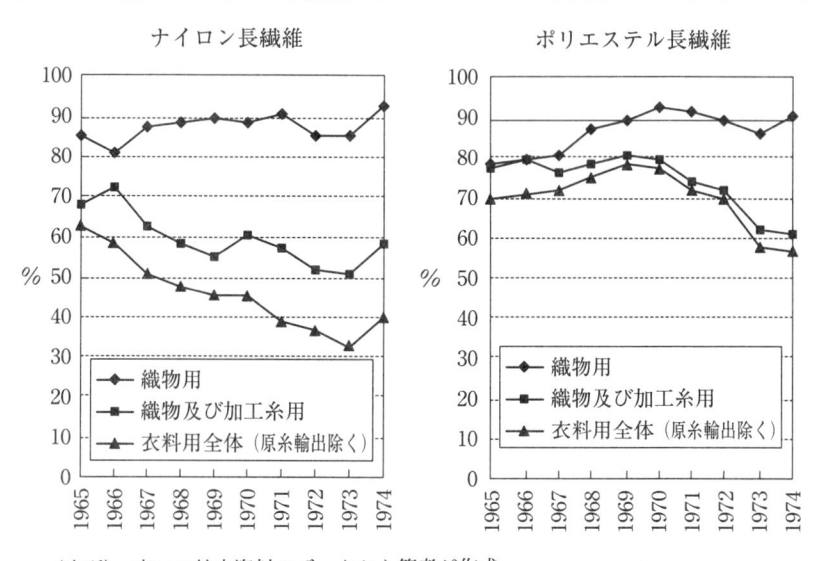

（出所） 東レの社内資料のデータから筆者が作成。

工システムへの投入比率を示したのが図4-11である。

　図4-11において織物用のみをみると、賃加工システムへの投入比率が低下したとは言いがたい。ところで、1960年代後半は加工糸織物の全盛時代であり、加工糸用の大部分が織物になったことを考慮すると、加工糸用も織物用として取り扱う必要がある。それ故、織物用と加工糸用を合計した織物用及び加工糸用の場合は、1960年代後半から1970年代前半までにおいて原糸の賃加工システムへの投入比率は低下傾向を示したことが分かる。具体的には、ナイロン長繊維の場合はナイロン不況の後から、またポリエステル長繊維の場合は1970年のポリエステル不況の後から、賃加工システムへの投入比率が下がっている。なお、トリコット等の他の用途までを含んだ衣料用全体においても類似の傾向が見られている。出荷原糸の中で、賃加工システムに投入されたもの以外は原糸の形で販売されたので、こうした賃加工システムへの投入比率の低下は原糸販売の拡大を物語っていると言える。

　次に、第2の変化である短期取引的賃加工システムの拡大について考察してみよう。その拡大はまず、長期取引的賃加工先であるPTの数の縮小に反映されている[39]。PTシステムの全盛期であった1964年にはPTの数は、前記した通り、334社であったが、1969年にはPTの数は234社になり、5年の間に約100社が減少した。その234社の内訳をみると、紡績糸関係が19社、加工糸関係が19社、編物関係が12社、長繊維織物関係が116社、短繊維織物関係が24社、染色関係が44社である。このうち、長繊維織物関係のみにおけるPTの状況を見ると、その数は1964年の143社から1969年の116社へ減少しており、116社の中で主力企業として位置づけられたのは56社に過ぎない。なお、主力企業の内容は、直接賃加工委託13社、蝶理傘下34社、一村産業傘下3社、岸商事傘下4社、その他2社であるように、主力企業との取引においても商社が重要な役割を果たしていた。

　ところで、上記のように長繊維織物分野においてPTの数は減少したものの、これは、短期取引的賃加工先に対する発注が賃加工発注全体に占める比率が高まったことを直接に示すことではない。その上、賃加工発注の中の何割が長期取引先と短期取引先に回されたかを正確に把握することは難しい。というのは、まず長期取引先を明確に定義することが難しいからである。例えば、1969年における長

繊維織物関係のPT、116社は主力PTと非主力PTに分類されているが、後者はPTとは呼ばれているものの、それらの企業と東レとの取引は必ずしも長期とは言えない可能性がある。また、主力PTのみを本書でいうPTと規定するとしても、それらの企業に対する賃加工発注が、賃加工発注全体で占める比率を示すデータは入手できなかった。このように、賃加工発注全体の中で短期取引分が相対的に増加したことを数量的に把握することは困難である。しかし、次に記する当時の東レの織物事業当事者の記憶は、1960年代後半には短期取引的賃加工が増加していたという事実を間接的に裏付けている[40]。

　昭和40年代に入ってからは、石川県の一村に対する発注においては言うまでもなく、福井の場合でも蝶理を通じて、東レは顔の見えないチョップ生産をしていた。つまり、タフタやポンジの場合は、どこの機屋でもいいから、蝶理が賃加工して東レに納めてくれということであった。このように、拡張期には商社や産元の力を借りて、どこの機屋で作っているのかが分からない、顔の見えないチョップ生産を主に量産定番品の分野で行ったのである。(中略) 東レは松文 (筆者注：東レの主力PTの1つ) に対しても、一村に対しても、糸を売りながらも、チョップ生産も行った。そして、産元や機屋が作ったものの中から良いものは東レが買い上げるという準チョップ生産もやった。製品の品質からいうと、東レ開発の一番良いものはチョップ生産、次の品質のものは準チョップ、そして定番品に関しては糸売りをした。(中略)

　この時には、糸を売って、出来上がった生地を買って、再び生地を売るというSBS (selling-buying-selling) 方式が盛んであった。これは糸売りと同じであるが、形態的にはチョップになっている。このSBS方式は、後発、後後発が参入した昭和40年代には東レでも流行っていた。というのは、東レは糸をとにかくはかなければならない状況にあったし、この方式は管理費が安くて済むからであった。この方式は機屋に対しても、商社に対しても行った。この取引形態の流行とともに、コンバーティングも流行になった。そこで、自社開発生産体制、産地の自主性が華やかに言われた。しかし、これが可能であったのは成長期であり、その後成長が止まってからは、その方向へ走った企業は失敗するこ

第4章 合成繊維長繊維におけるPTシステムのU字型的変化：東レのケースを中心に **113**

とになった。

　以上で、1965年のナイロン不況の後に、東レにおいて原糸販売システム及び短期取引的賃加工システムの増加、それに伴うPTシステムの相対的縮小に関する事実を考察したが、次はなぜこの時期に東レがこのような企業間システムの戦略を採用したかについて考察してみよう。以下では、東レの70年史や当事者の見解を参考にし、その理由として、第1にPTシステム自体が抱えていた問題と関連する理由、第2に原糸販売が拡大した理由、第3に賃加工の中でも短期取引的なものが拡大した理由に分けて考察してみる。

　第1に、PTシステムが縮小した直接的な理由としては、何よりもPTシステムの維持にかかる費用が増大したことが挙げられる。ナイロンやポリエステル事業に後発メーカーが参入することによって、各繊維分野における原糸メーカー間の競争が激しくなった。その過程で、東レが、PT組織を維持するために、PTに対して支出する信用供与額が急増した。特に、ナイロン不況によって、PTへの信用供与は、PTの維持管理費と重なって、東レの経営にとって重荷になったのである。この状況は図4-12にも表れている。図は、PT等への長期貸付金と保証債務額（信用供与額）との合計額、そして、その合計額が総資産に占める割合を示している。図に見られるように、その割合は1962年上期に0.38％であったが、1964年上期には3.18％へと急騰したのである。なお、その後のPTシステムの見直しの結果、1966年上期以降第1次石油危機直前までは、その割合は低下推移を辿っていることが分かる。

　第2に、東レにおいて原糸販売が拡大した理由としては、合成繊維産業の高度成長に伴い、同社にとっては織物販売による事業の拡大が限界に達したことが挙げられる。つまり、東レの原糸生産拡大のスピードがPTの織物生産拡大のスピードを上回ったと言える。この点に関して、東レの繊維事業企画担当者は次のように述べている[41]。

　　昭和40年代になると、糸の生産量は、東レとPTの織物生産能力を上回るスピードで拡大した。このような状況では既存のPTだけに依存すると、原糸生産を拡大するチャンスを逃してしまう。それ故、当社は自社の織物生産能力の範

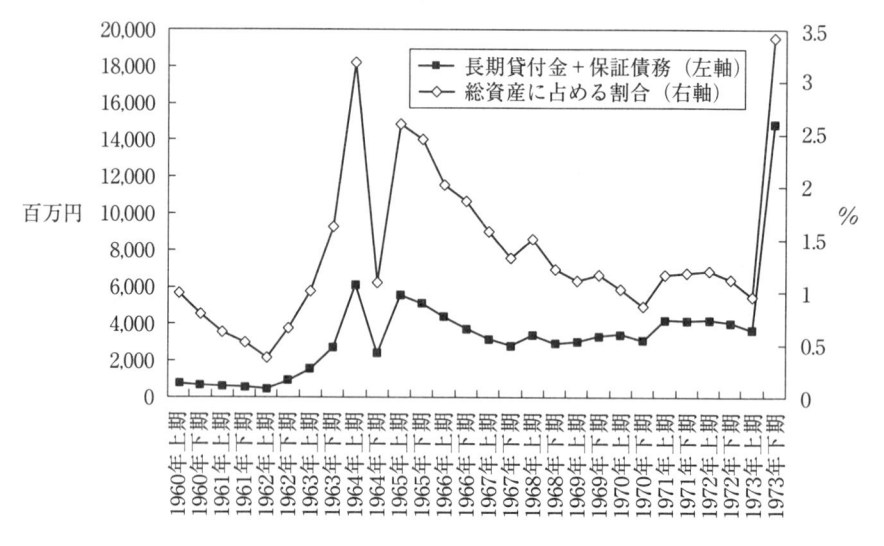

114 第4章 合成繊維長繊維におけるPTシステムのU字型的変化：東レのケースを中心に

図4-12 東レにおけるPT等への信用供与額の推移

（出所）元のデータは東レ「有価証券証券報告書」。日本経営史研究所（1997：479）の表から筆者が作成。

囲を超える部分に関しては糸売りをするようになった。つまり、商社を育成しながら、糸売りを拡大させた。但し、原糸を売放すだけでは、当社の糸を使って織った織物が市場では当社のチョップ物と競合し、結果として最終市場では織物の二重価格が成立する恐れがあった。そこで、産元に糸売りはするものの、最終市場での価格コントロールを維持するために、価格指定をしながら、特定の産元に対してのみ糸売りをした。その産元が一村であった。要するに、当社のPT拡大のスピードに比べて、市場拡大のスピードが速かった。本来ならば織物の販売で事業を行うはずであったが、原糸生産拡大の機会を失わないようにするため、糸売りをせざるを得なかった。初期には単純な糸売りではなく、価格政策の組み込みで特定の商社に対してのみ糸売りをした。しかし、糸売りのウェイトが段々高まるとともに、特定の販売先にこだわらない完全な糸売りになった。

なお、こうした原糸生産量を拡大させる背後で、東レは、原料遡及によって原糸生産におけるコスト優位を実現しようとした。同社は、昭和30年代に合成繊維粗原料の自給化を目指したが、諸事情から実現できなかった。しかし、昭和40年代に入って、芳香族石油化学に立脚した粗原料自給化を計画し、1969年に川崎工場の建設を完了した。同工場の操業によって、ラクタム（ナイロンの粗原料）とテレフタル酸の生産コストを削減することができ、同社のコスト競争力が著しく高まった[42]。

第3に、賃加工の中でも短期取引的なものが拡大した理由としては、原糸技術の向上と織物技術の普遍化が挙げられる。この点は、前記のナイロン不況に関連しても指摘された通りである。なお、これに関連して1966年当時、広撚の松山氏は系列生産体制の後退を、不況対策としての単なる一時的後退ではない構造的変化として捉えた上、その後退の原因として次の項目を取り上げている[43]。それは、第1に、系列生産体制の必要度の低下、第2に、系列生産体制の存立条件（寡占体制等）の構造的変化、第3に、系列生産体制の弱点（弾力性の欠如、系列維持の負担等）の露呈である。

彼はさらに、第1の理由と関連して「合繊の量産化と普及化、系列の育成による加工業者の成長に伴い、(イ)系列加工業者に対する技術指導、資金支援、経営指導の必要度や開発された新しい加工技術の秘密保持の必要度は低下し、(ロ)また最終製品までメーカーがリスクを負担する市場的配慮の必要度が低下し、さらに(ハ)消費者の合繊に対するイメージの確立に伴い、市場開拓のためのメーカーチョップの必要性も低下したきた。」と述べている。つまり、技術指導、資金支援、経営指導、加工技術保持等は原糸メーカーとPT間の長期取引を維持させた重要な要因であったが、これらの要因が必要でなくなったことにより、賃加工の際にも必ずしも長期取引をする必要はなくなったと言える。

以上の理由から1965年以後に原糸販売及び短期取引的賃加工は拡大したものの、PTシステムは依然として東レにとって主たる企業間システムの1つであった。つまり、原糸販売や短期取引的賃加工に投入されたのは、原糸全体の一部であり、それらの原糸は主に定番品という領域の原糸であったと言える。前記した当時の織物販売当事者の証言からも分かるように、東レは高品質の原糸はPTシス

テムに、次の品質の原糸は短期取引的賃加工システムに、そして、定番量産品の場合は原糸販売に投入したといえる。なお、定番品の原糸は商社等に販売され、次に考察するように、商社のコンバーター化を促したのである。

(3) 商社及び東レ社内部門のコンバーター化

東レから販売された原糸の主な販売先は商社であったが、原糸販売の拡大は商社のコンバーター化を進展させた。東レの取引先の中で、コンバーター化を最も積極的に進めたのは一村産業であった。ここでは、一村産業を例として取り上げながら、1965年以後における商社のコンバーター化の進展について考察してみよう。

日本の代表的長繊維織物産地の1つである石川県において、一村産業は岸産業とともに、戦前から有力な産元であった[44]。同社は戦前は傘下に多くの機屋を抱えながら、コンバーターとしての役割を果たしていた。当時は帝人、東レ、日レ等の大手6社のレーヨンメーカーから原糸を購入し、レーヨンタフタ等の織物を自社の責任で生産・販売していた。糸商と織物商を兼業しながら、原糸メーカーから糸を購入し、主に定番の織物を生産していたのである。ところが、朝鮮動乱後の反動不況を契機に賃加工を行い始めることになり、コンバーターの役割は弱まることになった。さらに、合成繊維出現の後は、特に東レとの取引が圧倒的に多く、東レからの賃加工の注文を受け、傘下の機屋で織物を生産させたのである。つまり、東レの有力なPTの1つになったのである。

ところが、1965年のナイロン不況を契機に一村産業の戦略は大きく変化することになる。それは「脱賃戦略」ないし「自主販売戦略」であった。ナイロン不況の時に賃加工の注文量は大きく減少し、加工賃も大幅に下落した状況であったので、原糸メーカーの賃加工だけでは収益を確保することができなかったからである。当初は東レからは原糸を買えなかったので、後発メーカーから原糸を購入し自主販売に乗り出した。こうした自主販売における製品戦略は基本的にはタフタ、ポンジ、加工糸織物等の定番品を生産することであった。特に、加工糸織物の生産に積極的に乗り出したが、それは、加工糸の場合は汎用性が高く、どこの原糸メーカーの糸を購入しても技術的に容易に織物を生産することができたからであ

る。当時、購入先の原糸メーカーは、東レのみならず、クラレ、ユニチカ、三菱レーヨン、鐘紡、帝人等であった。

その後、一村産業は1970年代に入ってはテキスタイル分野を越え、アパレル分野にも進出し、全盛期には同社本体だけで400人、グループ14社で3,000人の従業員を抱えるほど成長した[45]。そして、「一村産業はもはや一介の産元商社ではない。全国をにらむコンバーターである」と豪語するまでに成長したのである[46]。同社は、後述するように、その後1977年に危機に陥り、最終的には東レの関係会社になってしまうが、少なくとも1960年代後半から1970年代前半という10年間において、定番品織物を中心としたコンバーター化戦略で成功したと言えよう。

一村産業の例に見られたように商社のコンバーター化が進む一方で、東レ社内ではテキスタイル部門を独立した組織とし、その組織がコンバーターになるべきだという議論が出始めた。東レは合成繊維事業を始めた時から、自社内の紡織工場や外部のPTを使ってテキスタイルを販売してきたので、東レ自身が原糸メーカーとしての役割のみならず、コンバーターの役割を兼ねてきたとも言える。ところが、1960年代に入って社内の紡織部門は縮小され、さらにナイロン不況の後からはPTによるテキスタイル事業展開もその重要度が低下するようになった。こうした状況の下で、テキスタイル事業をファイバー事業とは独立した形で事業を再編すべきであるという意見が社内で活発に論議されたのである。その背後には、ファイバー事業の性格とテキスタイル事業の性格は異なるので、それぞれの事業は別々の企業が担当するのが適切であるという考え方があった。

テキスタイル部門の分社化は1973年1月10日に東レテキスタイルを設立することによって実現された。但し、分社化はまず編物（ニット）分野のみを対象にしたものであり、東レ社内の編物販売部門と、関係会社であるトーネン及び東編（東洋ナイロン編物）とが統合され、新会社に移譲された。ここで新会社の社名が東レニットではなく、東レテキスタイルであったことは、新会社は編物部門のみならず、将来は織物部門も含むことが想定されたからである。編物部門のみが先に分社化されたのは、(1)織物の場合は製品の特性上、原糸と織物が分断されることは新製品開発上、好ましくないこと、(2)新会社は、独立したコンバーターとして東レの原糸・原綿を使用するとは限らないこと、(3)織物部門は編物部門に比べて格

段に規模が大きいこと、等の理由があったからである(47)。

　企業間システムの観点から見た場合に、東レテキスタイルの設立をどのように解釈するかには2つの観点があり得る。1つは、東レテキスタイルは分社化されたとは言え、東レ組織の一部であるので、その分社化は東レにおけるテキスタイル事業への垂直統合の強化であると見る観点である。もう1つは、東レテキスタイルの設立はテキスタイル部門の原糸部門からの分離を目指したものであるので、原糸部門を東レ本体として見た場合は、その分社化は原糸販売戦略の強化であると見る観点である。この2つの観点の中で、本書では後者の解釈が妥当であると考える。というのは、前記で東レテキスタイルは東レの原糸・原綿のみを使用するとは限らないといったように、東レテキスタイルは資本的には東レ組織の一部であったものの、取引上では東レとは市場取引を目指したからである。実際、原糸購入に関する東レテキスタイルの取引内容を見ると、当初は主に東レの原糸を使用したが、設立してから1、2年後には本格的に他社の原糸を購入していた。帝人等の国内メーカーのみならず、台湾等の海外の原糸メーカーからも原糸を購入していた(48)。つまり、東レテキスタイルの立場から見れば、東レ本体は原糸購入先の1つになりつつあったのである。

5　産業成熟期における東レのPTシステムの再強化(49)

　合成繊維産業の高度成長期における原糸販売や短期取引的賃加工の拡大という東レの戦略は、産業の成熟化とともに転機を迎えることになる。日本の合成繊維長繊維産業は1971年のニクソンショックとそれに伴った円高で既に成熟化の兆しを見せてきたが、同産業の成熟化が本格化したのは第1次石油危機の後であると言えよう。産業成熟化という環境変化の下で、東レは織物用合成繊維長繊維事業に関しては、相対的に原糸販売や短期取引的賃加工を縮小する代わりに、PTシステムによる織物事業を拡大することで、同事業全体の規模を拡大するという戦略を採用した。この節では、まず、東レがなぜ織物事業を拡大していったかを考察する。次に、その拡大方法として、なぜ、垂直統合や短期取引的賃加工システムではなく、PTシステムを採用したかを原糸の差別化戦略を中心に考察する。そして、PTシステムの拡大過程において、同システムの中身がどのように変化して

いったかについて考察する。

(1) 産業成熟化と織物事業拡大の戦略

　産業成熟化をもたらした重要な要因としては、国際環境の変化と日本政府の政策を取り上げることができる。まず、国際環境の変化として、ニクソンショックによる円高、2回の石油危機、プラザ合意による円高は日本の合成繊維メーカーと織物生産者のコスト競争力を低下させ、結果的に同産業の成熟化をもたらした(50)。また、日本の通商及び産業政策も産業成熟化に重要な影響を与えた。まず、通商政策については、1972年に締結された日米繊維協定と、1973年にガットが制定したMFA（Multinational Fiber Agreement）によって、日本の繊維製品の欧米への輸出が制限されることになった。なお、日本政府は、第1次石油危機の後に訪れた需給バランスの崩壊に対して一連の産業政策を1977年以後に打ち出した。それらの政策は護送船団方式の考え方に基づくものであり、原糸メーカーによる生産設備の新増設を制限した(51)。その結果、合成繊維メーカー各社は設備の新増設の機会を失ったのみならず、米国で見られたような製品別企業集中による生産の効率化をはかる機会も失った(52)。

　このように、第1次石油危機以後に需要が停滞し、しかも諸産業政策によって、原糸生産の拡大ができなくなった状況の下で、東レは合成繊維長繊維事業に関しては国内に留まりながら、川下の織物事業を拡大するという戦略を展開した(53)。織物事業拡大の戦略が明確になった時期は不明瞭であるが、1979年の東レの社内資料は、当時の藤吉社長や孫子常務の考えを、「合繊の製造販売事業のみでは今後の発展は期待薄である。テキスタイル事業の積極的展開を通じて川中への影響力を強める」と記述しており、その時点では織物事業拡大が最高経営陣の明確な戦略であったことを示している。東レがその戦略を展開した重要な理由としては次の2つを取り上げることができる。

　第1に、従来の原糸販売先であった産元商社の多くが第1次石油危機の後に相次いで没落したという外部要因がその戦略展開に重要な影響を与えた。東レは1960年代後半から原糸の輸出とともに、原糸の国内販売を積極的に行ったが、その主な販売先は産元商社と総合商社であった。その中でも産元商社は定番織物を

中心に織物の自社販売を積極的に展開していったが、第1次石油危機の後に日本の定番織物の国際競争力が大きく低下したことによって、軒並み没落することになった。特に、産元商社の中で規模が最も大きく、東レとの取引量の大きかった一村産業が1977年に破産したことは、東レの原糸販売の後退に大きな影響を与えた。しかも、東レは同社を再建する過程で1978年に同社を実質的な子会社とし、1982年には同社傘下の織布企業を孫会社とすることで、織布分野に対して意図せざる垂直統合を行うことになった。

一村産業が経営危機に陥った直接の原因は、大手商社が金融取引を急激に縮小したところにあった[54]。特に、一村産業の主要取引先であった安宅産業が倒産することによって、一村産業は主要資金源を断たれることになり、財務上の危機に陥ったのである。しかし、同社の危機には構造的な問題が関係したのである。それはコンバーター事業そのものの問題であった。コンバーター事業には原糸の購入から最終製品の販売までに1年ほどの時間がかかり、その間には膨大な資金がかかった。しかも、定番織物を中心に事業を展開していた一村産業は、第1次石油危機後における定番織物の国際競争力が低下する中で、従来の戦略では事業を拡大することが出来なかったのである。

第2に、繊維産業の加工流通構造が東レの織物事業拡大に影響を与えた。繊維製品の場合は、原糸、織物、アパレル、小売のように川下段階に行くほど、各段階別付加価値の幅は大きくなる[55]。このような付加価値形成構造の下で、原糸事業を拡大することが難しかった東レにとっては、繊維事業全体の売上を拡大するために、川下の織物事業を拡大することは十分合理的な戦略であったと言える。なお、日本において、第1次石油危機の後にアパレル・メーカーが大企業化したことも、原糸メーカーが織物を販売することが有利になる状況を生みだした[56]。つまり、織物を販売するためには在庫保持や処分のための資金力、商品のブランド力等の販売能力が重要であるが、織物の販売先であるアパレル・メーカーが大企業化する状況の下では、交渉力の側面から、相対的に規模の小さい商社や織布企業よりも、大企業である原糸メーカーの方が織物の販売に有利な立場にあったのである。

東レは織物事業強化の戦略を打ち出したものの、どのような企業間システムで

それを実行するかが次の問題として残された。この問題に対して、東レは垂直統合ではなく、従来から織物事業に採用してきた賃加工システムを活用した。東レがこのように賃加工システムを採用したのは、次のように歴史的に形成された日本の合成繊維長繊維及び織物産業の構造に起因したと考えられる。

　前述の通り、東レは合成繊維長繊維事業の初期段階から織物の生産に賃加工システムを採用してきたため、新たに垂直統合という方法を取る必要はなかったと言える。しかも、東レは過去に少量で織物を自社生産していたが、その垂直統合はコストの面で賃加工システムより不利だったために、1960年代初期にそれを中止した経験があった。その不利の１つの理由は東レと織布企業及び染色企業との間の賃金格差であったと言える。第１次石油危機の後においてもその賃金格差は依然として存在しており、しかも、織物生産における技術蓄積においては織布企業が東レより有利な状況にあったと言える[57]。

　このような背景から、東レは賃加工システムで織物事業を拡大することにした。前述の通り、そのシステムでは、織物の開発と販売は東レ社内の組織が行うが、その生産は外部の織布企業及び染色企業が行う。そこで、織物事業を拡大するためには、東レはまず社内の織物の開発及び販売組織を強化する必要があった。以下ではその強化過程を見ることにする。

　まず、織物開発に関わる組織について見ると、東レは、織物と編物両方、即ちテキスタイルを開発する組織として、1981年に繊維事業本部の傘下に「テキスタイル開発センター」を設立し、そのセンターに高次加工開発に関する担当業務を統合化した[58]。さらに、1983年には「高次加工新体制」と呼ばれる大規模な組織改正を行った。それによって、高次加工部門も独自の戦略構想を立てるようにするとともに、高次加工技術者に同部門の重要性を認識させる意識改革を行った[59]。テキスタイル開発に関わるこのような組織改編と強化の結果、今日にはテキスタイルの基礎的な開発はテキスタイル開発センターが、その量産技術の開発は加工技術部が行っている。

　次に、織物の販売組織の強化策としては、販売組織を社内組織として強化するか、または分社化された社外組織として強化するかという選択があり得たが、東レは最終的には社内組織として同部門を強化するという選択を行った。但し、そ

の選択に至る経緯は直線的なものではなかった。前述の通り、1970年代初頭にはテキスタイル事業は分社化した別組織で行うという組織体制を採用した。つまり、1973年に「東レテキスタイル」が設立され、まずは規模の小さい編物部門のみが分社化されたが、将来的には織物部門も分社化される予定であった。しかし、その後、織物販売部門の分社化は実現されず、むしろ分社化された編物販売部門も1982年には東レ本体に復帰することになった。同年10月に、東レテキスタイルの営業部門は東レ本体のテキスタイル事業本部に統合され、生産部門のみが新生の東レテキスタイルに残るようになった。

東レテキスタイルとして分離独立した編物部門が東レ本体に復帰した理由としては、編物分野だけではアパレル・メーカー等の顧客の要望に充実に対応できないという問題が挙げられる[60]。つまり、顧客の立場からみると織物と編物両方を1つの窓口から調達することが便利であり、統合された組織で顧客の要望に対応する必要があった。ところが、織物と編物が統合された形で、社内組織としてテキスタイル事業を展開するという組織体制を採用した背後には、より根本的な理由があった。それは、原糸メーカーのテキスタイル部門は、あくまでも合成繊維産業の開発力の先兵として創造力を発揮するために原糸部門と一体化すべきであるという考え方があった。つまり、日本の原糸メーカーが不利な原料基盤に立脚しながら、世界的な競争力を持つ最大の要因は、原糸段階と高次加工段階の連携に基づく差別化品の開発力であり、テキスタイル化とは高付加価値原糸の潜在的収益性を顕在化するプロセスであるという考え方であった。

社内で原糸部門と統合化された形で織物販売部門を強化するという組織体制は組織図の変容にも表れている。図4-13の(a)に見られるように、第1次石油危機直前の社内組織には、独立したテキスタイル販売部門はなく、各部門内で原糸とともに織物が販売されていた。しかし、1976年に全社組織が機能別組織として改編された後、1977年には繊維販売部門の下にテキスタイル販売部門が設立され、初めて独立したテキスタイル部門が設けられた。さらに、1979年には全社組織が再び事業部制組織として改編され、図の(b)に見られるように、テキスタイル事業部門がファイバー事業部門と同等の地位を確保するようになった。テキスタイル部門は1981年にはテキスタイル事業本部になるまでに発展したが、1986年には再

第4章　合成繊維長繊維におけるPTシステムのU字型的変化：東レのケースを中心に　**123**

図4-13　東レの組織構造の変容

(a) 1973年9月30日現在

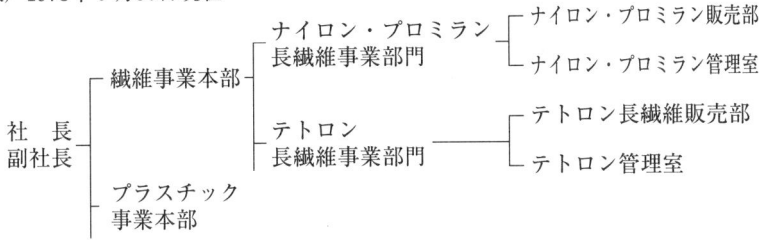

```
            ┌ 繊維事業本部 ─┬─ ナイロン・プロミラン ─┬─ ナイロン・プロミラン販売部
            │              │   長繊維事業部門        └─ ナイロン・プロミラン管理室
社　長 ─────┤              │
副社長      │              └─ テトロン ─────────────┬─ テトロン長繊維販売部
            │                  長繊維事業部門       └─ テトロン管理室
            └ プラスチック
              事業本部
```

(a) 1980年3月31日現在

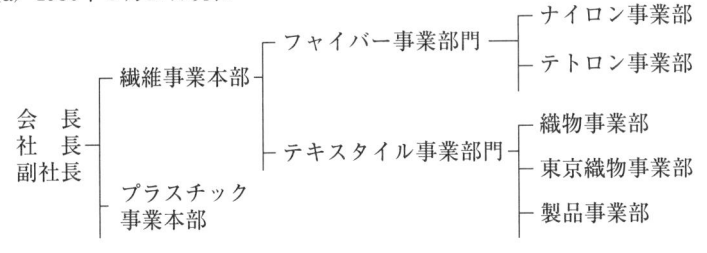

```
            ┌ 繊維事業本部 ─┬─ ファイバー事業部門 ──┬─ ナイロン事業部
会　長      │              │                       └─ テトロン事業部
社　長 ─────┤              │
副社長      │              └─ テキスタイル事業部門 ─┬─ 織物事業部
            │                                      ├─ 東京織物事業部
            └ プラスチック                          └─ 製品事業部
              事業本部
```

（注）　テトロンは東レのポリエステルの商品名である。
（出所）　東レの社内資料から筆者が作成。

び繊維事業本部傘下においてファイバー事業部門とともに、1つの事業部門になり、今日に至っている[61]。

　東レが、原糸販売システムに対する依存度を相対的に縮小する代わりに、賃加工システムの主軸である織物開発部門と同販売部門を強化することによって、織物事業を拡大してきた過程は、原糸の賃加工システムへの投入比率を表す図4-14でも表れている。図は東レの原糸がどの程度賃加工システムへ投入されたかを示している。

　まず、織物用ナイロン長繊維の場合は、データの制約上、1983年以後のデータのみを示した。図をみると、国内向けのみを対象にした場合は、賃加工システムへの投入比率が上昇したとは言いがたい。しかし、原糸輸出を含めた推移を見ると、賃加工システムへの投入比率は1980年代に大きく上昇したと言える。次に、ポリエステル長繊維の場合は、国内向けに限っても、織物用と衣料用全体、いず

124 第4章 合成繊維長繊維におけるPTシステムのU字型的変化：東レのケースを中心に

図4-14　東レの原糸の賃加工システムへの投入比率

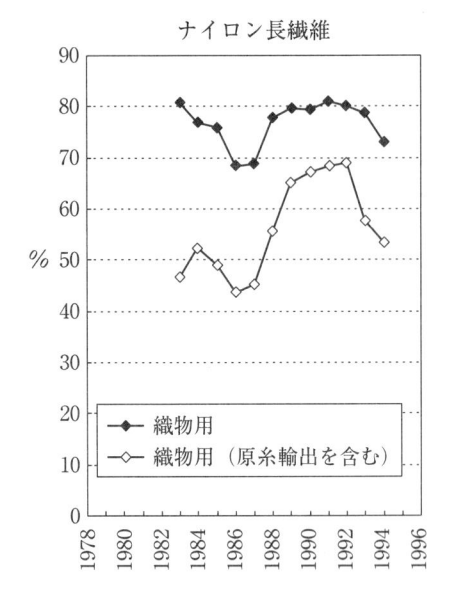

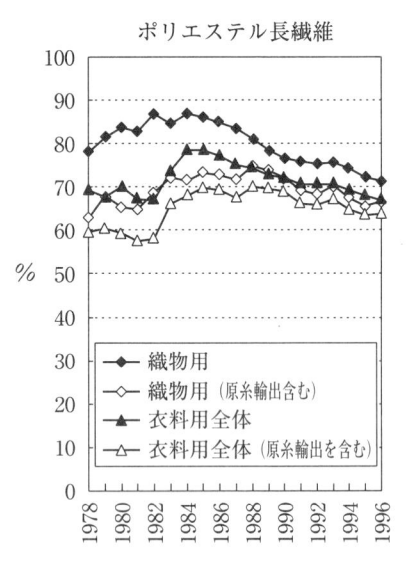

(出所)　東レ社内資料から筆者が作成。

れにおいても1970年代後半と1980年代前半において賃加工システムの投入比率が上昇したことが分かる。原糸輸出を含めると、その傾向はさらに鮮明になる。なお、1990年代においては、賃加工システムへの投入比率はナイロンの場合はむしろ低下しているが、これは、差別化の可能性が既に低くなったナイロンに関しては積極的に原糸販売を行うという戦略を表していると考えられる。いずれにしても、第1次石油危機の後、少なくとも1980年代後半までは、東レは長繊維に関しては織物事業を拡大する戦略を取ってきたと言えよう。

(2)　原糸の特品化戦略とPTシステムの拡大

上記のように、1970年代後半以降、東レは賃加工システムの方法で織物事業を拡大してきたが、賃加工システムの中には短期取引的なものと長期取引的なものがある。それでは、東レはその中のどちらの方法を選択したかについて考察してみよう。結論的にいうと、東レは相対的に短期取引的賃加工に対する依存度を低

下させ、長期取引のPTシステムへの依存度を拡大するという方法を選択したと言える。

このような選択を行った最も重要な理由は原糸の特品化という製品戦略にあったと言える。前述の通り、第1次石油危機の後、原料コスト上昇と円高によって、日本の合成繊維産業は国際市場においてコスト競争力を失いつつあった。東レにおいても、図4-15に見られるように、売上に占める輸出の比率は1974年をピークにして、その後は低下し続けた。こうした環境の下で、東レは国内市場を中心に事業を展開せざるを得なかったが、国内市場も市場の成熟化、輸入品との競争という厳しい状況に置かれていた。こうした状況の下で、生き残り策として東レが推進した戦略は製品の差別化ないし高付加価値化であった。

当時、東レでは「差別化」という言葉より広い意味を持つ「特品化」という言葉を使っていたので、東レの製品差別化戦略は社内では製品特品化戦略として呼ばれた。なお、製品の特品化は2つの方向で行われた。1つは原糸自体を特品化

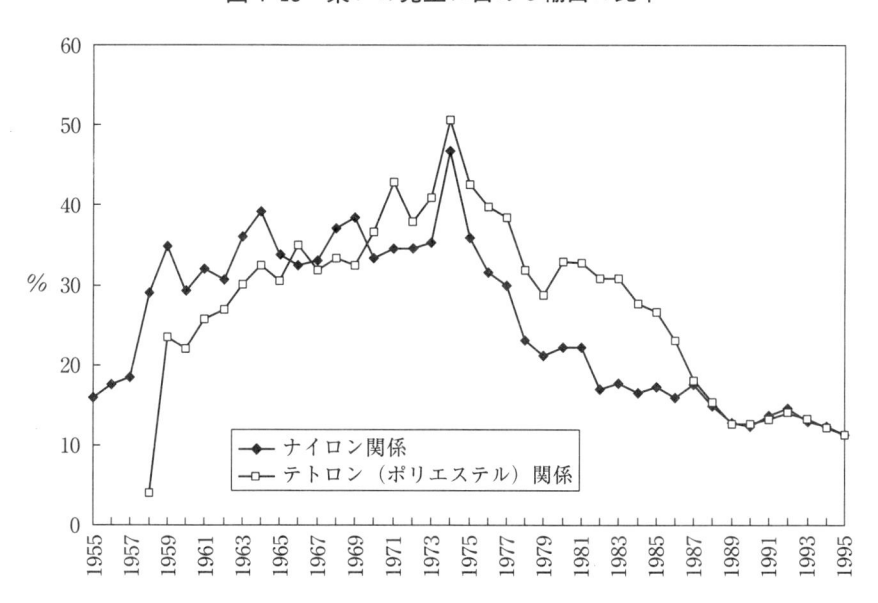

図4-15 東レの売上に占める輸出の比率

（出所）東レ「有価証券報告書」のデータから筆者が作成。

することであり、もう1つは原糸のみならず、織布、染色の各段階において付加価値を付けて、最終的に高付加価値の付いた製品を生産することであった。このうち、原糸の特品化を中心とした東レの戦略を見ると、次の通りである。東レは自社の原糸を定番原糸、差別化原糸、合理化原糸として分類し、後者の2つを合わせて特品原糸として呼んでいた。定番原糸とは、丸断面の通常の原糸として、他社でも作られる汎用性の高い原糸である。差別化原糸とは、糸自体の形状や構成を特殊な形にし、織布や染色の加工を経て付加価値の高い織物になる原糸である。「シルック」シリーズがその代表的な例である。そして、合理化原糸とは、原糸自体の用途は定番原糸と類似しているが、織物への加工段階で省力化が図れる原糸である。その例としては無撚・無糊糸が挙げられるが、これらの原糸は撚りや糊付けを必要としない原糸であり、経糸として使用され、織布工程や染色工程に合理化が図れる原糸である。

　それでは、東レにおいて原糸の特品化戦略がどの程度進展したかを考察してみよう。原糸の特品化は主に衣料用ポリエステル長繊維を中心に行われたが、その状況は図4-16の通りである。図に見られるように、差別化原糸は既に1970年代前半にも20％程度を占めており、差別化原糸の生産は第1次石油危機の前にも積極的に行われていた。実際、東レにおいて差別化原糸の生産は既に1960年代から始まった。同社の代表的差別化原糸であるシルックの場合を見ると、同社は早くも1964年に三角断面糸であるシルックⅠを発売し、1960年代後半に減量加工の技術を付加し、好評を受けていたのである。

　ところが、原糸の特品化戦略は第1次石油危機の後により鮮明になっている。まず、差別化原糸の比率は1970年代後半から増加し続けており、1996年には45％にも達している。東レは、シルックⅠの成功の後に次々とシルックシリーズの製品を発売した。まず、1974年にはシルックⅡを発売した。同繊維は、デュポン社が1967年に発表した「キアナ」というシルク調の繊維に影響を受けて、東レが1970年から研究を開始し開発に成功した異収縮混繊糸である。なお、1975年にはシルックⅢを発売したが、その原糸は、天然の絹のように不規則なけん縮をもつ原糸であった。さらに、1979年にはシルックⅡの特性を改良しふくらみを徹底化させたシルックⅣを、そして、1981年にはシルックⅢの特性である不均一な

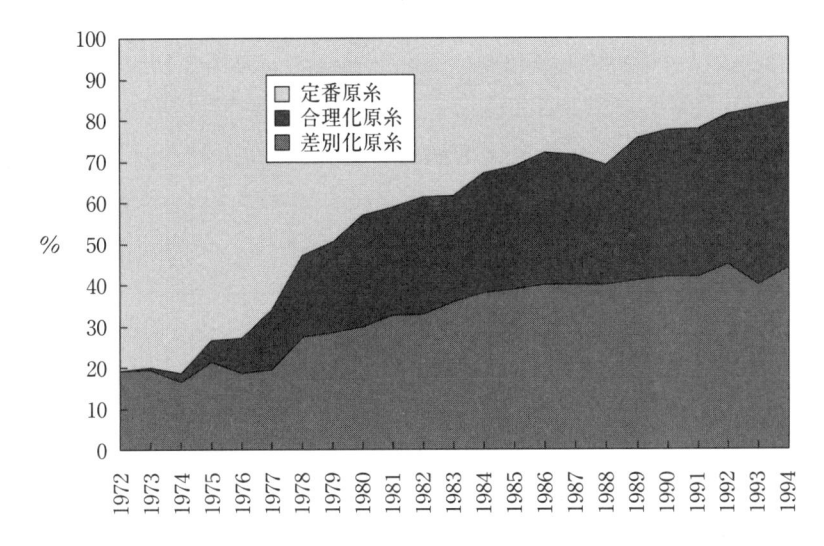

第 4 章　合成繊維長繊維におけるPTシステムのU字型的変化：東レのケースを中心に　*127*

図 4-16　東レの衣料用ポリエステル長繊維の製品構成

凡例：定番原糸／合理化原糸／差別化原糸

(注)　東レではPOY-DTY（Partially Oriented Yarn—Draw Textured Yarn）は全て合理化原糸として規定されており、図はこの分類に従っている。ところで、POY-DTYの中には実際は定番原糸的性格をもつ品種（1994年時点で全原糸の約28％）も多く含まれている。従って、定番原糸的性格をもつPOY-DTYの品種を除いた狭義の合理化原糸の比率は図の中の合理化原糸の比率よりは低い。

(出所)　東レの社内資料から筆者が作成。

斑を一層強調したシルックⅤを発売した[62]。

　差別化原糸の開発は1980年代に入っても積極的に行われ、1988年にはいわゆる「新合繊」ブームとして実った。新合繊とは、「異収縮混繊」、「異形化」、「超極細繊維」等のハイテク技術を駆使して、天然繊維では得られない合成繊維特有の性質をもつ原糸を総称したものである[63]。その原糸は英語で「Shin-Gosen」として呼ばれるほど、世界に通用する繊維になった。東レにおいてはその開発は既に1980年代前半に行われたが、その結果が1980年代後半に実って新合繊ブームになったのである。東レにおける新合繊は、その素材感で分類すると、**表 4-4** のようにニューシルキー、ドライタッチ、ピーチスキン、ニューそ毛調の4種類になる。この中で、ニューシルキー原糸は前述のシルックシリーズの延長線上で開発されたものである[64]。

表 4-4　東レの新合繊一覧

素 材 感	商 品 名	発 売 年
ニューシルキー	シルックロイヤル S	1988
	シルックシルデュー	1988
	シルック華人	1991
	シルックエアリー	1995
ドライタッチ	シルックシャトレーヌ	1991
	セオα	1993
ピーチスキン	ピセーム	1988
	リーバーグ P	1989
	リランチェ	1993
	UTS	1993
	シルックティファラ	1994
ニューそ毛調	ニューモランナ	1987
	リーバーグ F	1990
	マロー	1991
	コンクレール	1991
	チェディ	1994

（出所）　日本経営史研究所（1997：827）。

　次に、ポリエステル長繊維の無撚・無糊原糸に代表される合理化原糸も、図 4-16 に見られたように、原糸全体に占めるその比率は第 1 次石油危機の後から漸次的に増加している。ナイロン長繊維の場合は、既に TON という無撚・無糊原糸が開発され、1972 年には月産 430 トンの生産規模に達していた。その流れを組んで、ポリエステル長繊維に関しても無撚・無糊原糸として TOS-T（無撚・無糊「テトロン」フラットヤーン）が開発された。さらに、汎用性の高いポリエステル長繊維である POY-DTY（Partially Oriented Yarn—Draw Textured Yarn）に対しても無撚・無糊原糸の開発が進められた。空気交絡技術を活かしてその開発に成功したが、FINT（間けつ交絡仮より糸）と呼ばれる新製品が 1977 年から生産された。これらの原糸の場合は、糊付けの工程が省略できることによって、製織加工費の約 3 割削減、ウォーター・ジェット織機の汚れの防止、糊抜き工程省略による排水処理負担の低減、省資源・省エネの実現等を可能にした。その結果、製織や染色

工程における大きな合理化が実現できたのである(65)。

　以上で考察した原糸の特品化はまず、織物事業の強化を助長することになった。というのは、特品原糸は汎用性が乏しく、川下段階で高度な加工技術を必要としたために、大量の原糸販売には適しないからである。その上、特品原糸を賃加工システムによって織物化することには、短期取引的賃加工システムは適しない。というのは、短期取引的賃加工では特品原糸の製織に関わる加工技術が東レと織布企業間相互に移転されにくく、しかも両者の持つ技術が他社に漏れる可能性が高いからである。しかも、その開発の段階から東レと織布企業及び染色企業の間には緊密な連携プレイが必要であるからである。例えば、前述した異収縮混繊糸であるシルックⅡの場合を見ると、かさ高性の風合が出されるのは、織布の後の染色段階においてである。それを実現するためには、原糸の開発及び生産担当者と、織布及び染色等の高次加工段階における開発及び生産担当者との間の密接な協力が絶対的に必要である。これらの理由によって、原糸の特品化の進展は、賃加工システムの中でも、東レとPT間の緊密な連携を前提条件とするPTシステムが拡大することにつながったのである。

　その結果、東レは、後述する1978年の東レ合繊織物会の組織改編を契機に、短期取引的賃加工を縮小する代わりに長期取引的賃加工を漸次に拡大してきた。東レは、賃加工先の中で長期的観点で取引する企業を従来から「重点PT」として呼んでいたが、さらに絞られた企業を「拠点PT」として位置づけ、それらの企業に対しては安定的に発注を行うとともに、新しく開発した原糸や織物を優先的に割り当てることにした。一方、それ以外の企業に対しては市況に応じて発注量を変動させながら、景気変動のバッファーとして利用することにした。ここで、拠点PTを本章でいう狭義のPTと規定した上で、拠点PTに対する発注分をPTシステムの部分として、それ以外の企業に対する発注分を短期取引的賃加工システムの部分として見なすことにしよう。そうすると、図4-17から、賃加工システム全体に占めるPTシステムの比率は、1970年代半ば以後に漸次拡大してきたことが分かる。その結果、1996年には賃加工発注の約90％が拠点PT、25社に集中しており、短期取引的賃加工が賃加工発注全体に占める比率は10％強に過ぎない。

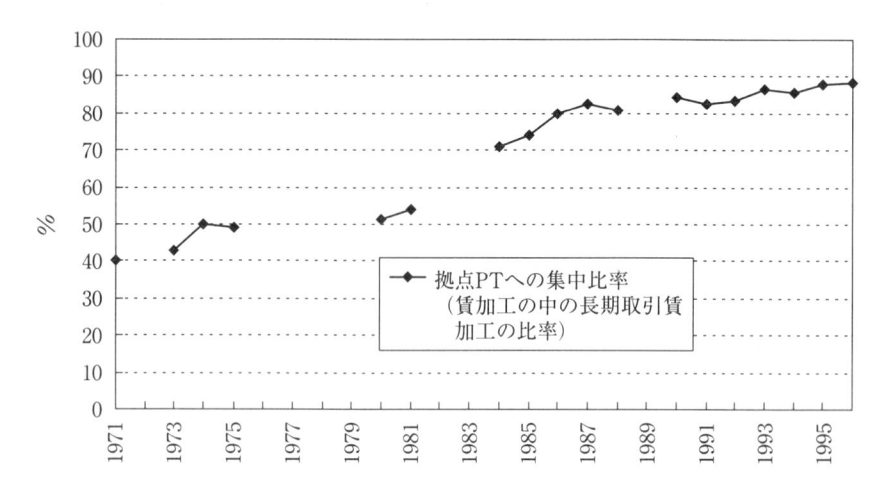

図4-17 東レの賃加工システム発注の中のPTシステムの比率

凡例: 拠点PTへの集中比率（賃加工の中の長期取引賃加工の比率）

（注）図の数値は、東レが賃加工発注によって生産した合成繊維長繊維織物（ナイロン長繊維織物及びポリエステル長繊維織物合計）の量の中で、長期取引賃加工先によって生産された織物の量が占める比率を示している。この場合、拠点PTないし重点PTを長期取引先と想定したが、対象企業数は時期によって異なっていた。図の数値は、1971年上期から1981年下期までは重点PT41社、1984年から1988年までは拠点PT26社、1990年から1996年までは拠点PT25社に関するデータに基づいている。時期の比較のため、前の2つの時期に関しては、企業数を25社にしてその比率を換算した。
（出所）東レの社内資料から筆者が作成。

(3) PT組織の再強化[66]

上記の通り、産業成熟化という環境変化の下で、東レは原糸販売システムを相対的に縮小する代わりに、主にPTシステムを活用しながら、織物事業を拡大させてきた。このPTシステムの拡大過程においてPTシステムの内容も変化してきたが、その変容をPT公式組織の再編、PTメンバーの再編、垂直連携の強化という3つの観点から考察してみよう。

まず、PT公式組織の再編について考察してみよう。東レは、PTシステムによる織物事業の拡大と並行して、PTシステムの中身も変化させてきた。その中で最も重要な出来事は、PTの公式的組織である東レ合繊織物会を1978年に再編したことである。合成繊維事業の生成期に組織された同会は、当初は東レと織布企業及び染色企業間の情報交流や技術向上に大きな役割を果たしたが、その後、加工

技術の確立、原糸販売の拡大等に伴い、同会は徐々に親睦会的組織へと変わっていった。このような状況で、東レは1978年10月に同会の会則を改定することで、同会を従来の親睦会から問題解決会へと改編し、戦略変更に対する組織的対応を行った[67]。会則変更による組織変化の中で重要なものを見ると、以下の通りである。

　第1に、組織の目的を改めて、新製品開発や品質向上等による国際競争力の強化を同会の新しい目的とした。会則を制定した1961年当時の目的は「会員相互の協力により経営管理の向上、生産技術の改善、製品の品質向上、規格の研究、内外市場の調査等を行うことにより、合成繊維の製織ならびに加工業の振興発展をはかること」であったが、新しい会則での目的は「会員の協力により、東レ合繊織物（長繊維）の新製品の開発、新販路の開拓、品質の向上等、経営管理の拡充を行うことにより、国際競争力の強化と会員相互の健全な発展向上をはかり、もって共存共栄の実をあげること」になった。

　第2に、会員の資格を変更し、会員の数を減らした。従来の会員の資格は単に東レの「合成繊維（長繊維）の製織あるいは加工業を営む者」であったが、新しい会則での資格は「合成繊維（長繊維）の製織を営む者（原則として50％以上、または東レ株式会社の認定による）ならびに東レ株式会社が認定する染色仕上げ加工を営むもの」となり、より厳格な資格条件が設けられた。この資格条件の変更によって、会員の数は従来の59社から会則変更直後に53社に、さらに、1984年には48社に、1986年には45社に、1988年には37社に減らされ、今日に至っている。

　第3に、下部組織の充実化を行った。まず、従来の定時総会と役員会に加えて新しく相談役会を設け、同会の運営上の問題に関する方針協議の最高機関とした。また、実質的な活動組織として、従来の内地織物部会、輸出織物部会、特別委員会を発展的に解消する代わりに、役員会の下に経営委員会、市場委員会、開発委員会を設置した[68]。しかも、東レの繊維事業企画管理部長、繊維販売部長、商品企画室長がそれぞれの委員会の窓口になり、各委員会が東レからの協力を受けることにした[69]。その後、各委員会は毎年2～4回開かれ、当面課題に対する問題解決の場として活用されてきている。

　次に、PTメンバーの再編について考察してみよう。東レ合繊織物会の会則変更

の後に、東レは一村産業とその傘下企業の再建、編物部門の本体復帰等、高次加工部門に関する重要な組織体制の再編を行ったが、それが一段落した1982年にはPTメンバーの再編を行った。その目的は、それまで原糸メーカーの傘下で運命共同体的な甘えの構造に頼っていた賃加工先を、東レとの相互補完関係の下で競争力と技術力のある集団へと脱皮させることであった。その再編強化策の内容とその後の結果を見ると、以下の通りである。

第1に、東レは東レ合繊織物会メンバーの中でもさらに絞られた数の発注先を拠点PTとして規定した。PTという言葉は本来長期取引的賃加工先の呼称として生まれたが、その数が増えることに伴い、必ずしも長期取引的でない企業もあった。そこで、東レはPTの中で特に長期取引を行う企業を重点PTと呼んでいた。ところが、その後、重点PTの中でも東レとの関係が長期取引的でない企業があったので、東レはさらに絞られた数の企業を拠点PTと呼ぶことにしたのである。

第2に、東レは長期取引的賃加工先を拠点PTとして再規定した上で、賃加工の発注をそれらの企業に集中させることにした。但し、各拠点PTに対して生産量の20―30％は東レ以外の企業からの受注で賄うことを許容し、拠点PTの自主努力を促した。一方、拠点PT以外に対しては賃加工システムにおけるバッファー的役割を持たせ、コマーシャル・ベースの取引をすることにした[70]。それまでには、賃加工発注先の総計は60―70社であり、その中の重点PTは41社であったが、選別の結果、拠点PTは26社に絞られた。その後、前記の図4-17で見たように拠点PTへの発注比率は漸次増加し、しかも今日には東レ合繊織物会の会員である織布企業のほとんどは織布の拠点PTになっている。

第3に、賃加工先の中では直接に東レから受注する企業と商社経由で受注する企業があったが、拠点PTに対しては直接取引を原則とし、商社経由賃加工先に対しても中期的に直接取引に切り替えることにした。その結果、1982年における重点PT、41社の場合は15社が直接取引企業であり、26社が商社経由企業であったが、1984年における拠点PT、26社の場合は14社が直接取引企業であり、12社のみが商社経由企業であった。つまり、従来の重点PTの中で拠点PTにならなかった企業のほとんどは商社経由企業であった。今日の拠点PTは25社あり、その中で直接取引企業は以前と同様に14社であるが、商社経由企業の場合でも製品開発

や受発注は東レとの間で直接に行われており、実質的業務内容は直接取引企業の場合とほとんど変わらない。

　第4に、従来は賃加工先は複数の製品系統にまたがって織物を生産していたが、東レはこの再編を通じて、分野毎に拠点PTのグループ化と寡占化を進め、品種系統毎に特徴ある技術づくりを行うことにした[71]。さらに、拠点PTに対して主管課が設定され、各主管課が各拠点PTの中期計画策定、短期受注及び資金計画、その他日常業務に関する窓口になった。主管課制度は1986年に主管部制度として発展し、今日にはテキスタイル事業部門下の各部が各拠点PTの主管部になっている。

　そして、こうしたPTメンバーの再編の後に、東レはPTとの連携をさらに強化していった。その状況を見ると、次の通りである。1985年のプラザ合意による円高は、織物の輸出競争力に決定的な打撃を与えたが、この環境変化に対応して、東レは拠点PTとの共同製品開発を本格化するとともに、主に国内市場を対象にした差別化商品の開発をさらに強化した。それまでの製品開発システムは、拠点PTとの共同開発はあったとは言え、概ね東レ主導システムであった。つまり、新素材の品質評価から高次加工法等に関する技術をテキスタイル開発センターを中心に社内で確立した後に、拠点PTに賃加工を行わせた。しかし、自社主導システムのみによって製品開発力を向上することには限界があったため、東レはプラザ合意以後に拠点PTをイコールパートナーとして見なし、それらの企業との共同製品開発を積極的に進めてきたのである。

　その具体的な内容については、東レは、まず拠点PTへ技術内容を公開し、必要な場合は東レの開発部員が直接に拠点PTに行って製品開発の協議を行うとともに、拠点PT自社の製品開発を促した。その上、拠点PT各社にとっても、自社開発織物の賃加工の場合は通常高い工賃を受けられるので、それに積極的に取り組んだ。その結果、1980年代後半からは拠点PTは自社内で開発部員を抱え、東レ設計の織物のみならず、自社設計の織物も生産するようになり、また全生産量における後者の比重は年々大きくなってきた[72]。さらに、拠点PTは、製品開発及び生産プロセスの中で、従来は試織段階になってはじめて参加していたが、新しい共同開発システムでは東レ、アパレル・メーカー、小売業者とともに製品企画段階から参加するようになった[73]。

その後、製品の共同開発は、いわゆるQR（Quick Response）体制の構築とともに、さらに強化されることになった。まず1990年には各拠点PTと東レの工場及び営業部がオンラインで結ばれて、受発注業務の電子取引化が実現された。QRシステムはさらに情報システムを活用した製品開発システムへの発展が期待されていたが、1995年に東レと17社の糸加工及び織布企業によって結成された「東レ・テキスタイル生産QRグループ」というLPUが、その実現の重要な契機になった[74]。この垂直連携の主な目的は情報高度化と設備近代化を通じて、より迅速な製品開発の体制を構築することである。その結果、今日には情報ネットワーク上で製品の共同開発が行えるシステムの開発が進められている[75]。

6　まとめ

本章では、合成繊維長繊維という製品分野において、PTシステムの重要度が同産業の発展過程の中でどのように変化してきたかを考察してみた。ここでは、産業全体また東レにおけるPTシステムの重要度がU字型的に変化してきたことを簡単にまとめることにとどめ、なぜこのようなU字型的変化が起こったかに関する詳しい分析は第6章で行うことにする。

まず、第2節では、原糸の各企業間システムへの投入比率を表す統計データに基づいて、原糸の賃加工システムへの投入比率を、PTシステムの重要度を表す疑似変数として見なし、その重要度の変化を把握してみた。その結果、織物用合成繊維長繊維産業が生成、発展、成熟ないし衰退し、産業規模が逆U字型的に変化する中で、PTシステムの重要度は高、低、高というU字型的変化パターンを示してきたことが確認された。

次に、第3節から第5節までは東レにおけるPTシステムの変化が考察された。同社における、PTシステムを含む企業間システムの変化は図4-18のようにまとめることができる。この図は、同社の長繊維分野における原糸の企業間システム別の出荷状況を概略的に表したものである。レーヨン長繊維の時代には統制体制の期間を除いて、原糸販売システムが主たる企業間システムの形態であった。同社は1950年代に合成繊維事業を本格的に開始したが、織物用合成繊維長繊維に関しては1965年のナイロン不況以前までは主にPTシステムを採用した。その後、

図4-18 東レの織物用長繊維分野における企業間システムの変化パターン

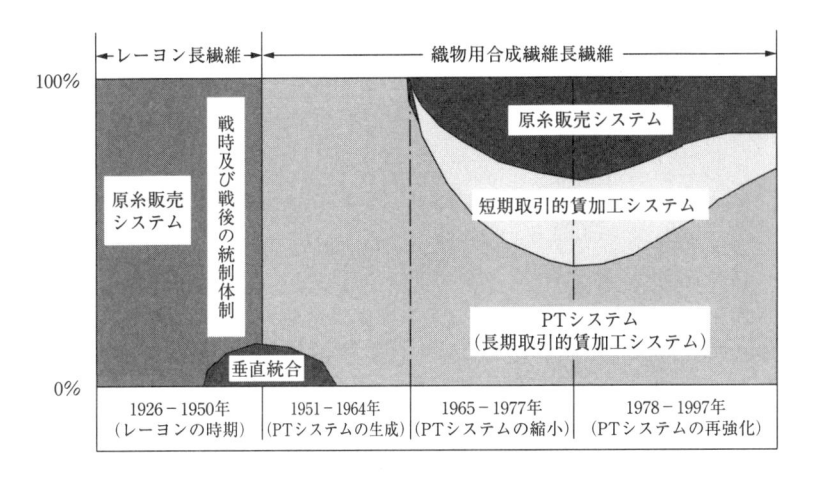

```
         ├─レーヨン長繊維─┤├──────織物用合成繊維長繊維──────┤
100%
         原糸販売      戦時    原糸販売システム
         システム      及び
                     戦後
                     の統    短期取引的賃加工システム
                     制体
                     制
                             PTシステム
                          （長期取引的賃加工システム）
                     垂直統合
0%
        1926-1950年   1951-1964年   1965-1977年   1978-1997年
       （レーヨンの時期）(PTシステムの生成)(PTシステムの縮小)(PTシステムの再強化)
```

（注）1951年から1963年までのレーヨン長繊維における変化は図で省略したが、その時期には原糸販売システムと短期取引的賃加工システムが共存していた。なお、図の垂直統合の部分は、同社が1940年に買収した金津工場で1960年までに極僅かな量の織物生産を行ったことを意味する。

ナイロン不況を契機に原糸販売と短期取引的賃加工が拡大し、PTシステムへの依存度は相対的に低下した。しかし、第1次石油危機の後にPTシステムの重要性が再認識され、特に1978年の東レ合繊織物会の再編成の後にPTシステムの重要度はさらに増加し、今日に至っている。

---

(1) この節の記述は、李（1999a）の一部の内容を基に改稿したものである。
(2) 長繊維の中で占める織物用の比率は産業の生成期から今日まで傾向的に低下してきたと言える。その結果、織物用が占める比率は、1993年のナイロン長繊維の場合は全体の10％弱であり、1996年のポリエステルの場合は全体の50％弱である。なお、図において、1950年代のナイロン長繊維の場合、賃加工システム比率が低いのは、当時はナイロン長繊維の多くが編物用（ストッキング等）として原糸の形で販売されたからであると考えられる。
(3) 成立当初から1969年までの東レの名前は「東洋レーヨン株式会社」であった。

1970年1月1日から社名変更され、「東レ株式会社」(英文表示：Toray Industries Inc.) になった。

(4) 日本経営史研究所（1997：83）。
(5) 日本経営史研究所(1997：92)。なお、有力特約店の内容は第3章の**表3-5**の内容とほぼ一致している。
(6) 日本経営史研究所（1997：86）。
(7) 日本経営史研究所（1997：142）。
(8) 日本経営史研究所（1997：146）。
(9) 日本経営史研究所（1997：198-199）。
(10) 東洋絹織の1938年12月現在での設備は、レーヨン短繊維設備が日産42.2t、精紡機が5万400錘、撚糸機が1万560錘、豊田自動織機が748台であり、また、染色設備として精練機と漂白機も同年末に据え付けられた。
(11) 1938年2月にその工場で精紡機が稼働し始めたが、当時の紡績能力は、精紡機5万2,576錘、撚糸機1万560錘、豊田自動織機750台、その他諸織機42台であった。
(12) 終戦時に残った紡織・染色の設備としては、愛媛工場でのレーヨン短繊維紡績錘37,212錘、レーヨン短繊維織機628台、染色設備0.47セット、愛知工場での染色設備0.98セット、そして、金津織布工場でのレーヨン長繊維織機124台であった。
(13) 東レの紡織加工分野の設備は、1960年3月末現在で精紡機が153,200錘（滋賀292錘、愛媛52,108、瀬田100,800錘）、1963年3月末現在で短繊維織物織機が1,044台（滋賀紡織研究所24台、愛媛工場716台、瀬田工場304台）、長繊維織物織機が240台（滋賀紡織研究所17台、織布研究所223台）、1960年3月末現在で染色設備が22.8セット(愛知工場15.6セット、愛媛工場5.8セット、染色試験所（旧山科）1.4セット）であった。ところが、東レは紡織加工部門の再編成によって、1961年から1963年にかけて、これらの設備を収束または縮小させ、高次加工分野に対する垂直統合から後退した。
(14) 勝倉織布株式会社50年社史編纂委員会（1970：40）。
(15) 真実一路編集委員会（1991：232-233）。
(16) 日本経営史研究所（1997：149-155）。
(17) 勝倉織布株式会社50年社史編纂委員会（1970：41-47）。
(18) 前記のレーヨン長繊維織物の賃加工先の7社は「7人の侍」と呼ばれたが、今回のアミランの賃加工先7社は「七つの狂人部落」という別名が付けられるほど、世間の注目を浴びた（勝倉織布株式会社50年社史編纂委員会、1970：46）。

⒆　日本経営史研究所（1997：221）。なお、デュポン社からの技術導入において、特にドローツィスターが導入され、伸度の問題が解決され、むらのない均一性の高い糸が出来るようになったといわれる。

⒇　東レ株式会社社史編纂委員会(1977：388)。ナイロン研究会としては、「ナイロン織物研究会」以外に、「ウーリー靴下研究会」、「トリコットストッキング研究会」、「TND会」（ウーリーナイロンの染色）、「TD会」（テトロンの染色）があった。

㉑　チョップは英語の「chop」を指しており、元来は品質、等級を意味する言葉である。

㉒　この部分の記述は、日本長期信用銀行調査部（1960：189-201）の内容に基づいて、東レのケースを説明したものである。

㉓　1997年4月29日、黒木敏雄氏（前福井繊維協会調査部長）とのインタビューによると、東レは酒伊繊維工業に関しては純質方式を採用したと言われている。

㉔　真実一路編集委員会（1991：100）。

㉕　真実一路編集委員会（1991：124-125）。

㉖　日本長期信用銀行調査部（1960：229-230）から再引用。

㉗　日本経営史研究所（1997：322）。

㉘　日本長期信用銀行調査部（1960：240）。

㉙　東レの社内資料。

㉚　「繊維品販売の新しい方向」『繊維月報』1959年12月号。日本長期信用銀行調査部（1960：48）から再引用。

㉛　「技術革新と企業の長期計画」関西経済連合会刊『経済人』1960年6月号。日本長期信用銀行調査部（1960：241-242）から再引用。

㉜　日本経営史研究所（1997：323）。

㉝　ナイロン不況時の福井県の状況については、福井県繊維協会（1971：538-544）を参照した。

㉞　東レ株式会社社史編纂委員会（1972：374）。

㉟　1964年3月と1965年12月の価格をみると、ナイロン長繊維は1052円から828円へ大幅下落（21.3％）を示したのに対して、ポリエステル糸は1330円から1307年へと小幅下落（1.7％）を示している。

㊱　コンバーター（converter）とは、原糸・原綿販売システムが主たる企業間システムである米国の繊維産業において、原糸メーカーから原綿・原糸を購入し、自社の責任で紡績糸や織物を生産・販売する企業を指している。その代表的企業の例が、Burlington社、J.P. Stevens社等である。米国原糸メーカーについては

Goldenberg（1992）を、Burlington社についてはWright（1995）を参照せよ。

(37) 日本経営史研究所（1997：480-481）から再引用。

(38) 例えば、東レの70年史（日本経営史研究所、1997：481）は、「合繊不況からの脱却とともに、コンバーター化は、当面の販売戦略とかかわらなくなったかの感がある。」と記述している。

(39) 日本経営史研究所（1997：485-486）。

(40) 東レの北陸支店長、増田直樹氏との1997年6月19日のインタビューによる。同氏は、1965年に入社し、1967年に大阪の織物販売部に勤務してから、その後主に国内向け織物販売に関わってきた。

(41) 東レの繊維事業企画管理部長、三本木伸一氏との1997年7月7日のインタビューによる。

(42) 日本経営史研究所（1997：472-477）、東レ株式会社社史編纂委員会（1977：172-176）。

(43) 松山（1966：2-3）。

(44) 一村産業に関するここの記述は同社社員であった今村輝男氏との1997年6月13日インタビューによる。

(45) 日本経済新聞社編（1979：92）。

(46) 日本経済新聞社編（1979：98）。

(47) 日本経営史研究所（1997：492）。

(48) 東レテキスタイルの設立、経営に直接的に参加した原田俊夫（インタビュー当時は東レインタナショナルの顧問）との1997年5月16日付インタビューによる。

(49) この節の記述は、李（1998）の内容を基に改稿したものである。

(50) 第3章の図3-7でも見たように、合繊繊維に対する内需は第1次石油危機の後から今日までも傾向的に増加してきた。しかし、第1次石油危機の後に、輸出は縮小し、輸入は増加してきた結果、国内の原糸生産が伸び悩むことになった。

(51) 日本政府は、1977年10月から1978年3月までは減産指導を、1978年4月から1979年3月までは不況カルテルを、1978年5月から1983年5月までは特定不況産業安定臨時措置法（特安法）を、1983年5月から1986年6月までは特定産業構造改善臨時措置法（産構法）を実施した。

(52) 第1次石油危機後における米国の合成繊維産業の再編については、Goldenberg（1992）を参照せよ。

(53) 第1次石油危機後における東レの主要戦略としては、長繊維事業における織物事業拡大以外に、短繊維事業における海外進出、合成繊維粗原料分野からの撤退、非繊維事業への多角化、等が挙げられるが、本章ではこれらの戦略に関する記述

㊻　は省略する。

㊾　日本経済新聞社（1979：84-86）と今村輝男氏との1997年6月13日インタビューによる。なお、一村産業が、テキスタイル事業とは異なる性格をもつアパレル事業へ積極的に進出したことも、同社を経営危機に陥らせた1つ理由であったと言われている。

㊿　例えば、日本化学繊維協会（1996）のモデルによると、小売販売価格9,900円（100％）のポリエステル長繊維100％使用婦人ブラウスの場合、そこで使用された染色加工済み織物の販売価格は1,400円（14％）であるのに対して、使用された原糸の販売価格は僅か320円（3.2％）に過ぎない。

(56)　例えば、日本のアパレル産業の発展過程を研究した富沢（1995）は1960-70年を同産業の勃興期、1975-89年を発展期、1990年以後を成熟期として捉えている。

(57)　なお、概念的には、外部の織布企業を子会社化する形で、賃金格差の問題を解決しながら、垂直統合を行うことも考えられるが、その資金を調達することは、第1次石油危機の影響で業績が不振であった東レにとっては容易でなかったと言える。

(58)　東レにおいて、合繊事業の初期には織布及び染色に関する技術開発を担当する高次加工技術部門は重要な役割を果たした。しかし、その後原糸及び織物の生産技術が確立し、また原糸原綿販売戦略が進行することによって、その重要度は漸次低下していった。しかも、短繊維を中心とした高次加工生産拠点が海外に移転することに伴って、技術スタッフの分散が進んでいった。

(59)　日本経営史研究所（1997：640）によると、組織改革の主な内容は、技術企画推進機能を持つ加工技術第1部と販売協力機能を担当する第2部への分割、産業資材開発センターの設立、人材育成のための高次加工人事委員会の設置等である。

(60)　日本経営史研究所（1997：639）と前記の原田俊夫氏とのインタビューによる。

(61)　1991年にはテキスタイル事業部門は、婦人・紳士衣料事業部、スポーツ衣料事業部、衣料資材事業部、ユニフォーム事業部、短繊維事業室のような顧客別組織として編成され、今日の組織体制になっている。

(62)　日本経営史研究所（1997：629-633）。

(63)　松田（1993：28）。

(64)　日本経営史研究所（1997：825-827）。

(65)　日本経営史研究所（1997：632-633）。

(66)　このセクションに関する記述は主に東レの社内資料に基づくものである。

(67)　東レは1978年の会則改定の後に、1984年、1992年に部分的な改定を行ったが、その基本内容には変更がない。

⑹⑻　各委員会で取り上げられたテーマは、経営委員会では経済金融情勢、労務・環境・省エネルギー対策、物流の合理化等であり、市場委員会では内需・輸出市場動向、衣料・資材動向、薄地・厚地動向、他社・産地・輸入動向等であり、開発委員会では新素材、設備、高次加工技術、ファッション動向等である。

⑹⑼　1984年には開発委員会を開発技術委員会と改称し、製品開発力に加え、工場管理、生産合理化等に関する技術力の強化を一層図った。また、今日には開発技術委員会の東レ社内の窓口は繊維加工技術部長と生産技術第1部長である。

⑺⓪　つまり、拠点PT以外に対しては、人材派遣、融資保証、資本参加は原則として行わず、例外的には、過去に取引関係が深かった企業に対しては必要に応じて資金援助を行うことも排除しないことにした。

⑺⑴　例えば、タフタ系統では丸井織物、熊杉工業、宮米織物等が、クレープやジョージェット系統では細川機業、酒清織物、ケイテーが、加工糸系統では丸和織物、坪金織物、松文産業が、ドビーやその他ではケイテー、酒伊繊維、嶋田織物が主要な発注先となった（日本経営史研究所、1997：642）。

⑺⑵　この内容は、筆者が行った織布の拠点PT6社に対するインタビューにおいても確認されている。

⑺⑶　通常、アパレルのファッション製品の開発及び生産には、製品企画、試織、アパレルへの展示会、量産決定、織物量産、アパレル生産、小売店頭販売等の段階があり、製品企画から店頭販売直前までに約1.5年が所要されている。

⑺⑷　LPU（Linkage Production Unit）は、政府から低利の融資を受けることができる企業間連携グループである。1996年の「繊維産業構造改善臨時措置法」の施行により、大企業のグループへの参加が認められることになり、東レと拠点PTのLPU形成が可能になった。

⑺⑸　新しいシステムは、試織品の量産化率を以前の5％から30—40％までに引き上げ、また新製品開発の所要時間を以前の1.5年から1年へ短縮することを目指している。

第5章　原糸メーカーにおける企業間システムの現状：
　　　　東レと帝人のケースを中心に[1]

1　はじめに

　第3章では、PTシステムが化学繊維産業の中でも合成繊維長繊維分野において顕著に見られたことを、第4章では、合成繊維長繊維分野においてもPTシステムの重要度は産業発展過程の中でU字型的に変化してきたことを考察してきた。本章では、織物用合成繊維長繊維分野におけるPTシステムを含む各企業間システムの現状を、2大原糸メーカーである東レと帝人のケースを中心に考察する。その考察においては、原糸メーカーが選択する企業間システムの類型が原糸の類型によって、どのように異なるかに注目し、PTシステムが採用されているのは差別化原糸分野であることを明らかにする。なお、企業間システムの選択における原糸メーカー間の共通点と相違点についても注目する[2]。

　企業間システムの選択に関する原糸メーカーの行動を要約して先にいうと、原糸メーカーは、主に原糸の類型によって、異なる企業間システムを採用している。第1に、定番原糸のような標準的な原糸に対しては短期取引的原糸販売システムを採用している。つまり、原糸の状態で短期取引的に川下の商社等の企業に販売している。第2に、差別化度の高い原糸については、PTシステムを採用している。つまり、織物の開発と販売は自社で行い、その生産のみを外部に賃加工させ、しかもその発注をPTに長期取引的に行っている。第3に、比較的中程度の差別化原糸については、PTシステムも採用しているが、PTシステムのもつ生産量調節上の硬直性を補完するため、短期取引的賃加工システムも採用している。つまり、織物生産のバッファー的手段として、原糸の一部をPT以外の織布企業や染色企業に短期取引的に賃加工させている。

　次の第2節では、原糸メーカーにおける企業間システムと原糸を類型化し、原糸類型と企業間システム類型との関係を結びつける。第3節では、第2節で取り

上げた各企業間システムの現状をより具体的に考察するとともに、原糸類型によって各企業間システムが採用される理由を当事者の見解を中心に考察する。第4節では、第2節と第3節で取り上げた、原糸類型と企業間システム類型との関係を、質問票調査に基づく統計データから再確認する。第5節では、本章の内容をまとめる。

2 東レと帝人における企業間システムのポートフォリオ

　この節では、分析対象として、東レと帝人という2社を選択した理由を考察した後、両社における原糸類型と企業間システム類型との関係をインタビュー内容を中心に考察してみる。

(1) 分析対象企業としての東レと帝人

　まず、本章で分析対象として、なぜ東レと帝人を選択したかについて考えてみよう。今日、日本では合成繊維長繊維のメーカーとして8社が存在する。その中で東レと帝人を分析するのは次の2つの理由からである。第1は、この2社は生産量の面において他社を抜いて最大手であるからである。第2は、企業間システム選択に関する行動において、原糸メーカーの中で両社は最も異なるパターンを示しているからである。

　まず、生産量の面における東レと帝人の代表性について考察してみよう。合成繊維長繊維としては、ナイロン長繊維とポリエステル長繊維が主力製品である。それらの製品において用途別各社シェアに関するデータが得られたのは、ナイロン長繊維の場合は1993年、ポリエステル長繊維の場合は1996年であった。それぞれの製品に関する各社の状況を見ると、次の通りである。

　1993年においてナイロン長繊維の主要メーカーは東レ、ユニチカ、帝人、鐘紡、旭化成、東洋紡の6社であった。この6社合計で、衣料用と産業用を合わせた全原糸の出荷量は月平均で約18,000トンであった。この中で衣料用の生産量は8,400トンであり、衣料用の中の織物用（原糸輸出を除く）はわずか1,700トンであった。つまり、ナイロンの場合に長繊維全体に占める織物用の比率は10％を満たないほど小さい。なお、織物用における各社のシェアを見ると、図5-1の通り

第5章　原糸メーカーにおける企業間システムの現状：東レと帝人のケースを中心に　**143**

図5-1　織物用長繊維原糸における各社のシェア

織物用ナイロン長繊維
（1993年度月平均、総計約1,700トン）

織物用ポリエステル長繊維
（1996年度月平均、総計約15,300トン）

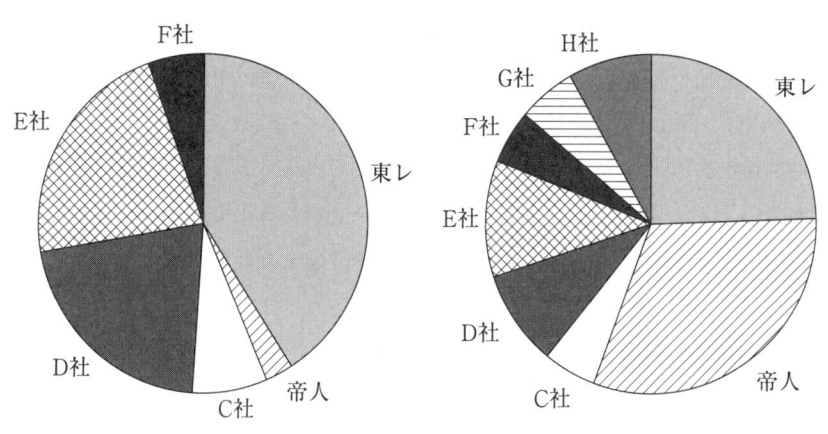

（出所）　業界データから筆者が作成

である。先発メーカーである東レのシェアが圧倒的に大きい。これに対して、帝人のシェアは低く、しかも同社は1995年からはナイロン事業を関連会社に移譲し、今日には本体ではナイロン事業を行っていない。

　一方、ポリエステル長繊維の場合は、1996年における主要メーカーは東レ、帝人、東洋紡、ユニチカ、旭化成、鐘紡、クラレ、三菱レイヨンの8社であった。この8社合計のポリエステル長繊維全体の出荷量は月平均で約33,200トンであり、その中の衣料用は約21,500トンであった。その中の織物用（原糸輸出を除く）は15,300トンであり、原糸全体の約46％に達していた。織物用長繊維に限ってナイロンとポリエステルの出荷量を比較すると、後者は前者の9倍に達している。この数値は、ポリエステル長繊維が織物用長繊維の主力製品であることを如実に示している。織物用ポリエステル長繊維の中の各社のシェアを見ると、図5-1の通りである。先発メーカーである帝人のシェアと東レのシェアが圧倒的に高く、前者が後者を若干上回っている。これらの数値から分かるように、織物用に限って見ると、東レはナイロンにおいては最大手、ポリエステルにおいて2番目の大

手メーカーである。一方、帝人はナイロンにおいてはマイナーなプレイヤーであったが、ナイロンとポリエステル両方を合わせた織物用長繊維全体のカテゴリーでは最大手のメーカーである。

次に、東レと帝人を分析対象としたもう1つの理由、つまり企業間システムの採用における両社間の相違点について考えてみよう。業界では「東レはチョップ生産（筆者注：賃加工システムを指す。以下同様）中心で、帝人は糸売り（筆者注：原糸販売を指す。以下同様）中心である」とよく言われているが、こうした両社の状況をデータから確認してみよう。図5-2は、上記の織物用ナイロン長繊維及び織物用ポリエステル長繊維を対象にした場合、各社が原糸を賃加工システムへ投入する比率を示している。図に見られるように、ナイロン、ポリエステルいずれにおいても、各社における原糸の賃加工システムへの投入比率は60％以上である。この点から、日本の合成繊維メーカーは織物用長繊維に関しては、原糸販売シス

図5-2　各原糸メーカーの賃加工システム投入比率

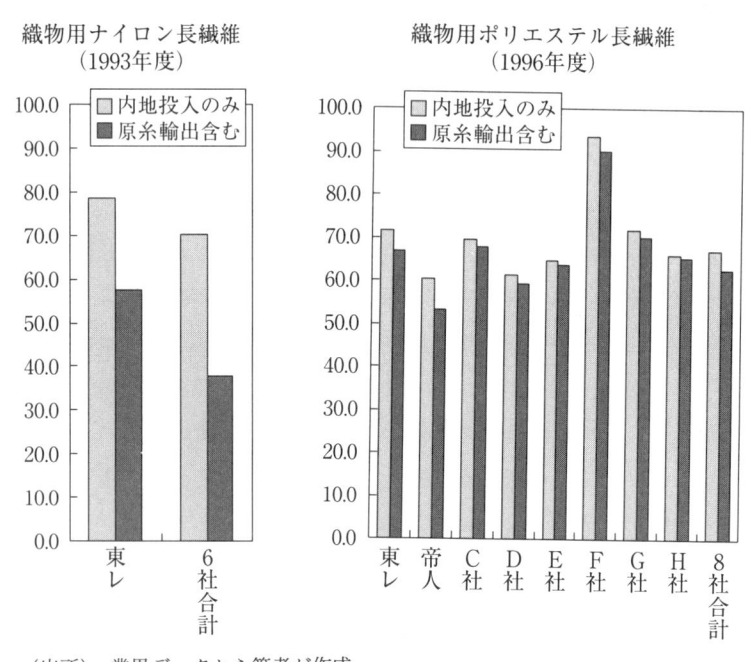

（出所）　業界データから筆者が作成

第5章　原糸メーカーにおける企業間システムの現状：東レと帝人のケースを中心に　**145**

テムよりは賃加工システムを主たる企業間システムとして採用していることが分かる。但し、企業間システムの取り組み方においては、原糸メーカー間の相違が見られる。これを東レと帝人を中心にみると、次の通りである。

　東レの場合は、同社は合成繊維の先発メーカーであったのみならず、PTシステムを作り上げた企業でもあった。それ故、同社の賃加工システム投入比率は、ナイロンにおいても6社合計の場合に比べて高く、ポリエステルにおいても他社の場合に比べて比較的高い水準を示している。一方、帝人の場合は、主力製品であるポリエステルの状況を見ると、主要8社の中で最も低い賃加工システム投入比率を示している。言い換えると、同社は最も積極的に原糸販売をしている企業であり、この事実は上記の「帝人は糸売り中心である」という業界の見解を裏付けている。このように、東レと帝人は最大手の原糸メーカーであるのみならず、企業間システムへの取り組み方においても、異なる基本方針を持っているので、本章では原糸メーカー間の比較対象として両社を選択したのである。

(2)　製品差別化度による原糸の類型化

　原糸メーカーは、異なる類型の原糸を異なる類型の企業間システムに投入している。その場合の原糸の類型化の基準は製品差別化度であり、それによって原糸を差別化原糸と定番原糸に類型化できる。通常、原糸の差別化度が高いほど、原糸及びその織物の付加価値は高い反面、織布及び染色段階における加工の難易度が高いと言える[3]。以下では、東レと帝人における原糸生産の状況を原糸の差別化という尺度から把握してみよう。

　まず、東レは衣料用長繊維としてナイロンとポリエステル両方を生産している[4]。生産量においてポリエステルが主役になっており、原糸の差別化もポリエステルを中心に展開されている。同社は衣料用原糸を「特品原糸」と「定番原糸」に分類しており、前者が、本章でいう差別化原糸に該当する。さらに、同社は社内で特品原糸を「差別化原糸」と「合理化原糸」に分類している。前者は、本章でいう差別化原糸より限定的な意味をもつものであり、原糸段階のみならず、織布及び染色段階での差別化を通じて高付加価値の織物になる原糸である。後者の合理化原糸とは、その原糸を使用した織物は定番織物の領域に入るが、糊付けや

撚糸等を必要としないことで、織物の生産工程で合理化が図れる原糸である。一方、定番原糸とは他社でも作られるものであり、その加工が容易で汎用性が高い原糸である。

このような分類基準に基づくと、1996年の東レの衣料用ポリエステル長繊維の生産量の状況は**図5-3**の通りである[5]。まず、同社内での定義による差別化原糸の比率は45％である。次に、合理化原糸については若干の説明が必要である。第4章の図4-16にも指摘されたように、東レは社内では、POY-DTY（Partially Oriented Yarn—Draw Textured Yarn）の全てを合理化原糸として規定している。しかし、その中には定番原糸的性格をもつものが含まれる。本章では、POY-DTY全てを合理化原糸として扱った場合の合理化原糸を広義の合理化原糸と分類し、定番原糸的性格をもつものを除いたPOY-DTYのみを合理化原糸として扱った場合の合理化原糸を狭義の合理化原糸として分類する[6]。そうすると、同社における狭義の合理化原糸の比率は12％である。なお、差別化原糸と狭義の合理化原糸を合わせたものを狭義の特品原糸として分類すると、その比率は57％である。そして、残りの43％が定番原糸である。

図5-3　衣料用ポリエステル長繊維の生産状況（1996年）

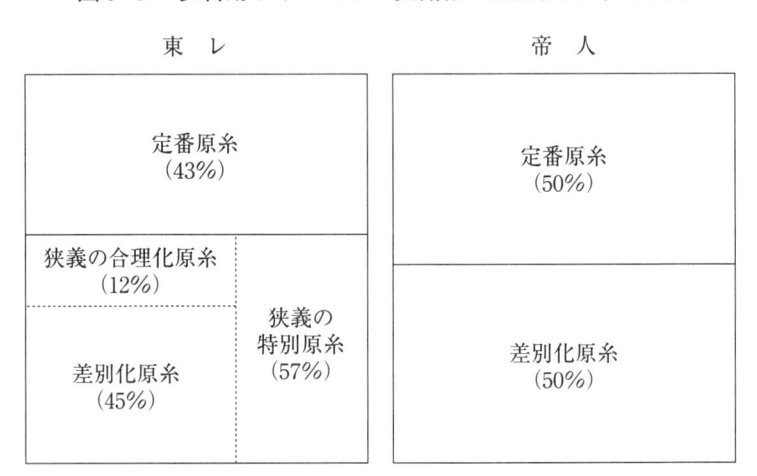

東　レ	帝　人
定番原糸（43％）	定番原糸（50％）
狭義の合理化原糸（12％） ／ 差別化原糸（45％） ／ 狭義の特別原糸（57％）	差別化原糸（50％）

（注）　東レのデータは社内資料から計算されたものであり、帝人のデータは担当者とのインタビューによるものである。なお、比率は生産量ベースで計算されたものである。

次に、帝人の場合は、同社は過去においてはナイロン長繊維も生産していたが、現在はポリエステル長繊維のみを生産している。同社は自社の生産する衣料用ポリエステル長繊維を、その差別化度によって差別化原糸と定番原糸に分類しており、その内訳はそれぞれが半々であると言われている。また、東レの差別化原糸には薄地織物用が中心であるのに対して、帝人の差別化原糸には薄地織物用のみならず、厚地織物用も比較的多く生産されている。いずれにしても、自社の生産する原糸の中で差別化原糸の占める比率が高いことが、日本の合成繊維メーカーの一特徴であると言える。

(3) 企業間システム類型と原糸類型との関係

それでは、企業間システム類型と原糸類型との関係について考察してみよう。原糸類型を独立変数として、企業間システム類型を従属変数として捉え、まず後者の状況について見てみよう。原糸の企業間システム別投入状況については、前記の図5-2でも考察した通りであるが、ここではその内容をさらに詳しく把握してみよう。

まず、東レにおける原糸の企業間システム別投入状況を見ると、次の通りである。同社は織物用ナイロン長繊維については、1996年に原糸出荷量の約50％を賃加工システムに、残りの約50％を原糸販売システムに投入しており、織物用ポリエステル長繊維については、原糸出荷量の67％を賃加工システムに、残りの33％を原糸販売システムに投入している[7]。このことから賃加工投入比率は、差別化志向が相対的に強いポリエステルの場合がナイロンの場合より高いことが分かる。そして、東レの1996年の賃加工発注において、長期取引先群として規定される拠点PT、25社に対する発注量が賃加工発注量全体の88％になっている。従って、図5-4に見られるように東レは織物用ポリエステル長繊維全体の33％を原糸販売システムに、59％をPTシステムへ、そして8％を短期取引的賃加工システムに投入していると言える[8]。

次に、帝人における原糸の企業間システム別出荷状況を見ると、同社は1996年に織物用ポリエステル長繊維出荷量の47％を原糸販売システムに、残りの53％を賃加工システムに投入している。なお、同社の場合は、後述の通り、賃加工シ

図5-4 織物用ポリエステル長繊維の出荷状況（1996年）

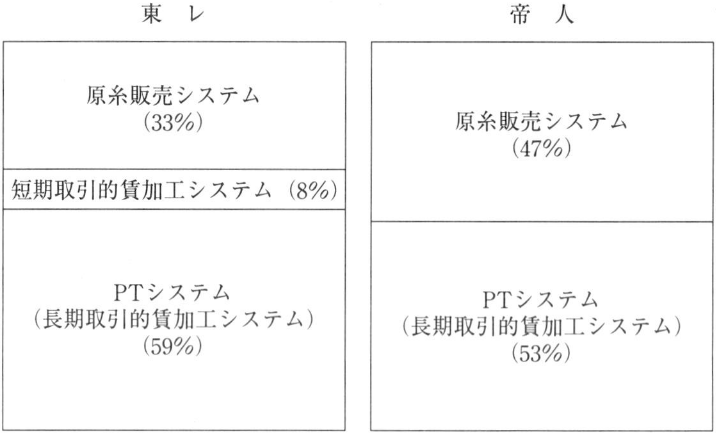

東レ

| 原糸販売システム (33%) |
| 短期取引的賃加工システム (8%) |
| PTシステム (長期取引的賃加工システム) (59%) |

帝人

| 原糸販売システム (47%) |
| PTシステム (長期取引的賃加工システム) (53%) |

（注）両社のデータは東レの社内資料と両社担当者とのインタビューに基づいて計算したものである。なお、比率は出荷量ベースで計算されたものである。

ステムにおいて短期取引的なものはほとんど存在しないので、賃加工システムの全てをPTシステムとして規定することができる。それ故、原糸の出荷状況は、図5-4に見られるように、原糸販売システムが47％、PTシステムが53％である。

以上で、原糸メーカーで生産される原糸を定番原糸と差別化原糸として類型化し、原糸出荷方法としての企業間システムを原糸販売システム、短期取引的賃加工システム、及びPTシステムとして類型化した。それでは、以下では原糸メーカーの当事者とのインタビュー内容を中心に、原糸類型と企業間システム類型との間にどのような関係があるかを考察してみよう。

まず、東レの当事者は次のように述べている[9]。

　糸の難しさと取引様式との関係をいうと、最も難しい糸は、拠点企業（筆者注：拠点PTのことを指す）に対するチョップ生産に投入し、比較的難しい糸は短期取引でもチョップ生産に投入している。一般的な糸は糸売りをしている。

次に、帝人の当事者は、次のように述べている[10]。

賃加工生産は結局コストがかかる一方で、付加価値が高い。そこで、賃加工生産はかなり付加価値が高いものに限って行う。当社では、差別化された糸は賃加工に投入し、織物にして販売する。一方、差別度が中程度以下のものは糸売りをする。……一般的に、当社の織物には東レの場合に比べて差別化品が多いと言われる。……定番品の場合は相場もあり、量の変動もあり、生産もしやすい。そのようなものに対して、東レは短期取引的に賃加工をしているかも知れない。ある意味では、東レが短期取引的に賃加工させているものを、当社は原糸販売で代行させているかも知れない。

以上の内容から、東レと帝人ともに、定番原糸は原糸販売システムに投入していると言える。そして、賃加工システムついては、東レの場合は、差別化度が高度な原糸をPTシステムに投入しており、差別化度が中程度な原糸は短期取引的賃加工システムに投入していると言える。一方、帝人の場合は、差別化度が高度な原糸はPTシステムに投入しているが、差別化度が中程度以下の原糸は原糸販売システムに投入していると言える。

3　各企業間システムの現状

それでは、東レと帝人は各企業間システムをどのように運営しているのであろうか。また、原糸メーカーは、なぜ、上記のように、異なる類型の原糸を異なる類型の企業間システムに投入しているのか。この節では、これらの問題意識を持って、1997年頃における各企業間システムの具体的状況を両社間の共通点と相違点を中心に考察することにする。

(1) 短期取引的原糸販売システム

まず、両社は主に定番原糸を短期取引的原糸販売システムに投入している。ともに、繊維事業本部内に原糸販売部門とテキスタイル販売部門があり、前者が原糸販売を担当している。原糸の主な販売先は、まず、総合商社、繊維専門商社、産元商社等の商社である。これらの商社は原糸メーカーから原糸を購入し、さらに織布企業等に原糸を販売することもあるが、原糸の多くを傘下の織布企業及び

染色企業に賃加工させ、商社自身の責任で織物を販売している。なお、両社は直接に織布企業に原糸を売ることもあり、特に帝人の場合は数社の紡績企業が主要な原糸の販売先である。これらの紡績企業は短繊維織物のみならず、長繊維織物を自社で生産し、販売している。

なお、原糸メーカーは、概念的には原糸を短期取引的にも、長期取引的にも販売することができる。しかし、実際の取引関係を見ると、原糸メーカーと、販売先の商社や織布企業とは相互に販売量ないし購入量を保証しているわけではないので、原糸メーカーと販売先との間の関係は短期取引的であると言える。それ故、ここでは、原糸販売システムを短期取引的原糸販売システムとして取り扱うことにする。

さて、原糸メーカーが共通して定番原糸を短期取引的原糸販売システムに投入する理由として、次のことが取り上げられる。第1に、定番原糸の場合は、製品に対して市中価格が形成されているほど、製品の形態が標準化されており、しかも織布企業や染色企業が原糸を織物として加工する際には、原糸メーカーからの技術的支援をあまり必要としない。第2に、帝人の当事者が「商社は原糸メーカーより安く織物が生産できる。つまり、本社費、研究開発費等のオーバーヘッド・コストの面で原糸メーカーより有利である。原糸メーカーの場合は研究所、加工技術部隊、高い営業マンの賃金などでコスト的に不利である。」と述べているように[11]、原糸メーカーは定番原糸の織物化に際して、商社に比べてコスト上不利である。それ故、東レ、帝人いずれにおいても主に商社が原糸メーカーから原糸を買い、それを織布企業や染色企業に賃加工させ、できあがった織物をアパレル・メーカー等に販売しているのである。

一方、両社間の相違点としては、原糸の原糸販売システムへの投入比率が帝人の場合東レより高いことが挙げられる。この点について、両社の当事者の見解を聞いてみよう。まず、東レの当事者は次のように述べている[12]。

　　当社の基本戦略はチョップ生産であった。市況が悪くて、織物が売れない時には、糸売り部隊に何とか糸を売ってくれという。しかし、市況が回復すると、限られた糸はテキスタイル部隊に回ってしまう。その時、糸売り部隊はお客に

ご免なさいと言いながら、糸の販売を中断したのである。東レにとっては、限られた生産能力の下で最大限の利益を追求するためには、糸売りはバッファー機能を果たしたのである。テキスタイル化するのが絶対利益の面で有利である。できたらテキスタイルを売るということは過去においても現在においても一貫した戦略である。

これに対して、帝人の当事者は次のように述べている[13]。

　当社の場合も、新合繊のような特殊な糸は糸売りをしないという方針を持っている。しかし、そうは言っても、糸売りを減らしたくないという強い意志を持っている。つまり、糸で売れるなら、テキスタイルではなく糸で売るという戦略を持っている。テキスタイル化することは、残るものを考えると、糸売りより有利とは必ずしも言えない。糸を△の図で分類すると、東レは天辺のみならず、中間層までチョップでやろうとしているが、当社は天辺はチョップでやり、他は糸売りをしている。……東レは量産的なものもチョップでやっているようであるが、当社は量産品は糸売りで糸売先に任している。しかも、その部分に関して糸売りでも行けるなら、そのまま糸売りで続けたいと思っている。

このように、両社は企業間システム選択に関する基本的政策において異なっており、東レは織物販売を志向し、帝人は原糸販売を志向していると言える。なお、この政策上の相違と関連して、前にも指摘されたように、中程度の差別化品に対しては、東レは賃加工システムを、帝人は原糸販売システムを採用しているという相違があると言える。これらの相違が、原糸の企業間システム別投入状況に重要な影響を与え、その結果、原糸の原糸販売システムへの投入比率が東レに比べて帝人の場合に高くなっていると言える。

(2)　PTシステム（長期取引的賃加工システム）

前記の通り、東レと帝人はともに差別化原糸を基本的にPTシステムに投入している。この場合、織布PTと染色PTは別の企業体によって構成されており、原糸メーカーは原糸をまず織布PTに賃加工させ生機にした後に、生機を染色PTに賃

加工させ、染色済みの織物としている。そして、繊維事業本部内のテキスタイル販売部門が、完成された織物をアパレル・メーカー等に販売している。ここでいうPTとは、原糸メーカーが長期安定的に取引をしようと決めている賃加工先であるが、その構成は次の通りである。

　まず、東レの織布PTは25社ある。そのうち2社は東レの孫会社であり、もう2社に対しては東レが小規模で資本参加している。残りの21社は東レとは資本的に独立している家族経営的企業である。東レはこれらの織布PTに対して基本的には商社を経由せず、直接に賃加工発注をしようとしている。実際14社との取引には商社の介在はなく、残りの11社との取引でも商社の介在は形式的なものに過ぎない。また、織布PT各社の売上の大部分は加工賃であり、賃加工量全体で東レからの受注量が占める割合は全社平均で約75％である。一方、東レの染色PTは10社ある。染色PTは織布PTに比べて規模が大きく、10社の中で5社が上場企業であり、1社が東レの子会社である。染色PTに対しては東レは全て直接取引を行っている。また、企業規模が大きいこととも関係するが、染色PT各社の賃加工量全体で東レからの受注量が占める割合は全社平均で約25％である。

　次に、帝人の織布PTとしては20社ある。そのうち1社が子会社、2社が孫会社であり、残りの17社は帝人とは資本的に独立している。帝人は積極的に商社の介在を図っており、関係会社3社を含めた4社を除いた全ての織布PTに対して商社経由で賃加工を行わせている。但し、商社経由の場合でも帝人は織物の内容や発注量は直接織布PTとの相談で決めている。各織布PTの賃加工量全体で帝人からの受注量が占める割合は約70％である。一方、帝人の染色PTは5社ある。それらの企業は織布PTに比べて比較的大企業であり、その中の1社が子会社である。なお、染色PTに対しては、東レの場合と同様に、商社を介在させず直接取引を行っている。

　上記からも分かるように、PTの構成やそれらの企業との取引について、東レと帝人は次のような共通点を持っている。第1に、両社ともに主に差別化原糸をPTシステムに投入している。第2に、織布PTの大部分が原糸メーカーとは資本的に独立した家族経営的中小企業である。織布PTの中には、原糸メーカーの関係会社もあるが、それらは過去に経営危機に陥った織布企業を救済した結果生まれたも

のであり、意図的垂直統合の産物ではない(14)。第3に、染色PTに対してはいずれの原糸メーカーも商社を介在させず直接取引を行っており、染色PT各社の賃加工量全体で占める特定原糸メーカーからの受注分は織布PTの場合に比べて相対的に小さい。

これらの共通点の中で、原糸メーカーがなぜ差別化原糸をPTシステムに投入しているかについて考察してみよう。PTシステムは長期取引的賃加工システムである故、以下では原糸メーカーが外部の企業に賃加工を行わせて自社が織物を販売する理由、そして賃加工を行わせる際に長期取引を行う理由について、当事者の見解を聞いてみよう。

賃加工の理由については、各社の当事者は織物の販売に関しては原糸メーカーが有利であるが、織物の生産に関してはPT側が有利であることを指摘している。まず、東レの当事者は、織物の販売に必要な資本力の重要性を強調しながら、次のように述べている(15)。

　　当社がテキスタイルを売る理由は基本的に当社の販売力にある。販売力とは単に物を売る力だけではなく、在庫をもつ能力が重要である。というのは、織物は見込み商品であるからである。また、見切り能力、つまり売れなくなった場合に物を処分するリスクを負担できる能力である。当社は資本力があるからそれができるわけであり、規模の小さい機屋はそれができない。

次に、東レの他の当事者は、織物を購買する顧客のニーズを速やかに把握し、それに答えられる商品を開発することも販売力の重要な一要因であると強調しながら、次のように述べている(16)。

　　チョップにするかしないかは当社の織物販売力に関わっている。当社が100％をテキスタイルとして売れるのであれば、全てチョップ生産するであろう。……社内では、しばしば販売力とは何かと議論しているが、その時の販売力とは、顧客の要望にそって、その注文を他社と競争して獲得する能力である。……新しいものを次々と提供して、お客の要望を満たし続ける能力である。さらに、現状のPTの生産能力を前提にした上で、3年くらいの長期間は、それらの企業

の生産能力に見合う発注ができ、そこで生産されたものを、お客を確保して、売り切る能力でもある。つまり、販売能力は、お客、新商品、キャパシティーという3つの要素で構成されている。

また、帝人の当事者は、次に述べているように[17]、日本の現状では、織布企業や商社が弱い販売力を持っていることを指摘し、特に、付加価値の高い製品分野に関しては、原糸メーカーが相対的に高い販売能力を持っていることを指摘している。

> 当社が織物販売力を持っているというより、機屋ないし商社側に販売力がないので、仕方なく当社が織物として販売せざるを得ない。過去においても現在においてもそういう考え方は妥当である。付加価値のある原糸及び織物に関しては、原糸メーカーが織物の販売能力に資源を投入すれば、賃加工生産が可能である。つまり、販売能力は固定的なものではなく、資源投入によって作れるものである。結果的に、問題としては、販売能力に資源を投入するかしないかが重要である。つまり、賃加工生産に資源投入をする価値があるかないかが問題であり、それは原糸の類型と深く関わっている。

一方、賃加工を行う織布企業側の見解を聞いて見よう。東レの有力な織布PTの当事者は、織物販売にかかるコスト上の問題を指摘し、織物の自主販売をせずに賃加工に止まる理由を次のように述べている[18]。

> 自主販売はやろうと思えばできるが、営業のためにはかなりの資金力と人材が必要である。今の同社の状況では賃加工の方が同社の力を発揮できる。設備投資による固定費が高いので、操業率を上げるのが重要である。このような状況では、東レのチョップ生産の考え方と当社の戦略が一致している。……日本では、織物の場合には、既に産地があったので、原糸メーカーが全て自分のところでやる方向へ行かず、チョップないし垂直連携システムを構築したのである。また、組む時には強いもの同士が組まなければならない。

そして、賃加工を行わせる際に長期取引を行う理由については、各社の当事者

は、長期取引の事前的理由として、原糸の開発・生産と織物の開発・生産との間における連携の必要性を、事後的な理由としては織物生産における技術的問題を強調している。まず、長期取引を行う事前的理由について見てみよう。東レの当事者は、差別化原糸の代表例である新合繊について、その織物の開発における垂直連携の重要性を次のように述べている[19]。

　新合繊は極細、異形断面、異収縮混繊に特徴づけられる。例えば、異収縮混繊織物の場合は染色工程で熱履歴をコントロールすることで製品が完成される。そのコントロールのためには、それに合う織物の設計、さらに原糸の開発が重要である。つまり、熱処理を前提とする糸と織物の開発が必要になる。そのためには原糸メーカー、織布企業、染色企業の間の緊密な連携と情報交流が必要不可欠である。

次に、帝人の当事者は、織物の開発段階からPTとの共同開発が行われており、それが織物の生産においても長期的関係につながっていることを指摘しながら、次のように述べている[20]。

　東レは自社中心の開発システムを持っていると言える。当社の場合は、製織、染色に関する技術開発の全てをPTと共同で行っている。その意味で、帝人がより積極的に共同開発を行っていると言える。また、当社はこのシステムがより効果的であると考えている。その開発コストを帝人が主に負担しているが、100％負担しているとは言えない。PTの方にとっても、その開発に参加することは、自社の技術を蓄積することができるのみならず、優先的にその素材の生産を受け取ることができるメリットがある。このようなシステムの下で、新しいテキスタイルのみならず、新しい原糸の開発が行われるのである。

一方、PT側では東レの織布PTの当事者は、織物開発のみならず、東レの原糸開発において、PTが果たした役割を強調しながら、次のように述べている[21]。

　東レの新しい原糸の開発、また糸質の改良には機屋の働きが大きかった。糸だけでは織物にならないので、機屋でのデータが東レに入り、新しい糸が東レ

で開発されるようになった。今は、東レ対機屋グループという関係ではなく、東レ対A社、東レ対B社というシステムになっており、各社の情報が全て東レに集まるシステムになっている。近年、東レの技術者がPTに対してあまり文句を言わなくなったが、今でも技術交換会を行っている。そのような交流の中で、PTは技術的問題等を東レに提示し、東レも機屋に情報を提供してくれる。

次に、原糸メーカーとPTとの関係が長期的になる事後的理由について考察してみよう。東レの織布PTの当事者は、その理由として、差別化原糸が持っている技術的特性を指摘しながら、次のように述べている[22]。

　東レの糸でないとダメではないが、東レの糸であるからこそ、力が発揮できるようなシステムになっている。まず、他社の糸を使っては、織布の自動化が難しくなる。例えば、糸パッケージの自動移動に使われているロボットは東レの糸を対象にしている。また、準備工程や製織段階における機械の調整は東レの糸に合うようになっている。このような取り組みができるからこそ、自動化投資が可能であり、良い織物の生産が可能である。……今は多品種少量生産になっているが、これも特定の原糸メーカーの糸を使う理由になっている。というのは、原糸メーカーは自社の生産性の都合でますます糸のラージパッケージ化をしており、同じ原糸メーカーの糸を使った方が、量がまとまって、採算がとれるようになっている。

以上、東レ、帝人両社における共通点を考察してみたが、両社間には次のような相違点も見られている。第1に、東レが織布PTと直接取引をしようとしているのに対して、帝人は商社を介在させることを基本方針としている。第2に、東レは織布PTや染色PTのメンバーを明確に規定した上に、それらの企業を中心としたPTの公式的組織を持っているのに対して、帝人の場合はPTメンバーの規定は東レほど明確ではなく、PTの公式的組織も存在しない。第3に、東レの場合は、織物開発専門の大規模設備をもつテキスタイル開発センターが社内にあるのに対して、帝人の場合は、社内では開発専門の設備は存在せず、加工技術部がPTの工場に置かれた設備を使って主にPTとの共同作業で織物を開発している。

これらの相違点の中で、商社介在に関する両社間の相違点について、帝人の当事者は、商社の保険的役割を指摘しながら、次のように述べている[23]。

> 東レはPTに対して自分がその面倒を見ているが、当社は商社経由で賃加工をさせている。それは、商社が機屋に対して資金調達や設備稼働の責任をとっているからである。お金を貸しているから当然設備を稼働させなければならない。そこで、機屋の生産量の中で、当社のチョップで埋められない所を商社が責任をとって賃加工の発注を出している。商社への支払いは眠り口銭と言われるが、普段の発注の業務の時には商社は特別な役割を果たしていない。しかし、問題が起こった時には面倒を見ているので、口銭は保険金みたいなものである。

(3) 短期取引的賃加工システム

東レは少量でありながら、PT以外の織布企業や染色企業に賃加工させているが、その場合の賃加工発注は短期取引的性格を持っている。その状況を見ると、織布の賃加工先として織布PT以外に約20社がある。織布PTに対しては直接取引を基本としているのに対して、これらの短期取引先との取引では基本的に商社を経由させている。また、染色についても、東レは染色PT以外に商社経由で約20社の染色企業に賃加工を行わせている。

このように、現在では短期取引的賃加工システムは東レのみに存在しているが、過去にはこのシステムが東レ、帝人両方において重要な企業間システムであった。1970年代頃には原糸メーカーは短期取引で織物の賃加工を多く行わせたが、第1次石油危機以後、日本の合繊長繊維織物産業が成熟化するとともに、産元商社や零細織布企業の多くが淘汰されてきた結果、現在では短期取引的賃加工先そのものが少ない状況になっている。

それにもかかわらず、東レが一部の原糸について短期取引的賃加工システムを採用しているのは、技術的難易度が比較的低いものを中心としながら、市況に応じて織物生産量を調節できるためである。第4節でも考察されるが、短期取引的賃加工システムのみに投入される原糸はない。同システムは、主に中程度の差別化原糸に対して採用されており、PTシステムにおける織物生産の硬直性を補完

していると言える。この点について東レの当事者は次のように述べている[24]。

　拠点企業と呼ばれる所は当社発注分が多く、力がある所である。当社はこれらの企業に対しては、ゴーイング・コンサーンとして生き残るように発注分を増やすなり、人を派遣するなりする。これらの企業は、長期に取引をしようと決めつけた企業である。これに対して、当社発注分が少ない企業は、当社から見るとぶらついている企業であり、市況に応じてまた工賃状況に応じて、当社の注文を受けたり、やめたりする所である。つまり、需給の調整手段的役割を果たしている所である。これらの企業に対しては、好況の時には拠点企業より高い工賃を支払う。しかし、不況の時には低い工賃を払うか、発注をやめたりする。

そして、両社間の相違点は、東レが未だにこのシステムを通じてある程度の量の織物を生産しているのに対して、帝人は現在はこのシステムを使っていないことである。この点については、前にも指摘されたが、帝人は短期取引的賃加工システムに投入できる原糸は、原糸販売システムに投入していると言える。帝人において短期取引的賃加工がなくなった背景について、同社の当事者は次のように述べている[25]。

　歴史的にみて、短期の賃加工が減って、長期の賃加工が増えてきたのは確かである。その背景には、まず、コスト競争力の観点から、機屋の数を絞って、個別企業の規模を拡大し、設備投資を行うことが必要になってきた。また、製織における技術的難易度が高くなったことも重要である。簡単なものは海外に出て、難しいもののみが国内に残り、その結果、ある程度の技術的蓄積がない所には任せず、しかも機屋とは長期的関係が必要となっているのである。

4　データから見た原糸類型と企業間システム類型との関係

上記で、原糸類型と企業間システム類型との関係について、原糸出荷データやインタビュー内容を中心に考察したが、この節ではその関係を原糸の品種別データーを中心に分析して見よう。データの収集・分析のために、東レと帝人に対し

て質問票調査が行われたが、質問票の原本は付録の通りである。この節における分析データは、質問票のセクションAとセクションDに基づいている。

(1) データの概要

質問票調査における対象原糸としては、1997年度(1997年4月〜1998年3月)に各原糸メーカーによって生産されたポリエステルの「織物用長繊維」の中で、生産量が比較的大きい品種がデニールレベルで選ばれた[26]。なお、その選定においては、差別化度の高い原糸から低い原糸までが、できる限り均等に分布するように注意が払われた。東レと帝人両社ともにおいて、ポリエステル長繊維原糸全体を対象にした場合、デニールレベルの品種は約400種類あったが、その中で出荷量の大きい織物用原糸を中心に、東レの場合は44品種が、帝人の場合は30品種が選ばれた。

まず、調査対象になった原糸の構成を出荷量の観点から見ると、表5-1の通りである。対象原糸の出荷量の合計が衣料用原糸全体の出荷量に占める比率が、東レの場合は約35％、帝人の場合は約45％であるように、サンプルは各社の原糸出荷量の相当な部分をカバーしている。サンプルの平均値は東レの場合は545トン、帝人の場合は1,229トンであり、後者が前者に比べて高い。この平均値の差は、サンプル抽出上のバイアスに起因するものである。というのは、両社ともに

表5-1 調査対象原糸の概要

	東 レ	帝 人
サ ン プ ル 数	44品種	30品種
サンプル合計値／衣料用全体	約35％	約45％
出 荷 量 平 均 値	545トン/年	1,229トン/年
標 準 偏 差	530トン/年	903トン/年
出 荷 量 最 小 値	5トン/年	154トン/年
出 荷 量 最 大 値	2,789トン/年	4,382トン/年
出 荷 量 中 央 値	444トン/年	979トン/年

おいて、出荷量の大きい原糸を対象としたものの、東レの場合は、出荷量の小さい原糸が一部サンプルに含まれているからである。これは、出荷量の最小値が東レの場合5トンとかなり低いことからも確認できる。この問題は、東レのサンプルの中で、出荷量の小さいものを排除することによって、ある程度解決できるが、本分析ではサンプルの数を優先し、調査対象になった原糸全てをそのまま分析に使用することにした。

本節では、上記の原糸を対象にして、原糸類型と企業間システム類型との関係を調べることにする。まず、原糸を類型化する概念としては原糸の差別化度を取り上げる。差別化度の測定については、表5-2に見られるように、製造上の技術的難易度（C_1）、織物への非汎用度（C_2）、市中価格形成の難易度（C_3）、付加価値織物化の可能度（C_4）という4つの変数を用いて、それぞれの変数を5段階のリカート・スケールで測るようにした。つまり、「1」の方向へ行くほど差別化度が低く、「5」の方向へ行くほど差別化度が高いことが想定された。両社それぞれにおいて、原糸の評価に精通している当事者一人が原糸の差別化度について回答し、その人が対象品種全てについて評価を行った。なお、4つの変数の平均値（CA）を、原糸の総合的差別化度を表すものとして設定し、合計5つの尺度を設けた。これらの5つの差別化尺度の概要を見ると表5-2の通りである。表に見られるように、いずれの尺度においても、平均値が東レの方が若干高い。これは、東レの場合に、差別化度の高い品種が、低い品種より若干多くサンプルに含まれているというサンプル抽出上のバイアスを反映している。

表5-2　各差別化尺度の概要

変数名	コンストラクト	尺度	東レの平均値	帝人の平均値
C_1	製造上の技術的難易度	1～5	3.43	3.03
C_2	織物への非汎用度	1～5	3.43	2.93
C_3	市中価格形成の難易度	1～5	3.20	2.80
C_4	付加価値織物化の可能度	1～5	3.18	2.77
CA	総合的差別化度	1～5	3.31	2.88

第5章 原糸メーカーにおける企業間システムの現状：東レと帝人のケースを中心に **161**

次に、企業間システムに関するデータについては、分析対象の各品種が、原糸販売システム、短期取引的賃加工システム、PTシステム（長期取引的賃加工システム）、賃加工システム（短期・長期取引的賃加工システムの合計）という4つのカテゴリーに投入された比率（パーセンテージ）を1997年度の実績値で測った。但し、帝人の場合は賃加工システムは全て長期取引的であると前提し、原糸販売システムとPTシステムという2つのカテゴリーに対して原糸の投入比率を測った。これらの数値は実績値であり、両社の社内データから計算されたものである。その実績値の概要を見ると**表5-3**の通りである。同表を見ると、原糸販売システム投入比率（P_1）とPTシステム投入比率（P_3）の最大値は100％か、ほぼそれに近い数値になっており、それぞれのシステムが主たる企業間システムになっている原糸品種はある。しかし、短期取引的賃加工システム投入比率（P_2）の場合は最大値が29.1％であり、これは、同システムが主たる企業間システムである品種はないことを示している。

表5-3 企業間システム別投入比率の概要

変数名	変数の説明		東レ	帝人
P_1	原糸販売システム投入比率	平均値	26.3％	51.5％
		最小値	0％	0％
		最大値	95.7％	100％
P_2	短期取引的賃加工システム投入比率	平均値	5.3％	N.A.
		最小値	0％	
		最大値	29.1％	
P_3	PTシステム（長期取引的賃加工システム）投入比率	平均値	68.4％	48.5％
		最小値	4.3％	0％
		最大値	100％	100％
P_4 (P_2+P_3)	賃加工システム投入比率	平均値	73.7％	同上
		最小値	4.3％	
		最大値	100％	

(2) 東レと帝人における原糸類型と企業間システム類型との関係

それでは、原糸類型と企業間システム投入比率との関係について考察してみよう。図5-5は4つの変数におけるその関係の概要を図で示したものである。各図において横軸は原糸の差別化度を表している。5段階の評価において、「1」または「2」の場合は「定番原糸」として、「3」の場合は「中差別化原糸」、「4」または「5」の場合は「高差別化原糸」として分類した。一方、図の縦軸は、上記の4つのカテゴリー別における各企業間システム投入比率の平均値を表している。具体的には、東レの場合は、PTシステム投入比率(P_3)と賃加工システム投入比率(P_4)、両方を示している。帝人の場合は、P_3とP_4両方が一致しているので、まとめて1つとして示している。なお、東レの場合は、「P_4平均値—P_3平均値」は、短期取引的賃加工システム投入比率(P_2)の平均値を、また両社ともにおいて「100—P_4平均値」は、原糸販売システム投入比率(P_1)の平均値を表している。

まず、賃加工システム投入比率(P_4)を対象にして、東レと帝人の共通点と相違点について考察してみよう。両社の共通点として言えることは、P_4の平均値が定番原糸の場合は低く、高差別化原糸の場合は高いことである。つまり、定番原糸の場合は主に原糸販売システムを、高差別化原糸の場合は主に賃加工システムを採用していると言える[27]。

ところが、P_4平均値を東レと帝人で比較した場合、両社間には次の相違点も見られている。第1に、定番原糸と高差別化原糸、いずれにおいても、織物への非汎用度(C_2)の場合を除いた他の3つの差別化尺度において、東レのP_4平均値は帝人のそれを上回っている。これは、両社とも定番原糸は原糸販売システムへ、高差別化原糸は賃加工システムへ投入しているものの、東レは相対的に賃加工システムを志向し、帝人は相対的に原糸販売システムを志向していることを反映していると言える。第2に、中差別化原糸において、4つの差別化尺度いずれにおいても、P_4平均値は、東レの場合は70％以上として高いのに対して、帝人の場合は40％以下として低い。つまり、中差別化原糸を東レは賃加工システムへ、帝人は原糸販売システムへ投入する傾向があると言える。

東レと帝人間の共通点及び相違点は、原糸の総合的差別化度(CA)の場合を示す図5-6にも表れている。この図においては、CAの値が「$1 \leq CA \leq 2.5$」の場合

は定番原糸として、「$2.5<CA\leqq3.5$」の場合は中差別化原糸として、そして「$3.5<CA\leqq5$」の場合は高差別化原糸として恣意的に分類し、各カテゴリーにおけるP_3とP_4の平均値を計算した。図の中のP_4値を東レと帝人と比較した場合、上記の共通点と相違点がこの図からも言える。

次に、賃加工システムの中のPTシステムに注目し、PTシステム投入比率(P_3)の状況を両社間で比較してみよう。図5-5と図5-6における東レのP_3平均値と帝人のP_3(P_4と同一)平均値を比較してみると、両社間の共通点と相違点はP_4の場合とほとんど変わらない。その理由は、東レの場合、原糸の各カテゴリーにおけるP_3平均値はP_4平均値よりは低いものの、その差は大きくないからである。つまり、前記の通り、短期取引的賃加工システムが主たる企業間システムである場合は存在せず、同システム投入比率(P_2)は最大値でも29.1％に過ぎないからであ

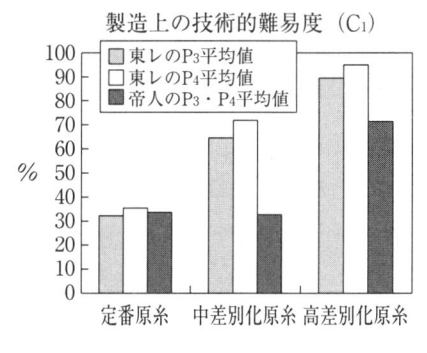

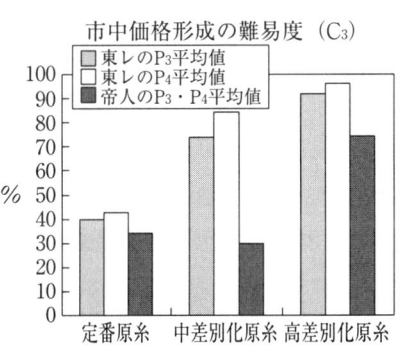

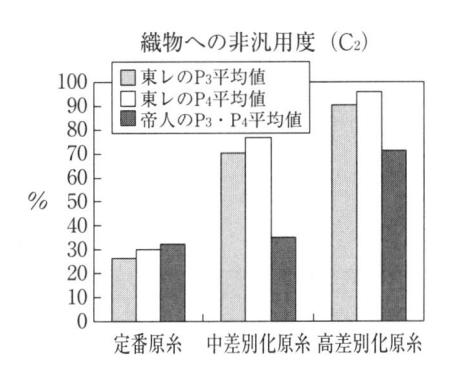

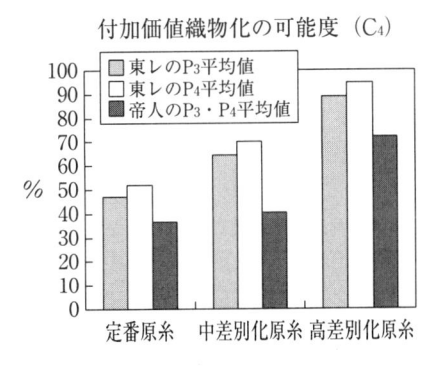

図5-5 原糸類型と各企業間システム投入比率との関係―その1

164 第5章 原糸メーカーにおける企業間システムの現状:東レと帝人のケースを中心に

図5-6 原糸類型と各企業間システム投入比率との関係—その2

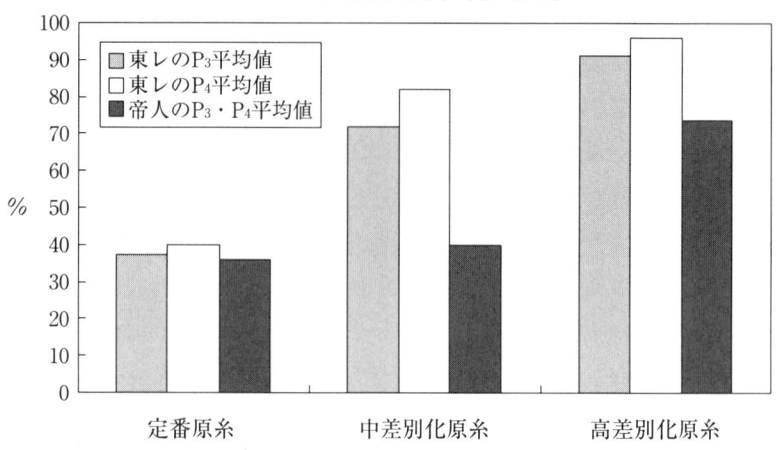

四差別化尺度平均値(CA)

- 東レのP_3平均値
- 東レのP_4平均値
- 帝人のP_3・P_4平均値

横軸:定番原糸、中差別化原糸、高差別化原糸

図5-7 短期取引的賃加工システム投入比率の分布

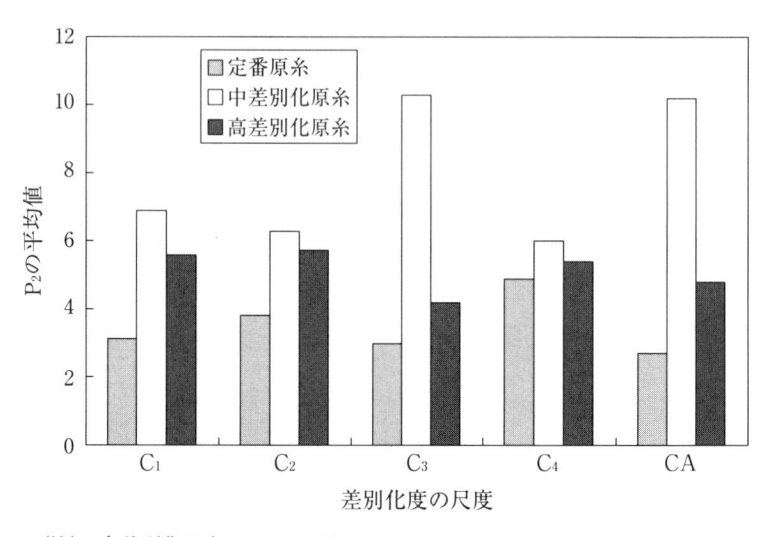

縦軸:P_2の平均値

- 定番原糸
- 中差別化原糸
- 高差別化原糸

横軸(C_1, C_2, C_3, C_4, CA):差別化度の尺度

(注) 各差別化尺度における原糸の分類基準は、図5-5と図5-6で行った原糸の分類基準と同一である。

る。

　ところが、短期取引的賃加工システムは主たる企業間システムになっていないと言っても、それが存在することは無視できない。それでは、同システムがどのような場合に顕著に使用されるのかを、原糸の差別化度と関連して考えてみよう。図5-7は、各差別化尺度において、原糸の差別化度と短期取引的賃加工システム投入比率との関係を表したものである。図に見られるように、いずれの尺度の場合においても、短期取引的賃加工システム投入比率（P_2）の平均値は、中差別化原糸の場合に最も高く、定番原糸や高差別化原糸の場合は相対的に低い。つまり、短期取引的賃加工システムは主に、差別化度が中程度の品種に対して採用されているのである。

(3)　データの統計的分析

　質問票調査に対する上記の分析から次の3つの事実が明らかになった。第1は、東レ、帝人両社において差別化度の低い原糸ほど原糸販売システムに投入され、差別化度の高い原糸ほど賃加工システムないしPTシステムに投入されることである。第2は、原糸類型と企業間システム類型との間に上記の関係はあるものの、原糸の差別化度に関わらず、東レは賃加工システムないしPTシステムを志向し、帝人は原糸販売システムを志向することである。第3は、短期取引的賃加工システムが存在する東レの場合は、同システムは、差別化度が中程度である原糸に対して主に採用されることである。このセクションではこの3つの事実を統計的に分析することにしよう。

　まず、第1と第2の事実を検証してみよう。この検証のためにまずは、原糸の差別化度と賃加工システム投入比率との関係を表すモデル5.1からモデル5.5を検証することにする。各モデルにおいては、従属変数としては賃加工システム投入比率（P_4）が用いられている。独立変数としては、差別化尺度であるC_1、C_2、C_3、C_4、CAがそれぞれのモデルで用いられ、企業のダミー変数としてDが共通で用いられている。ダミー変数は東レの場合が0、帝人の場合が1である。

　モデル5.1：　　　　$P_4 = a + b_1 * C_1 + b_2 * D + e$

モデル5.2：　　　　P4＝a ＋b_1*C_2＋b_2*D＋e
モデル5.3：　　　　P4＝a ＋b_1*C_3＋b_2*D＋e
モデル5.4：　　　　P4＝a ＋b_1*C_4＋b_2*D＋e
モデル5.5：　　　　P4＝a ＋b_1*CA＋b_2*D＋e

表5-4　賃加工システム投入比率（P_4）の分析

モデル	5.1(C＝C_1)	5.2(C＝C_2)	5.3(C＝C_3)	5.4(C＝C_4)	5.5(C＝CA)
切片	17.45* (9.42)	13.55 (8.47)	24.14** (9.20)	30.22*** (9.27)	15.66* (9.25)
C	16.40*** (2.48)	17.54*** (2.22)	15.47*** (2.56)	13.67*** (2.61)	17.53*** (2.52)
D	－18.69*** (6.40)	－16.49*** (5.96)	－18.97*** (6.61)	－19.55*** (6.91)	－17.71*** (6.30)
R_2	0.44	0.53	0.42	0.37	0.48
観測数	74	74	74	74	74

（注）　括弧内の数値は標準誤差。*はP値＜0.1、**はP値＜0.05、***はP値＜0.01。

　各モデルに対する分析結果は表5-4の通りである。まず、原糸の総合的差別化度と賃加工システム投入比率との関係はモデル5.5の分析で示されている。差別化度は1％水準で有意であり、ダミー変数も1％水準で有意である。つまり、原糸の総合的差別化度は賃加工システム投入比率を説明する重要な変数である。なお、ダミー変数の係数もマイナス17.53であり、帝人の賃加工システム投入比率は東レのそれより低いことが統計的にも立証されている。そして、個別の差別化尺度を説明変数とするモデル5.1からモデル5.4の分析結果においても、差別化変数とダミー変数は1％水準で有意である。さらに、決定係数の数値からこの4つのモデルの説明力を比較すると、最も高い説明力をもつのはモデル5.2であり、最も低い説明力をもつのはモデル5.4であることが分かる。これは、織物への非汎用度という尺度が原糸類型と企業間システム類型との関係を最もよく説明しており、付加価値織物化の可能度という尺度はその説明力が比較的弱いことを示している。

　次に、原糸の差別化度とPTシステム投入比率との関係を検証してみよう。その

第5章 原糸メーカーにおける企業間システムの現状:東レと帝人のケースを中心に **167**

ため、PTシステム投入比率（P_3）を従属変数とし、原糸の差別化度と企業ダミー変数を独立変数とした、モデル5.6からモデル5.10を設定した。

モデル5.6： $P3 = a + b_1 *C_1 + b_2 *D + e$
モデル5.7： $P3 = a + b_1 *C_2 + b_2 *D + e$
モデル5.8： $P3 = a + b_1 *C_3 + b_2 *D + e$
モデル5.9： $P3 = a + b_1 *C_4 + b_2 *D + e$
モデル5.10： $P3 = a + b_1 *CA + b_2 *D + e$

表5-5　PTシステム投入比率（P3）の分析

モデル	5.6($C=C_1$)	5.7($C=C_2$)	5.8($C=C_3$)	5.9($C=C_4$)	5.10($C=CA$)
切片	13.35 (9.43)	9.15 (8.46)	19.52** (9.16)	25.25*** (9.27)	11.21 (9.22)
C	16.05*** (2.48)	17.27*** (2.22)	15.26*** (2.56)	13.57*** (2.59)	17.27*** (2.52)
D	-13.53** (6.40)	-11.31* (5.95)	-13.75** (6.58)	-14.29** (6.86)	-12.51* (6.27)
R_2	0.42	0.51	0.39	0.34	0.45
観測数	74	74	74	74	74

（注）　括弧内の数値は標準誤差。*はP値<0.1、**はP値<0.05、***はP値<0.01。

それぞれのモデルの分析結果は**表5-5**の通りである。表を見ると、**表5-4**の場合と同様に、いずれのモデルにおいても、原糸の差別化尺度は1％水準で有意であることが分かる。但し、企業ダミー変数に関しては、**表5-4**とは若干異なる次の結果が示されている。総合的差別化尺度CAを用いたモデル5.10の場合と、織物への非汎用度という尺度を用いたモデル5.7の場合は、企業ダミー変数は10％水準のみで有意であることになっている。つまり、賃加工システム投入比率の場合は、東レと帝人間にはその比率の統計的差が明確であるが、PTシステムの場合は、その差は賃加工システム全体の場合ほど明確ではないと言える。

そして、東レにおいて短期取引的賃加工システムが主に中差別化原糸において採用されているという第3の事実を検証してみよう。その検証のために、まず、

原糸の総合的差別化度を表すCAが3.0の場合、原糸の差別化度が中程度であると想定しよう。その上、各原糸の差別化度がどれほど中程度から離れているかを表す尺度として「CC」（＝3.0−CA）を設ける。そして、このCCを独立変数とし、短期取引的賃加工システム投入比率（P_2）を従属変数とする単純回帰モデルを考える。そうすると、CCの係数はマイナスであることが予想される。

そこで、実際その分析を行うため、44のサンプル全てを対象としたモデル5.11を設定した。その分析結果を、表5-6からみると、CCの係数はマイナスであるものの、10％水準でも有意ではない。このように、CCの係数が有意でなかったのは、44サンプルの中で2つの例外項があったからである[28]。そこで、その2つの例外項を除いた、42のサンプルを対象とするモデル5.12を設けた。表5-6におけるその分析結果を見ると、CCの係数はマイナスであるのみならず、1％水準で有意である。この結果から、2つの例外項を除いた場合は、第3の事実も統計的に立証されていると言える。

モデル5.11：　　　　$P2 = a + b_1 * CC + e$　　（観測数：44）

モデル5.12：　　　　$P2 = a + b_1 * CC + e$　　（観測数：42）

表5-6　短期取引的賃加工システム投入比率（P_2）の分析

モデル	5.11	5.12
切片	7.09*** (2.11)	8.97*** (1.63)
CC	−1.86 (1.85)	−4.99*** (1.51)
R2	0.02	0.21
観測数	44	42

（注）　括弧内の数値は標準誤差。＊はP値＜0.1、＊＊はP値＜0.05、＊＊＊はP値＜0.01。

以上の分析結果から、前記の3つの事実は統計的にも立証されていることが分かる。特にここでもう一度注目すべき点は、企業間システムの選択における東レと帝人間の相違である。表5-5の分析結果からも、相対的に東レは賃加工システ

ムを志向し、帝人は原糸販売システムを志向することが示されているが、その相違は**表**5-4で一層明確に示されている。この2つの分析結果における相違には、短期取引的賃加工システムが、東レの場合は存在するのに対して、帝人の場合は存在しないという事実が反映されていると考えられる。なお、これは、前記の帝人の当事者が「ある意味では、東レが短期取引的に賃加工させているものを、当社は原糸販売で代行させているかも知れない」と述べたことを間接的に裏付けているとも言える。

5　まとめ

本章では、今日の織物用合成繊維長繊維産業における企業間システムに関する原糸メーカーの行動を東レと帝人を中心に分析してみた。両社の行動の共通点と相違点は**表**5-7のようにまとめられる。

まず、共通点として挙げられるのは、両社ともに、定番原糸は主に原糸販売システムに、差別化原糸は主にPTシステムに投入していることである。そして、相違点として挙げられるのは、相対的に東レはPTシステムないし賃加工システムを志向しているのに対して、帝人は原糸販売システムを志向していることである。その結果として、東レは中程度差別化原糸の場合はPTシステムのみならず、短期取引的賃加工システムを採用し、全体としては賃加工システムを採用する傾向があるのに対して、帝人はそれらの原糸に対しては原糸販売システムを採用する傾向がある。さらに、PTシステムの中身についても、表に見られるように、東レの場合が帝人の場合より、PTと緊密な関係を持っていると言える。というのは、東レはPTの公式組織を持ち、なお織布PTと直接取引をしようとするのに対して、帝人はPTの公式組織を持たず、しかも織布PTとの取引は商社経由を基本としているからである。

---

(1) この章の内容は、李（1999b）を基に大幅改稿したものである。但し、第4節の統計データは本章で新しく追加されたものである。
(2) 本章の考察の重点は、原糸類型によって、異なる類型の企業間システムを採用

表5-7 東レと帝人における各企業間システムの現状

		東レ	帝人
短期取引的原糸販売システム	共通点	◆主に定番原糸を投入しており、その場合の主要な原糸販売先は商社である。	
	相違点	◆企業間システムとしての重要性はPTシステムに比べて低く、原糸の投入比率も帝人に比べて低い。	◆企業間システムとしての重要性は高く、原糸の投入比率も東レに比べて高い
PTシステム（長期取引的賃加工システム）	共通点	◆主に差別化原糸を投入している。 ◆織布PTの大部分は家族経営的中小企業であり、原糸メーカーとは資本的に独立している。 ◆染色PTとは直接取引をする。	
	相違点	◆織布PTとの取引では、直接取引を基本とし、商社介在の場合もそれは形式的である。 ◆公式的PT組織が存在する ◆社内に織物開発専門の大規模設備が存在する。	◆織布PTとの取引では、商社経由を基本とする。 ◆公式的PT組織が存在しない。 ◆社内に織物開発専門の設備が存在しない。
短期取引的賃加工システム	共通点	◆企業間システムとしての重要性は過去においては高かったが、現在は低い。	
	相違点	◆現在もこのシステムを、主に中差別化原糸を対象にし、織物生産量の調節手段として維持している。	◆現在はこのシステムは使わず、これを原糸販売システムへ代行させている。

するという原糸メーカーに共通する行動である。原糸メーカー間の相違点を考察するのは二次的な目的である。

(3) 原糸の差別化度が織物の付加価値度に直接につながるとは必ずしも言えない。というのは、定番原糸を使いながらも、織布や染色等の加工段階における工夫によって、付加価値の高い織物を生産することができるからである。また、東レの「合理化原糸」のように、差別度の高い原糸であっても、その原糸を使った織物は定番領域に入る場合があるからである。しかし、差別化度の高い原糸は付加価値の高い織物に投入されることが多いと概ね言える。

⑷ 本章は衣料用長繊維の中の織物用に焦点を絞るとしたが、データが取れるのは衣料用に対してであったので、ここでは衣料用長繊維の状況を示す。
⑸ 元のデータは1994年を対象としたものであるが、1994年と1996年の原糸構成にはあまり差がないと言われている。帝人との比較のために、ここでは1994年のデータを1996年のデータとして見なして、1996年の状況を記述している。
⑹ 1994年において、定番原糸的性格をもつPOY-DTYの比率は約28％であったので（図4-16参照）、広義の合理化原糸の比率は約40％である。
⑺ この出荷状況の計算においては、原糸輸出は原糸販売として扱った。なお、原糸輸出量は衣料用全体を対象としたものである。正確には衣料用の中の織物用のみの原糸輸出量を考慮する必要があるが、そのような細分化された項目に関するデータは入手できなかった。それ故、ここでは、輸出された衣料用原糸の大部分は織物用原糸として見なして、原糸の出荷状況を計算した。
⑻ 拠点PTへの集中発注比率（88％）は、ナイロン織物とポリエステル織物両方を対象にした場合の数値である。しかし、発注された織物の大部分がポリエステル織物であったので、この集中発注比率をポリエステル織物に関するものとして見なした。なお、原糸のPTシステムへの投入比率は、賃加工システムへの投入比率（67％）に、拠点PTへの集中発注比率（88％）をかけて計算したものである。
⑼ 1997年7月7日、東レの繊維事業企画管理部長、三本木伸一氏（以下、氏名省略）に対するインタビューによる。
⑽ 1997年10月7日、帝人の繊維企画管理部長、古川博氏（以下、氏名省略）に対するインタビューによる。
⑾ 1997年11月18日、帝人の加工技術第1部長、古結久晴氏（以下、氏名省略）に対するインタビューによる。
⑿ 1997年7月29日、東レの繊維事業企画管理部長に対するインタビューによる。
⒀ 1997年11月18日、帝人の繊維企画管理部長に対するインタビューによる。
⒁ 東レ、帝人、両社ともにおいて、子会社である織布PTは元々産元商社の関係会社であった。産元商社が1970年代後半に破綻することになり、それらの関係会社は東レや帝人の子会社になった。
⒂ 1997年4月1日、東レの繊維高次加工生産業務部長、細見信雄氏に対するインタビューによる。
⒃ 1997年7月29日、東レの繊維事業企画管理部長に対するインタビューによる。
⒄ 1997年10月7日、帝人の繊維企画管理部長に対するインタビューによる。
⒅ 1997年4月2日、東レの織布PT、M社の専務取締役に対するインタビューによる。

(19) 1997年6月24日、東レの広報室長、斉藤典彦氏に対するインタビューによる。
(20) 1997年11月18日、帝人の加工技術第1部長に対するインタビューによる。
(21) 1997年4月30日、東レの織布PT、K社の会長に対するインタビューによる。
(22) 1997年4月2日、東レの織布PT、M社の専務取締役に対するインタビューによる。
(23) 1997年10月7日、帝人の繊維企画管理部長に対するインタビューによる。
(24) 1997年7月7日、東レの繊維事業企画管理部長に対するインタビューによる。
(25) 1997年11月18日、帝人の繊維企画管理部長に対するインタビューによる。
(26) デニール (denier) とは、長繊維原糸の太さを表す単位である。長さ9000mの繊維の重量が1gである時には、その繊維の太さは1デニールになる。つまり、「デニール＝9000×（糸の重さ）/（糸の長さ）」である。原糸が太くなれば、デニールの数値も大きくなる。
(27) 但し、定番原糸の100％が原糸販売システムに、また差別化原糸の100％が賃加工システムに投入されているわけではない。これには次の背景がある。まず、原糸メーカーが差別化原糸を使って、付加価値の高い織物を生産する時に、織物によっては、例えば横糸用として、定番原糸を必要とする場合がある。その結果、定番原糸の一部も賃加工システムに投入されることになる。また、東レ、帝人ともに、差別化原糸は基本的にPTシステムに投入する戦略を取っているが、近年には差別化原糸の場合も、少量でありながら、主にPTに対して原糸販売していると言われている。
(28) 2つの例外項とは、CA値が5であるのに、P_2値がそれぞれ18.6、29.1という高い値を示した原糸である。

第6章 分　析

　日本の化学繊維産業において原糸メーカーが企業間システムの選択に関して採ってきた行動について、第3章から第5章までにおいて、詳しく考察してみた。第3章では、原糸メーカーがPTシステムを採用してきたのは、化学繊維の中でも、合成繊維長繊維分野であるという第1の事実を、第4章では、同製品分野においても、PTシステムの重要度は、産業規模の変化とは逆に、高、低、高というU字型的変化パターンを示してきたという第2の事実を、そして、第5章では、今日の企業間システムの現状においてPTシステムが採用されているのは、差別化原糸という品種においてであるという第3の事実を明らかにした。この章では、以上で取り上げた原糸メーカーの行動を、第2章で提示した本書の分析枠組によって分析する。以下では、分析のための資料が比較的多い第3の事実に対して先に分析を行い、その延長線で、第2、第1の事実に対して分析を行う。

1　企業間システムの現状に関する分析

　第3の事実である企業間システムの現状について分析を行うことにしよう。この分析においては、まず、当事者の見解を中心とした分析を行った後、次に、第5章で言及された質問票調査に基づく統計的分析を行うことにする。

(1) 当事者の見解を中心とした分析[1]

　第5章では、今日において東レと帝人は、原糸の類型によって、異なる類型の企業間システムを選択していることを明らかにした。つまり、原糸を差別化度によって類型化した場合、原糸メーカーは、差別化度の低い定番原糸に対しては主に短期取引的原糸販売システムを採用し、差別化度の高い原糸に対してはPTシステムを採用している。なお、短期取引的賃加工システムは、今日には帝人にはあまり採用されておらず、東レにおいて主に中程度の差別化原糸に対して、PTシ

ステムの補完的手段として採用されている。

　それでは、こうした原糸メーカーの行動は、本書の分析枠組によって、どのように説明されるのであろうか。第2章の図2-1で示された分析枠組においては、原糸メーカーにとっての織物分野に対する企業間システムを、織物開発、織物生産、織物販売という各機能活動に対する取引形態の組合せとして捉えた。なお、各機能活動に対する取引形態は、図2-2に示されたように、機能活動間の相互依存性と組織能力の比較優位性によって決定されるものであると議論した。

　こうした本書の分析枠組による分析を行う際には、先に、原糸メーカーのコア活動を規定する必要がある。企業間システム選択の主体は原糸メーカーである故、同主体のコア活動は原糸生産であるということには異論の余地がないであろう。その上、原糸メーカーは原糸開発についても、他社より優位な能力を持っているのみならず、後述のように原糸生産と原糸開発との間には高い相互依存性がある。それ故、原糸メーカーは原糸開発も自社内で行うのが効果的であり、実際、同活動を社内で行っている。従って、議論の便宜上、以下では、原糸生産と原糸開発、両方を原糸メーカーにおけるコア活動であると前提する。このような前提に基づいて、以下では原糸メーカーの行動を分析してみよう。

　第1に、原糸メーカーが定番原糸を短期取引的原糸販売システムに投入することを分析してみよう。定番原糸の場合は、市中価格が形成されるほど、製品が標準化されているため、織物の開発・生産・販売、そのいずれも原糸メーカーのコア活動との相互依存性は低いと言える。それ故、原糸メーカーは織物に関連する活動に関して、自社より優位な能力をもつ企業がある場合は、それらの活動を短期取引的に外部の企業に任せることが効果的である。実際、第5章で言及された帝人の当事者が指摘しているように、外部には、織物の開発・販売を担当できる企業として、コスト・パフォーマンス面で原糸メーカーより優位な立場にある商社があるので、原糸メーカーは定番原糸をそれらの企業に短期取引的に販売しているのである。なお、この場合、商社が原糸を購入し、その原糸をさらに外部の企業に賃加工させるのは、織物産地にある織布企業や染色企業が歴史的に織物の自主販売能力に欠如しており、しかも商社が資金力を持ち、それらの企業より優位な織物販売能力を持っているからである[2]。

第2に、原糸メーカーが差別化度の高い原糸を主にPTシステムに投入することを分析してみよう。本書の分析枠組に従うと、PTシステムとは、原糸メーカーが織物の開発と生産に対しては内部取引を行い、織物の生産に関しては長期外部取引を行う企業間システムであることになる。それで、PTシステムに関する分析においては、織物の開発、生産、販売という各機能活動に対して、なぜそれぞれの取引形態が選択されているのかを考察してみよう。

　まず、差別化原糸を使用した織物の開発に関しては、原糸の技術的情報に最も詳しい原糸メーカーが他社に比べて優位な能力を持っていると考えられる。特に、東レの場合は、テキスタイル開発センターを中心とした織物開発組織を社内に持っており、差別化原糸を使う織物に関しては、開発コスト上の不利な点はあるとしても、付加価値創出までを考慮した総合力においては、高い優位性を持っていると考えられる。原糸メーカーがこうした優位な能力を持っている場合は、相互依存性の程度と関係なく、原糸メーカーは織物開発を自社内で行うことが効果的であるが、差別化原糸の場合は、織物の開発と原糸メーカーのコア活動との間には高いレベルの相互依存性があると言える。というのは、第5章で東レの当事者が新合繊の例について述べているように、差別化原糸の開発自体が特定の織布や染色技術の開発を前提にして行われる必要があるからである。こうした相互依存性が、織物開発における原糸メーカーの優位性に間接的な影響を与えていると言える。その結果、織布企業や染色企業との共同作業はあっても、原糸メーカーが織物開発を担当するのが効果的であると言える。

　次に、織物の生産活動について見てみよう。まず、同活動については、織布企業や染色企業が原糸メーカーに比べて優位な組織能力を持っていると言える。というのは、それらの企業は賃金コストの面で原糸メーカーに比べて有利な立場に立っているのみならず、織機や染色設備を持っていない原糸メーカーが新たな投資を行い、設備稼働や生産技術に関して、それらの企業より優位な能力を持つことも容易ではないからである。その結果、織物生産に関しては、織布企業や染色企業に任せるのが効果的である。ところで、織物生産活動と原糸メーカーのコア活動間の相互依存性も高い。というのは、差別化原糸の織物の場合は、欠陥は染色を経た最終段階で発生する場合が多く、それが原糸の開発及び生産工程、織布

工程、染色工程の中のどこの問題であるかが究明しにくい場合が多いからである。それ故、原糸メーカーは織物生産の単なる外部委託では、要求される水準の織物を調達することができない。その結果、原糸メーカーにとっては、PTと規定される織布企業や染色企業群に織物の生産活動を長期取引的に任せるのが効果的である。しかも、織物生産者の中で最も優れた能力を持つ企業がPTとして選ばれているのである。

そして、織物の販売活動について見ると、原糸メーカーは差別化原糸の織物を販売することについて、他社に比べて高い組織能力を持っていると言える。というのは、織物販売能力の重要な要素である資本力において、第5章で東レの当事者が言及しているように、大企業の原糸メーカーが織布企業や染色企業に比べて優位な能力をもっているのみならず、高い価格を駆使できる差別化原糸の織物に関しては原糸メーカーは商社に対するコスト上の不利を克服できるからである。従って、原糸メーカーは織物の販売を自社で行うのが効果的である。しかも、織物に関する営業情報が織物の開発さらに原糸の開発に重要な役割を果たすので、織物の販売活動と原糸メーカーのコア活動間の相互依存性も高いと言える。こうした高い相互依存性が、織物販売に関する原糸メーカーの優位性に間接的な影響を与えていると言える。

上記の議論から差別化原糸の場合は、原糸メーカーにとって、織物の開発と販売については内部取引を、織物の生産については外部長期取引を選択するのが効果的であり、その結果として選択される企業間システムがPTシステムであると分析できる。

第3に、東レの場合、主に中程度の差別化原糸を少量でありながら、短期取引的賃加工システムに投入することを分析してみよう。この場合は、織物の開発と販売に関する状況は、PTシステムの場合と同様である。しかし、原糸の差別化度がそれほど高くない故、織物生産活動と原糸メーカーのコア活動間の相互依存性はそれほど高くないと言える。つまり、それらの織物は一般の織布企業や染色企業によっても生産され得るものである。この意味では、東レはそれらの原糸の全てを短期取引的賃加工システムに投入すればよいはずである。ところが、それらの原糸全てを消化できる短期取引的賃加工先を確保することは容易ではなく、し

かも、それらの原糸をPTに投入しても織物生産上の技術的な問題はない。それ故、それらの原糸に対しては、生産量の一部をPTシステムに投入する一方で、PTシステムの持っている生産量調節上の硬直性を補完するため、織物調達におけるバッファー手段として、短期取引的賃加工システムを採用していると言える。

以上では、東レと帝人が、原糸類型によって、異なる類型の企業間システムを選択しているという点について分析したが、次は企業間システム選択における両社間の相違点について分析してみよう。第5章では、主な相違点として、第1に、原糸の短期取引的原糸販売システムへの投入比率が東レより帝人の方が高いこと、第2に、PTシステムにおいて帝人は東レより積極的に商社を活用していること、第3に、帝人は短期取引的賃加工システムをあまり活用していないことが取り上げられた。

本書の分析枠組によると、これらの相違点は、各機能活動に対する原糸メーカー間の組織能力の相違と、それに基づく政策上の相違に起因していると考えられる。つまり、東レの当事者が「織物の販売力においては当社が強いが、糸の販売力においては帝人が強い。」と述べているように[3]、原糸の販売については帝人が東レより、織物の開発及び販売については東レが帝人より、相対的に高い能力を持っており、その結果、東レは織物販売志向の政策を、帝人は原糸販売志向の政策を取っていると分析できる。両社間のこのような組織能力の相違は、本書の分析枠組でも触れたように、歴史的経緯に起因している。その経緯として、帝人の当事者は、同社も1960年代までは賃加工生産中心の戦略を採ってきたが、1970年代に入ってから、厚地織物分野に関しては紡績メーカーを主な販売先として、薄地織物分野に関しては総合商社を主な販売先として、原糸販売政策を強化してきたことを指摘している[4]。

こうした歴史的経緯の結果として出来上がった両社間の組織能力の相違を前提にした上で、企業間システム選択に関する両社間の相違点を分析すると、次の通りである。第1に、原糸販売システム投入比率が東レより帝人の場合が高いことについては、帝人は原糸の販売に関して相対的に高い能力を持っているので、差別化度の高度な原糸のみを自社で織物化し、他は原糸販売に投入していると分析できる。第2に、帝人が東レより積極的に商社の介在を活用することについては、

178 第6章 分 析

東レが自社の高い織物販売能力を背景に、織布PTの設備稼働の責任に関して商社の販売能力を借りることを避けているのに対して、帝人は相対的に低い織物販売能力を背景に、織布PTの設備稼働の責任を商社に任せていると分析できる。第3に、東レとは異り、帝人が短期取引的賃加工システムを活用していないことについては、東レは自社のコア活動と織物生産活動間の相互依存性が比較的低い原糸についても、自社の織物販売能力が許す範囲では積極的に織物として販売しようとしているのに対して、帝人はそのような原糸に関してはむしろ商社の販売能力に任せようとしていると分析できる。

(2) 企業間システムの現状に対する統計的分析

上記で、東レと帝人における原糸類型と企業間システム類型の間に見られる関係と、両社間の相違点を、本書の分析枠組によって分析した。次は、こうした関係と相違点を、第5章でも言及された質問票調査に基づくデータを中心に分析してみよう。同質問票調査においては、本書の分析枠組に従い、図6-1のような変数に関するデータが収集された。図の中で、原糸類型と企業間システム類型との関係については、第5章及び上記で議論された通りである。ここでは、なぜその

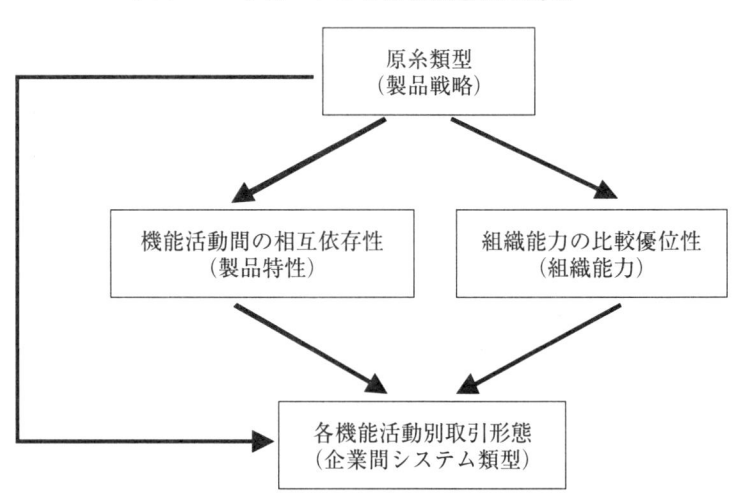

図6-1　本書における分析概念間の関係

表6-1 各差別化尺度の概要

分析概念	変数名	コンストラクト	尺度
原糸類型	C_1	製造上の技術的難易度	1～5
	C_2	織物への非汎用度	1～5
	C_3	市中価格形成の難易度	1～5
	C_4	付加価値織物化の可能度	1～5
	CA	総合的差別化度	1～5
機能活動間の相互依存性	I_1	原糸開発―原糸生産間の相互依存性	1～5
	I_2	原糸開発―織物開発間の相互依存性	1～5
	I_3	原糸開発―織物生産間の相互依存性	1～5
	I_4	原糸開発―織物販売間の相互依存性	1～5
	I_5	原糸生産―織物開発間の相互依存性	1～5
	I_6	原糸生産―織物生産間の相互依存性	1～5
	I_7	原糸生産―織物販売間の相互依存性	1～5
	I_8	織物開発―織物生産間の相互依存性	1～5
	I_9	織物開発―織物販売間の相互依存性	1～5
	I_{10}	織物生産―織物販売間の相互依存性	1～5
機能活動別組織能力の比較優位性	AD	織物開発に対する組織能力の比較優位性	1～5
	AP	織物生産に対する組織能力の比較優位性	1～5
	AS	織物販売に対する組織能力の比較優位性	1～5
企業間システム類型	P_1	原糸販売システム投入比率	0～100(%)
	P_2	短期取引的賃加工システム投入比率	0～100(%)
	P_3	PTシステム(長期取引的賃加工システム)投入比率	0～100(%)
	P_4	賃加工システム投入比率	0～100(%)

ような関係が成立しているかを、本書の分析概念を使って、分析してみよう。つまり、本書における分析概念である機能活動間の相互依存性と組織能力の比較優位性を使って、原糸メーカーの行動を説明することにしよう。

まず、分析に用いられる各変数について説明することにしよう。その概要は**表6-1**の通りである。表の中で、原糸類型と企業間システム類型に関わる変数に関しては、第5章で説明した通りである。つまり、C_1〜C_4は原糸の差別化度を表す変数であり、CAはこの4つの変数の平均値で、原糸の総合的差別化度を表すものである。以下の分析では、差別化度の変数としてはCAを使うことにする。なお、P_1〜P_4は原糸の企業間システム別投入比率を表している。特に、P_4はP_2とP_3の合計値であり、帝人の場合はP_2が0であるので、P_3とP_4の値は同じである。

ここで新しく定義される変数は、機能活動間の相互依存性と組織能力の比較優位性に関連するものであり、質問票のセクションBとセクションCの項目がこれに当たる。機能活動間の相互依存性に関しては、原糸の開発・生産及び織物の開発・生産・販売という諸活動を対象に、**表6-1**や**図6-2**に見られるように、各ペアの機能活動間における相互依存性をI_1〜I_{10}という変数とした。ここでいう相互依存性とは、付録の質問票に記されている通り、各ペアの機能活動について、それぞれを担当する2つの部門が各自の活動を効果的に遂行するために、相互に緊密なコミュニケーションを取る必要があり、一方の活動に問題が発生する際に、両者間の調整によってその問題を解決する必要がある程度である。なお、相互依存性の程度は、第5章で原糸の差別化度を評価した同一の応答者が5段階のリ

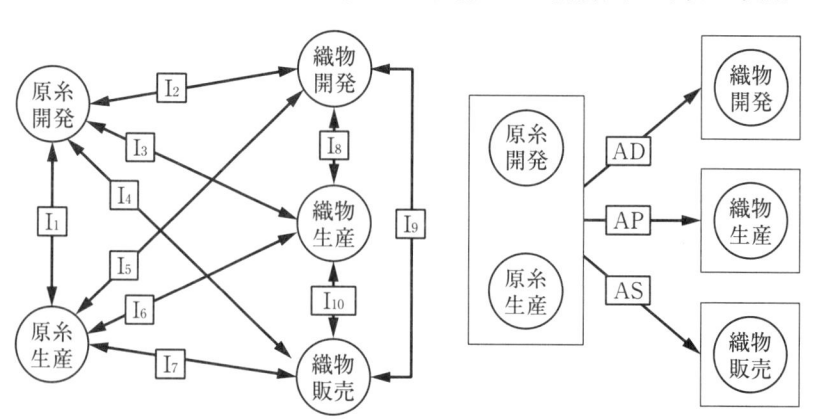

図6-2　機能活動間の相互依存性と組織能力の比較優位性に関する変数

（注）この図や本章で使われている変数名は質問票での質問項目名とは異なる。

カート・スケールで測った。

　そして、組織能力の比較優位性については、**表6-1**や**図6-2**の通り、対象の原糸が主に使われる織物の開発・生産・販売、それぞれの活動に対して、AD、AP、ASという変数を設定した。なお、その比較優位性を、各活動に関して、当該原糸メーカーが他社（産元商社及び総合商社・織布企業・染色企業）に比べて高い「付加価値／コスト」を実現できる能力を保持している程度とした。なお、上記の応答者がその程度を5段階のスケールで測った。尺度の値が「1」に行くほど他社優位、「5」に行くほど自社（原糸メーカー）優位である。

　以上の変数設定を行った上、原糸類型によって企業間システム類型が選択されるメカニズムを統計的に分析してみよう。本書の分析枠組みによると、賃加工システムとは、原糸メーカーが織物の開発と販売については内部取引を行い、織物の生産について外部取引を行うシステムであり、その中でも、PTシステムとは、織物生産について外部長期取引を、短期取引的賃加工システムとは、外部短期取引を行うシステムである。なお、短期取引的原糸販売システムとは、織物開発・生産・販売、全てに関して外部短期取引を行うシステムである。その上、各活動に対する取引形態は、機能活動間の相互依存性と組織能力の比較優位性、両方によって決定されることになる。以下の分析では、先に、内部取引・外部取引の選択を組織能力の比較優位性によって分析し、その後に、外部取引に対する短期取引・長期取引の選択を機能活動間の比較優位性によって分析することにしよう[5]。

　まず、内部取引・外部取引の選択に注目し、原糸類型によって、原糸販売システムまたは賃加工システムが選択されるという問題を分析してみよう。この問題は、織物の開発・生産・販売の各活動に関して、内部取引と外部取引のどちらを選択するかという問題であり、それは、組織能力の比較優位性という概念によって、次のように分析できる。

　織物に関連する3つの活動の中で、先に、織物生産に関して考察してみよう。質問票調査によると、東レと帝人の当事者は、織物生産に関しては、原糸の差別化度とは関係なく、自社が、他社特に織布企業や染色企業に比べて低い能力をもつと評価した[6]。その理由としては、織物生産に関わる人材の技術力、生産技術に関する情報、人件費、生産設備の調達及び稼働費、いずれにおいても、原糸メー

182 第6章 分析

カーは、織布企業や染色企業に比べて不利であることを取り上げている。このように、織物生産に関しては、原糸メーカーは原糸類型と関係なく、他社に比べて不利な能力を持っており、それ故、原糸販売システムや賃加工システム、いずれにおいても、原糸メーカーはその活動を外部に任せていると言える。

さて、原糸販売システムと賃加工システム間の相違は、織物開発・織物販売に対する取引形態の相違であり、前者はそれぞれの活動に対して外部取引が、後者は内部取引が採用されているシステムである。こうした相違を前提にした場合、原糸の類型によって、原糸販売システムまたは賃加工システムが選択されるのは、図6-3のように分析できる。図の右上は、原糸の差別化度と賃加工システム投入

図6-3 原糸の差別化度と賃加工システム投入比率との関係分析

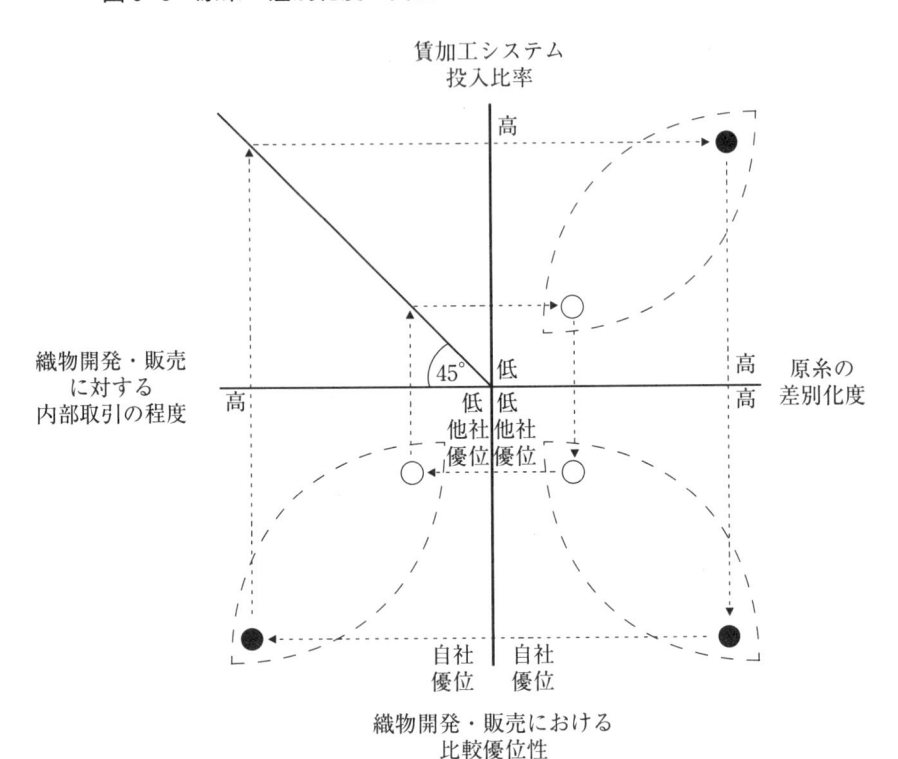

(注) ●は高差別化原糸の場合を、○は定番原糸の場合を表す。

比率との関係を表しており、その関係は第5章や上記で議論した通りである。つまり、図は、高差別化原糸は主に賃加工システムに、定番原糸は主に原糸販売システムに投入されていることを示している。

　こうした関係がなぜ成立しているかは、図の右下及び左下によって説明される。その状況を高差別化原糸と定番原糸に分けて分析すると、次の通りである。まず、高差別化原糸の場合は、右下に見られるように、原糸メーカーは織物開発・販売に関して、高い比較優位性を持っている。そして、第2章の図2-2のメカニズムによって、その優位性は、左下に見られるように、織物開発・販売、それぞれに対して高いレベルの内部取引をもたらす。織物開発・販売に対する内部取引は定義上賃加工システムを意味するので、その結果として賃加工システム投入比率は高いことになる。次に、同様のロジックで、定番原糸の場合は、織物開発・販売に対する他社優位、織物開発・販売に対する低いレベルの内部取引、その結果として低い賃加工システム投入比率という関係が成立する。高差別化原糸の場合と定番原糸の場合を統合して考えると、変数間には次のような関係が存在すると予想される。

　第1に、原糸の差別化度（CA）と織物開発・販売における比較優位性（AD・AS）との間に正の関係が予想される。なお、企業間の相違を表すものとして、東レの場合を0、帝人の場合を1とするダミー変数（D）を入れると、Dの係数としてはマイナスの数値が予想される。というのは、前記で東レは帝人に比べて高いレベルの織物開発・販売の能力を持っていると指摘したからである。このような変数間の関係はモデル6.1とモデル6.2として表すことができる。

　　モデル6.1：$AD = a + b_1 * CA + b_2 * D + e$
　　モデル6.2：$AS = a + b_1 * CA + b_2 * D + e$

　この2つのモデルの分析結果は、**表6-2**の通りである。表に見られるように、原糸の差別化度を表すCAの係数は、織物開発能力、織物販売能力、いずれの場合においてもプラスであり、しかも1％水準で有意である。そして、ダミー変数の状況を見ると、その係数は両方のモデルにおいてマイナスではあるが、織物販売能力の場合のみおいて、1％水準で有意である。この結果から、織物販売に関し

ては、原糸の差別化度に関わらず、東レは帝人より高い能力を持っていると言える[7]。

ところで、差別化度が中程度以上である原糸における両社間の状況を比較するために、恣意的にCAの値が2.5以上であるサンプルを対象にしたモデル6.3とモデル6.4を設定してみた。そうすると、表6-2の分析結果に見られるように、この場合には、織物販売のみならず、織物開発においても、東レが帝人より相対的に高い能力を持っていることが分かる。つまり、定番原糸の場合は、両社ともに不利な比較優位性を持っており、優位性の差は明確でないが、差別化度が中程度以上の原糸の場合は、その差が明確に現れているといえる。いずれにせよ、表6-2の分析結果から、原糸の差別化度と、織物開発・販売における比較優位性との間には正の関係があり、しかも東レは帝人に比べて相対的に高い能力を持っていることが確認された。

モデル6.3：AD = a + b_1*CA + b_2*D + e　　（CA≧2.5の場合）

モデル6.4：AS = a + b_1*CA + b_2*D + e　　（CA≧2.5の場合）

表6-2　原糸の差別化度と組織能力の比較優位性間の分析

モデル	6.1 (Y=AD)	6.2 (Y=AS)	6.3 (Y=AD)	6.4 (Y=AS)
切片	0.67*** (0.24)	1.67*** (0.21)	0.55 (0.38)	1.43*** (0.41)
CA	0.82*** (0.07)	0.68*** (0.06)	0.90*** (0.10)	0.76*** (0.10)
D	−0.27 (0.16)	−0.81*** (0.14)	−0.71*** (0.17)	−0.99*** (0.19)
R_2	0.71	0.74	0.68	0.63
観測数	74	74	53	53

（注）括弧内の数値は標準誤差。*はP値<0.1、**はP値<0.05、***はP値<0.01。

なお、質問票の応答者は、差別化原糸の場合、織物開発において自社が他社（商社や織布企業・染色企業）に比べて優位な能力を持っている理由としては、人件費や開発経費に関しては不利であるものの、開発人材の企画力、マーケットニーズに関する情報、過去の商品開発に関する情報等に関して有利であり、総合的に見

て自社優位であることを指摘している。また、織物販売に関する優位性の理由としては、人件費や販売経費に関しては不利であるものの、販売網、ブランド力、生産スペースに対する支配力等に関しては有利であり、総合的にみて自社優位であることを指摘している。

　第2に、織物開発・販売における比較優位性（AD・AS）と、織物開発・販売に対する内部取引の程度との間に正の関係が成立しているかについて分析してみよう。定義上、賃加工システムとは、織物開発・販売に対して内部取引が採用されるシステムである。それ故、両活動に対する内部取引の程度はともに、賃加工システム投入比率のP_4として表すことができる。従って、比較優位性と内部取引程度との関係はモデル6.5とモデル6.6として表せる。ちなみに、この関係は、原糸メーカーの状況とは関係なく成立するものであるので、企業ダミーの変数は含まれていない[8]。その分析結果を示す**表6-3**を見ると、AD、ASの係数はともに、プラスであり、1％水準で優位である。つまり、組織能力の比較優位性が内部取引・外部取引の選択に影響を与えるという**図2-2**の分析メカニズムが検証されているのである。

　モデル6.5：$P_4 = a + b_1 * AD + e$
　モデル6.6：$P_4 = a + b_1 * AS + e$

表6-3　組織能力の比較優位性と賃加工システム投入比率間の分析

モデル	6.5($Y=P_4$, $A=AD$)	6.6($Y=P_4$, $A=AS$)
切片	3.73 (8.55)	-20.85** (8.43)
A	19.06*** (2.54)	24.19*** (2.30)
R_2	0.44	0.61
観測数	74	74

（注）括弧内の数値は標準誤差。*はP値<0.1、**はP値<0.05、***はP値<0.01。

以上、原糸の差別化度によって、原糸販売システムまたは賃加工システムが採用されるメカニズムについて分析を行ったが、その内容は次のようにまとめられる。つまり、原糸の差別化度によって、織物開発・販売に対する原糸メーカーの比較優位性が決められ、その比較優位性によって、織物開発・販売に対する内部取引の程度、即ち原糸の賃加工システム投入比率が決まるということが究明された。

次に、長期取引・短期取引の選択に注目し、定番原糸の場合に原糸販売システムの中でも短期取引的原糸販売システムが採用され、高差別化原糸の場合に賃加工システムの中でも長期取引的賃加工システム、即ちPTシステムが選択されるメカニズムについて分析してみよう。本書の分析概念によると、織物に関連する活動に対する長期取引・短期取引の選択は、同活動と原糸メーカーのコア活動間の相互依存性の程度によることになる。つまり、相互依存性が低い場合は短期取引を、高い場合は長期取引が有効であることが図2-2で指摘された。以下では、こうした分析概念に基づき、まず、高差別化原糸の場合、織物生産分野に対する長期取引、つまりPTシステムが採用されることを究明し、次に、定番原糸の場合、織物開発・生産・販売分野に対する短期取引、つまり短期取引的賃加工システムが採用されることを究明することにしよう。

まず、高差別化原糸に対してPTシステムが採用されることを図6-4によって説明しよう。高差別化原糸の場合は、原糸メーカーが織物開発・販売に対しては内部取引を行い、織物生産に対しては外部取引を行うことが効果的であるということは前述の通りである。残された問題は、なぜ織物生産を長期取引的に任すかである。それは、図の右下に見られるように、原糸メーカーのコア活動と織物生産間には高い相互依存性があり、また、図の左下に見られるように、高い相互依存性を持つ活動に対しては、長期取引を行うことが効果的であるからである。なお、定義上、織物生産に対する長期取引の程度はPTシステム投入比率で表せる[9]。従って、図の右上に見られるように、高差別化原糸の場合はPTシステムへの投入比率が高いことになる。また、短期取引的賃加工システムが中程度の差別化原糸に対して見られることについては、これらの原糸の場合は相互依存性が高差別化原糸ほど高くない故、織物生産に関して短期取引が採用できるからである

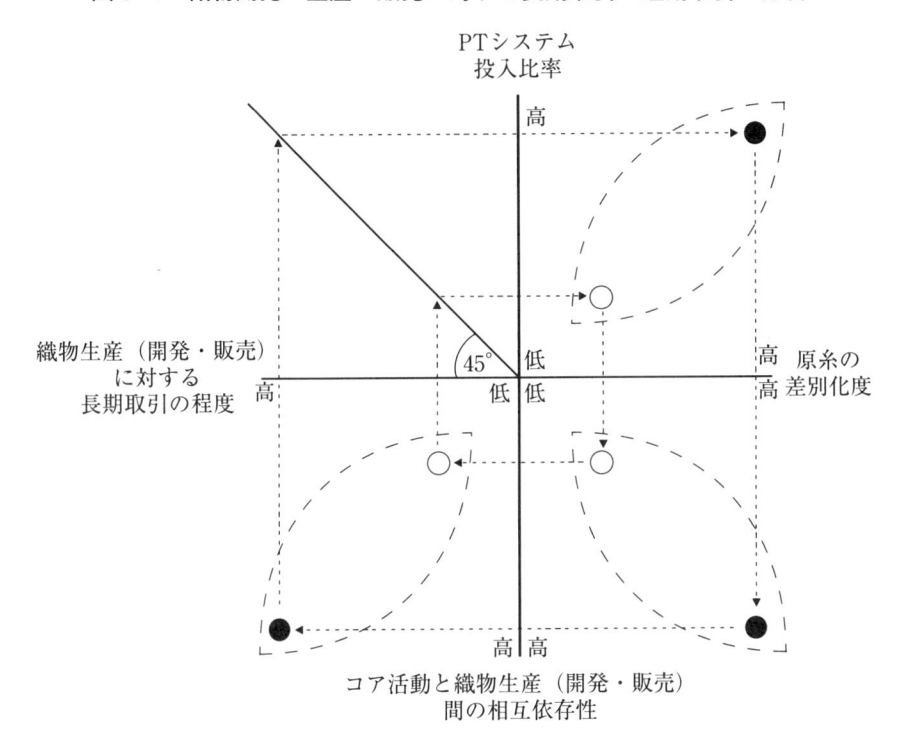

図6-4 織物開発・生産・販売に対する長期取引・短期取引の分析

(注) ●は高差別化原糸の場合を、○は定番原糸の場合を表す。

と説明できる。

　次に、定番原糸に対しては短期取引的賃加工システムが採用されることを説明しよう。定番原糸の場合は、原糸メーカーが織物の開発・生産・販売に対して外部取引を行うのが効果的であるということは、前記で説明した通りである。ここで、説明しなければならないのは、織物の開発・生産・販売を担う外部の企業となぜ短期取引的関係を持つかである。この3つの活動に対する短期取引は図6-4に見られるような変数間の関係によって次のように説明できる。定番原糸の場合は、織物開発・生産・販売のそれぞれの活動と原糸メーカーのコア活動との相互依存性が低い。このように相互依存性が低い場合は短期取引を行うのが効果的である。その結果、図の右上に見られるように、定番原糸の場合はそれぞれの活動

に対して短期取引を行い、その結果としてPTシステム投入比率が低いことになる。

上記の説明を質問票データに基づく統計的分析によって検証してみよう。まず、織物生産に関して分析してみよう。というのは、高差別化原糸と定番原糸両方において、原糸メーカーは同活動を外部の企業に任せているからである。その上、前者の場合は長期取引が、後者の場合は短期取引が採用されている。原糸の差別化度によって、このように取引の継続性が異なるのは、原糸メーカーのコア活動との相互依存性が異なるからである。前記の通り、原糸開発と原糸生産を原糸メーカーのコア活動であると前提しよう。そうすると、原糸開発をコア活動とした場合は、分析対象の相互依存性はI_3であり、原糸の差別化度と相互依存性との関係は、モデル6.7として表せる。また、原糸生産をコア活動とした場合は、分析対象の相互依存性はI_6であり、原糸の差別化との関係はモデル6.8として表せる。そして、その分析結果は表6-4の通りである。表に見られるように、CAの係数はプラスであり、1％水準で有意である[10]。つまり、定番原糸の場合は低い相互依存性が、高差別化原糸の場合は高い相互依存性が見られている。

モデル6.7： $I_3 = a + b_1 * CA + e$
モデル6.8： $I_6 = a + b_1 * CA + e$

表6-4　原糸の差別化度と機能活動間の相互依存性間の分析（織物生産の場合）

モデル	6.7（Y＝I3）	6.8（Y＝I6）
切片	0.82*** (0.24)	1.35*** (0.24)
CA	0.80*** (0.07)	0.67*** (0.07)
R_2	0.64	0.53
観測数	74	74

（注）括弧内の数値は標準誤差。*はP値<0.1、**はP値<0.05、***はP値<0.01。

なお、上記の相互依存性と、織物生産に対する長期取引の程度との関係について検証してみよう。織物生産に対する長期取引の程度をPTシステム投入比率（P_3）

として表すと、その関係はモデル6.9（原糸開発をコア活動とした場合）とモデル6.10（原糸生産をコア活動とした場合）として表せる。そして、その分析結果は**表6-5**の通りである。表に見られるように、いずれのモデルにおいても、相互依存性の変数の係数はプラスであり、1％水準で有意である。つまり、相互依存性の低い場合は短期取引が、高い場合は長期取引が選択されていると言えよう。また、こうした理由から、高差別化原糸の場合は、織物生産者と長期取引的関係をもつPTシステムが採用されていると言える。

モデル6.9：$P_3 = a + b_1 * I_3 + e$
モデル6.10：$P_3 = a + b_1 * I_6 + e$

表6-5　機能活動間相互依存性と長期取引程度間の分析（織物生産の場合）

モデル	6.9（$Y=P_3$, $I=I_3$）	6.10（$Y=P_3$, $I=I_6$）
切片	3.73 (8.55)	-20.85** (8.43)
I	19.06*** (2.54)	24.19*** (2.30)
R_2	0.44	0.61
観測数	74	74

（注）括弧内の数値は標準誤差。*はP値<0.1、**はP値<0.05、***はP値<0.01。

　以上、織物生産における相互依存性、それに伴う長期取引・短期取引の状況を考察したが、次は、原糸メーカーのコア活動と織物開発・販売間の相互依存性が原糸の差別化度によって異なることについて分析してみよう。織物開発・販売それぞれにおいて、相互依存性の変数は、コア活動を原糸開発とした場合はI_2、I_4であり、コア活動を原糸生産とした場合はI_5、I_7である。原糸の差別化度と各相互依存性の変数との関係はモデル6.11〜6.14のように表せる。そして、その分析結果は**表6-6**の通りである。表に見られるように、いずれの場合においても、相互依存性の係数はプラスであり、1％水準で有意である。つまり、織物の開発・販売の活動と原糸メーカーのコア活動間の相互依存性は定番原糸の場合は低く、高差別化原糸の場合は高いことが確認された。

モデル6.11: $I_2 = a + b_1 *CA + e$
モデル6.12: $I_4 = a + b_1 *CA + e$
モデル6.13: $I_5 = a + b_1 *CA + e$
モデル6.14: $I_7 = a + b_1 *CA + e$

表6-6 原糸の差別化度と組織能力の比較優位性間の分析

モデル	6.11($Y=I_2$)	6.12($Y=I_4$)	6.13($Y=I_5$)	6.14($Y=I_7$)
切片	−0.23 (0.17)	−0.24 (0.27)	0.11 (0.33)	0.37 (0.39)
CA	1.03*** (0.05)	0.89*** (0.08)	0.79*** (0.10)	0.62*** (0.12)
R2	0.84	0.63	0.48	0.27
観測数	74	74	74	74

(注)括弧内の数値は標準誤差。*はP値<0.1、**はP値<0.05、***はP値<0.01。

　上記のように、定番原糸の場合は、織物生産のみならず、織物の開発・販売という活動も、原糸メーカーのコア活動との相互依存性が低いことが分かった。そして、こうした低い相互依存性の故に、原糸メーカーはそれらの活動を行う企業と短期取引的な関係を持っていると言える[11]。なお、その結果として、定番原糸の場合は、原糸販売システムの中でも短期取引的原糸販売システムが採用されていると言える。

　以上の分析では、原糸メーカーのコア活動と織物開発・生産・販売間の相互依存性に注目したが、ちなみに他の相互依存性についても考察してみた。つまり、原糸開発と原糸生産間の相互依存性(I_1)、織物開発と織物生産間の相互依存性(I_8)、織物開発と織物販売間の相互依存性(I_9)、織物生産と織物販売間の相互依存性(I_{10})が原糸の差別化度によって、どのように変化するかについても分析が行われた。その分析によると、原糸開発と原糸生産間の相互依存性は原糸の差別度とは関係なく高いという結果が出た。こうした高い相互依存性の故に、原糸メーカーは両方の活動を社内で行っており、これらが原糸メーカーのコア活動になっているとも言える。また、織物に関わる活動同士間の相互依存性の場合は、特に、

I₈が定番原糸の場合は低く、差別化原糸の場合は高いことが示された[12]。差別化原糸の場合は、こうした高い相互依存性が、原糸メーカーが織物生産に対して長期取引を採用するもう1つの理由になっているとも言える。

最後に、織物の開発・生産・販売の各活動と原糸メーカーのコア活動との間の相互依存性が、それぞれの活動に対する原糸メーカーの比較優位性に及ぼす影響について考えてみよう。本書の分析枠組では、高い相互依存性が高い比較優位性につながるとは議論していない。というのは、ある活動が原糸メーカーのコア活動と高い相互依存性をもっているとしても、外部に原糸メーカーより高い能力を持っている企業が存在しうるからである。実際、織物生産の場合はこうした状況が見られている。つまり、差別化原糸の場合は、織物生産が原糸メーカーのコア活動と高い相互依存性を持っているにもかかわらず、同活動に対して原糸メーカーはPTに比べて優位ではない。但し、差別化原糸の場合、織物開発・販売と原糸メーカーのコア活動間の高い相互依存性が、原糸メーカーがそれらの活動に関して高い比較優位性を持っていることにある程度は影響していると言えよう。

2 PTシステム重要度のU字型的変化パターンに関する分析[13]

前節では、織物用合成繊維長繊維分野における企業間システムの現状を、主に差別化原糸がPTシステムに投入されることを中心に分析した。この節では、同製品分野においてPTシステムの重要度が歴史的にU字型的に変化してきたことについて分析してみよう。このパターンは、今日においては、原糸メーカーにとってPTシステムの重要度は高いことを意味し、少なくともこの状況は、前節での議論に従うと、次のように説明される。つまり、今日に原糸メーカーが生産する原糸の中の多くが差別化原糸であり、その結果としてPTシステムの重要度が高いと言える。このような解釈に基づくと、PTシステムの重要度のU字型的変化パターンに対する分析は、どのような歴史的経緯の下で今日の状況が生まれたかという問題に対する分析になる。以下では、先発メーカーである東レの場合を分析した後、織物用合成繊維長繊維産業一般の場合を分析する。なお、この分析には主に原糸メーカーと織布企業間の企業間システムに注目する[14]。

(1) 東レにおける変化パターンの分析

織物用合成繊維長繊維産業においてPTシステムの重要度がなぜU字型的変化パターンを示したのかを、東レのケースから分析してみよう。本書の分析枠組の図2-1においては、企業間システムは製品毎に選択されるものであり、その選択に影響を与える要因は機能活動間の相互依存性と、組織能力の比較優位性であると議論した。なお、組織能力の比較優位性の変化には歴史的要因が重要な影響を与えると議論した。この分析枠組に従うと、原糸メーカーにおける企業間システムが変化するのは、その企業が生産する原糸において、機能活動間の相互依存性と組織能力の比較優位性が変化するからであることになる。こうした分析枠組によって、歴史的にPTシステムの重要度が変化してきたことを、PTシステムの成立過程とその後の変化過程に分けて分析してみよう。

まず、東レにおいてPTシステムが成立された過程について分析してみよう。長期取引的賃加工システムであるPTシステムが東レにおいて採用されたのは、同社がナイロン長繊維の生産を本格的に開始してからである。但し、PTシステムの成立過程を見ると、先にレーヨン長繊維に対して賃加工システムが成立されていた状況の下で、新しい製品であるナイロン長繊維に対してPTシステムが採用されたのである。つまり、賃加工システムが先に成立した後に、PTシステムが成立したのである。それ故、PTシステムの成立過程を、レーヨン長繊維における賃加工システムの成立過程と、ナイロン長繊維における賃加工システムの長期取引化の過程に分けて分析してみよう。

先に、賃加工システムの成立過程を分析すると、次の通りである。賃加工システムの成立には、朝鮮動乱後の反動不況という歴史的要因は重要な影響を与えたと言える。レーヨン長繊維は戦前から生産されてきており、戦前に採用された企業間システムは短期取引的原糸販売システムであった。なお、戦時及び戦後の統制経済の後に、短期取引的原糸販売システムは再び復活した。ところが、朝鮮動乱後の反動不況を契機に、原糸メーカー、商社、織布企業における組織能力の状況は大きく変化することになった。その変化とは、商社や織布企業が織物の自主販売能力を失ったことである。つまり、それらの企業は資金難に陥り、原糸の購入代金さえ調達できない状況に陥り、その結果として、原糸メーカーがそれらの

企業に織物の賃加工を行わせ、織物の販売を自ら行わざるを得ない状況に陥ったのである。

　このように、レーヨン長繊維という製品自体は変化しなかったものの、不況という要因が、商社や織布企業における織物販売能力を低下させ、結果的に同活動に関して東レがそれらの企業に比べて相対的に優位な能力を持つ状況を生み出したのである。なお、この段階に成立された賃加工システムは短期取引的性格をもつものであった。その理由は、レーヨン長繊維自体の製品特性には変化がなかったからである。同繊維に対しては、従来から短期取引的原糸販売システムが採用されてきたが、これは、原糸自体が標準化されており、東レと織布企業間に緊密な調整を特に必要としなかったからであるといえる。つまり、レーヨン長繊維は、原糸の開発・生産と織物の生産との間の相互依存性が低い製品であったといえる。こうした製品特性は賃加工が成立した時にも変化したわけではないので、短期取引的賃加工システムが成立したといえる。

　こうした短期取引的賃加工システムが成立された状況の下で、ナイロン長繊維の生産が開始され、同製品に対してはPTシステムが採用されたのである。PTシステムの成立経緯は、本書の分析枠組によって、次のように分析できる。まず、織物の開発に関する状況を見ると、レーヨン長繊維における賃加工システムの場合は、織物の開発を必ずしも東レが行ったとは言えないが、ナイロン長繊維の場合は全く新しい製品である故、外部にその織物の開発ができる企業は存在せず、東レはその開発まで自ら行わざるを得なかったと言える。実際、東レは勝倉織布等外部の企業と共同開発を行うとともに、自社の金津工場を試験工場としながら、自社内で織物の開発を行ったのである。また、織物の販売に関しても、東レは自ら同活動を行わざるを得ない状況に置かれていたと言える。というのは、既に朝鮮動乱後の反動不況によって自主販売能力を失った商社や織布企業が、不確実性の高いナイロン長繊維織物を販売できる能力をもつことは到底可能でなかったと考えられるからである。このように、ナイロン長繊維の場合は、その織物の開発と販売、いずれにおいても、東レが商社や織布企業に比べて優位な能力を持っていたといえる。

　一方、東レは織物の生産に関しては、既に存在していた織布企業の生産能力を

活用する選択をした。それは、織物生産のための設備投資には膨大な投資が必要であり、当時の東レの資金能力ではこのような投資ができなかったからである[15]。仮に、そういう資金を調達できたとしても、織物の生産に関しては東レは既存の織布企業に比べて優位な能力を構築するのは難しかったと言える。というのは、1960年代前半における紡織部門からの撤退から見られるように、賃金等の生産コストの面で東レは不利な立場にあったと言える。東レは、織物生産に関するこうした不利な能力状況の下で、織物の生産は外部に任せたのである。

このような織物生産の外部委託と、自社内の織物開発・販売は賃加工システムを意味するが、東レはナイロン長繊維に関しては、従来のレーヨン長繊維に対して採用した短期取引的賃加工システムは採用せず、長期取引的賃加工システム、即ちPTシステムを採用したのである。その理由は、ナイロン長繊維の場合は、製織が技術的に難しかった故に、東レと織布企業相互の緊密な連携が必要であったからである。つまり、原糸の開発・生産と織物生産間には高い相互依存性があり、その相互依存性の故に、東レと織布企業間には長期取引が必要であったといえる。実際、東レは織物生産技術をPTに提供したのみならず、PTとの共同研究によって、新しい技術を蓄積したのである。なお、こうした技術が外部に漏れないためにも、PTという限定された企業のみに織物の生産を委託したのである。

以上で考察したように、ナイロンの場合は、織物開発・販売に関する東レの比較優位性、織物生産に関する織布企業・染色企業の比較優位性、さらに原糸開発・生産と織物生産間の高い相互依存性が、PTシステムを成立させる要因になったのである。なお、当時は織物用ナイロン長繊維の大部分はこうした状況であったので、東レは同原糸全てをPTシステムへ投入したのである。そして、この状況は1958年から生産開始されたポリエステル長繊維の場合も同様に言え、ナイロン長繊維で形成されたPTシステムがポリエステルにも採用されたのである。このように、ナイロン長繊維、ポリエステル長繊維、いずれにおいても、産業の生成段階には主にPTシステムが採用され、少なくとも1960年代前半までにおいては、PTシステムの重要度は極めて高かったと言える。

次に、PTシステムが確立した後における同システムの重要度の変化について分析してみよう。ナイロンとポリエステルの登場とともに確立したPTシステムがそ

の後縮小と拡大の経路を辿ったことは、原糸類型と企業間システム類型との間の適合性の問題として捉えることができる。まず、原糸を差別化度という基準によって定番原糸と差別化原糸に分類することにしよう(16)。この分類によると、定番原糸の場合は、原糸開発・生産と織物生産との間の相互依存性が低く、企業間の強い連携を必要としない故、東レは織物生産を短期取引的に外部に任せてもよいと言える。一方、差別化原糸の場合は、その相互依存性が高く、企業間の緊密な連携を必要とする故、長期取引を必要とすると言えよう。その上、社内に製織や染色のための大規模な設備を持たず、前記した歴史的経緯で外部に織物の自主販売能力の弱い織布企業が多数存在する状況の下では、東レは自社の織物販売能力が及ぶ範囲では賃加工システムによって織物を調達するのが効果的であると言える。

こうした状況において、東レは、織物としての付加価値の高い差別化原糸はPTシステムに投入し、差別化度の低い原糸に対しても自社の織物販売能力の範囲内では短期取引的賃加工システムによって織物を調達するのが効果的であったと言える。そして、自社の織物販売能力を超過する原糸の生産分は、織物としての付加価値の低い定番原糸を中心に、商社等に原糸販売するのが効果的であったと言える。こうしたロジックに従うと、東レにおけるPTシステムの重要度の低下と上昇は、以下に述べるように、原糸の製品戦略と企業間システム戦略との相互作用過程であったと言える。

ナイロン不況の1960年代半ばから1970年代半ばまでPTシステムの重要度が低下していった時期における状況をまず分析してみよう。この時期は合成繊維産業の高度成長期でもあったが、東レは原糸の生産拡大とコスト優位の戦略を取った。東レの場合、既に1963年頃から、拡大する原糸の生産量すべてを織物として販売することには限界が見られた。特に、PTに対する信用供与のために膨大な資金が必要であった。その上、1965年に訪れたナイロン不況によって、東レはPTの救済、織物在庫の処分に大きな犠牲を払った。これらの一連の過程は、東レの原糸生産量の増加に織物販売力が追い付かなかったことに起因したが、その状況は、ナイロン不況が終わった後に本格化する。

こうした状況の下で、東レはまず、自社の織物販売能力範囲内においては、従来通り、原糸を賃加工システムへ投入した。但し、その場合も、差別化度の高い

ものをPTシステムに、比較的差別化度の低いものを短期取引的賃加工システムに投入したのである。そして、自社の織物販売能力を超過する部分に関しては原糸販売を行った。産業生成段階には技術的に織物の生産や開発が難しかった合成繊維原糸も、その後の技術の向上や普及によって、この時期にはかなりの量の原糸が定番原糸化した。東レは主に、こうした定番原糸を原糸販売に投入したのである。なお、原糸販売が可能であったのは、従来の賃加工体制から脱皮し、自主販売の戦略を取った産元商社を中心とした企業が外部に登場したからである。以上のように、コスト優位戦略に基づく原糸生産の拡大は、いわゆる差別化原糸が原糸全体に占める比率を低め、その結果として、PTシステムの重要度が低下し、その代わりに、原糸販売システムや短期取引的賃加工システムの重要度が増加したと言える。

　ところが、状況は第1次石油危機を契機に大きく変化することになる。同危機の後に、定番原糸やその織物の国際競争力は低下し、特に、自主販売路線に走った大部分の産元商社は破綻することになった。その上、1978年から始まった産業政策の下では、原糸メーカーは原糸の増産ができなくなった。こうした状況で東レが選択した戦略は、織物事業の拡大と原糸の特品化戦略であった。

　東レは、テキスタイル開発センターを中心に社内の織物開発部門を強化するとともに、分社化された東レテキスタイルの本社復帰に見られるように、社内のテキスタイル販売部門を強化した。東レにおける織物の開発・販売分野に対する強化政策は、原糸の販売先であった産元商社の没落と重なって、同分野における東レの比較優位性を一層高めたと言える。その上、原糸の特品化戦略の中で生まれた差別化原糸や合理化原糸は、原糸の開発・生産と織物生産との相互依存度が高いものになり、原糸メーカーと織布企業・染色企業との間の緊密な連携を必要としたのである。つまり、特品原糸の場合はPTシステムを必要としたのである。なお、原糸の生産量の中で占める特品原糸の比率の増加は、原糸のPTシステムへの投入比率を高め、それは企業間システムとしてのPTシステムの重要度を高めたのである。

(2) 織物用合成繊維長繊維産業一般における変化パターンの分析

PTシステムが原糸メーカー及び商社・織布企業・染色企業の能力状況とそれらの企業の活動間の相互依存性の変化によって生成、変化されたという上記の解釈は、東レ以外の原糸メーカーにおけるPTシステム、さらに産業レベルにおけるPTシステムの変化に対する分析にも応用できると考えられる。但し、本書では、東レ以外の原糸メーカーにおけるPTシステムの内容については具体的に考察しなかったので、ここでは、各社における賃加工システム投入比率の推移を示した第4章の図4-4を参考にしながら、他社の状況について簡単に分析してみよう。

まず、図4-4に見られたように、合成繊維事業の初期段階には、いずれの原糸メーカーにおいても、賃加工システム投入比率は高い。賃加工システムをPTシステムと見なすならば、原糸メーカーは原糸のほとんどをPTシステムに投入したことになる。つまり、各社は、東レの場合と同様に、最初は技術的不確実性の高い原糸を市場に販売することはできず、既存の商社や織布企業を組織し、それらの企業に賃加工を行わせることで合成繊維事業を展開したのである。なお、図において、1965年時点で賃加工システム投入比率が先発メーカーの場合が後発メーカーの場合より低いのは、前者は既に生産初期段階を経験したからであると考えられる。

次に、第1次石油危機以前までの産業の高度成長期には、東レ以外の原糸メーカーも産元商社を積極的に活用しながら、原糸販売システムへの依存度を高めていったと言える。その結果として、各社における賃加工システム投入比率は軒並み低下している。そして、第1次石油危機後の産業政策は東レのみならず、他の原糸メーカーにも同様に増産の機会を与えず、その状況の下で他社も織物事業の拡大や原糸の差別化戦略を採択する方向へ転じた[17]。その結果として差別化原糸に適するPTシステムの重要度が、図に見られるように、各社において類似した変化パターンを示したと言える。

一方、図4-4におけるナイロン長繊維とポリエステル長繊維の状況を簡単に比較してみよう。図に見られるように、1970年代半ばまでは、全社合計の場合の賃加工システム投入比率はナイロンの場合とポリエステルの場合においてそれほど差がない。しかし、1980年代以後における同比率を見ると、ポリエステルの場合

がナイロンの場合よりかなり高い。これは、第1次石油危機以後は織物用原糸の主役がナイロンからポリエステルに代わったのみならず、原糸の差別化も主にポリエステルを中心に行われたためであると解釈できる。つまり、量的成長が見込めず、しかも技術革新の可能性が低くなったナイロンに関しては、PTシステムに依存する誘因は小さいと言えよう。この傾向は特に1990年代により明確になっており、東レ以外、ナイロンの生産量の少ない企業において鮮明に表れている。

以上の分析から、織物用合成繊維長繊維産業におけるPTシステムの生成と変化には、企業間システムに関わる企業の能力状況と、企業の機能活動間の相互依存性が重要な影響を与えたと言える。まず、PTシステムの一要素である賃加工システムは、織物の生産に関しては織布企業が、その開発と販売に関しては原糸メーカーがそれぞれ能力を分担することによって成り立つものである。次に、賃加工システムの中における長期取引は、原糸メーカーの活動と織布企業の活動との間の相互依存性が高い時に成り立つものである。そして、これらの要因に決定的に重要な影響を与えたのは、原糸メーカーの製品戦略や歴史的要因であったと言える。

3 企業間システムの製品分野間相違に関する分析

最後に、製品分野別企業間システムの相違に注目し、PTシステムがなぜ合成繊維長繊維分野のみに顕著に見られてきたかについて分析してみよう。企業間システムに関するこの第1の事実は、言い換えると、PTシステムは、レーヨン長繊維とレーヨン及び合成繊維短繊維にはあまり見られないことであり、ここではその理由について考えて見よう。本書においては、合成繊維長繊維以外の製品分野における企業間システムに関する考察は、この第1の事実を具体的に分析するほどの十分な内容ではない。それ故、ここでは、本書の分析枠組による概略的分析を行うことに止める。以下では、まず、なぜレーヨン長繊維ではPTシステムが成立しなかったかを分析し、その後に、短繊維と長繊維の相違に注目し、レーヨン及び合成繊維短繊維においてなぜPTシステムが積極的に構築されて来なかったかを分析する。

(1) レーヨン長繊維における企業間システムの分析

　長繊維分野におけるレーヨンと合成繊維の相違に注目し、PTシステムがなぜレーヨン長繊維の場合は顕著に見られなかったかを分析してみよう。この2つの製品分野に対する企業間システムの構成企業は連続性を持っている。つまり、戦前のレーヨン長繊維メーカーの大部分が戦後に合成繊維長繊維メーカーに転換し、戦前のレーヨン長繊維織物生産者の多くが、戦後に合成繊維長繊維織物生産者に転換したのである。このように、取引主体の連続性があるにもかかわらず、戦前や戦後のレーヨン長繊維の場合はPTシステムがあまり採用されなかった。これは、本書の分析枠組に従うと、企業間システムに関わる取引主体の組織能力の状況と、原糸が持っている製品特性が、レーヨンと合成繊維では異なっていたからであると言える。

　レーヨン長繊維は戦後も生産されたが、同産業の全盛期は戦前であったので、先に戦前の状況に注目してみよう。まず、この時期における取引主体の組織能力に注目してみよう。戦前には、商社は原糸の販売、即ち原糸の流通において主導的な役割を果たした。レーヨン長繊維の2大メーカーである帝人と東レはそもそも商社によって設立された企業である。つまり、それぞれが鈴木商店と三井物産によって設立されたのである。こうした設立経緯から、これらの原糸メーカーの場合は、原糸販売以降の活動は商社に任せて、自社は原糸の開発や生産に止まったのである。なお、他の原糸メーカーの場合も、日本レイヨン、倉敷絹織（後の倉敷レーヨン）、昭和レーヨン（後に東洋紡績に吸収）の例に見られるように、綿紡績メーカーによって設立されており、原糸の流通には、伊藤忠や丸紅等の綿糸商が主導的な役割を果たしていた。これらの商社は原糸メーカーの特約店になり、また特約店は産地の糸商に原糸を販売していたのである。その結果、原糸メーカーが織物に関連する活動に介入する余地はほとんどなく、それ故に成立した企業間システムが原糸販売システムであった。

　次に、戦前におけるレーヨン長繊維の製品特性に注目すると、同原糸はその特性が標準化された製品であったといえる。原糸メーカーがレーヨン長繊維の生産を開始した初期における状況については、議論のための資料が乏しい。しかし、少なくとも1930年代の状況を見ると、同製品は取引所で取引されるほど標準化さ

れていた製品であったといえる。こうした特性をもつ原糸は、本書の分析枠組によると、原糸の開発・生産と織物の開発・生産・販売間の相互依存性は非常に低い製品であったと言える。それ故、原糸メーカーが、織物の開発・生産・販売を行う企業と緊密な連携を採る必要はなかったと言える。その結果、戦前のレーヨン長繊維の場合は、原糸販売システムも短期取引的性格をもつもので十分であったと言える。

ところが、レーヨン長繊維に構築された企業間システムは、日本が戦時体制に突入することによって大きく変化することになった。戦時及び戦後の統制体制の中における企業間システムは異例なものであり、それは計画経済下の企業間システムであったと言える。その時には、原糸及び織物の生産と流通は、全て統制機関の指示によって行われ、企業の自主的な判断の余地は小さかったと言えよう。

そして、1950年前後に戦後統制が解除されることによって、再び自由経済は復活することになった。統制解除後の企業間システムの状況は、本書の分析枠組によると、次のように分析できる。まず、取引主体の組織能力の変化として最も注目すべき点は、朝鮮動乱後の反動不況による商社や織布企業の織物販売能力の低下であったと言える。経済統制が解除されてから、商社を中心とした原糸の市場取引は復活したが、それは長く続かず、朝鮮動乱後の反動不況の中で、原糸流通における商社の役割は大きく低下することになった。しかも、商社から原糸の調達をしていた織布企業もその反動不況の中で、織物の自主販売能力を失うことになった。こうした状況の中で、商社や織布企業の要請で賃加工システムが始まり、織物の販売を原糸メーカーが担うことになった。

但し、レーヨン長繊維の場合は賃加工システムは成立したものの、原糸の製品特性自体が大きく変化したわけではない。つまり、賃加工システムが採用されたからと言って、原糸開発・生産と織物生産間の相互依存性が高くなったわけではない。それ故、レーヨン長繊維においては、原糸メーカーと織物生産者間の緊密な連携は必要とせず、賃加工システムはあくまでも短期取引的なものであった。しかも、原糸生産量の一部が賃加工システムに投入され、依然として原糸販売システムが併存したのである。

(2) レーヨン及び合成繊維短繊維における企業間システムの分析

次に、短繊維においてなぜPTシステムが成立しなかったことについて考えてみよう。短繊維の場合は、戦前のレーヨン短繊維、戦後の合成繊維短繊維、いずれにおいても、部分的な垂直統合があったものの、基本的には短期取引的原綿販売システムが主たる企業間システムであったと言える。

まず、戦前のレーヨン短繊維における状況を見てみよう。第3章の**表3-7**で考察したように、短繊維メーカーの中には、日東紡、東洋紡、大日本紡等、紡績メーカーが多く含まれていた。これらの紡績メーカーは自社の紡績設備を活かすために、レーヨン短繊維分野に進出したので、それらの企業が自社の短繊維を自社の紡績設備に投入することは、ある意味では当然なことであったと言える。一方、帝人、東レ等のような非紡績系企業の場合は、自社の原綿をレーヨン糸商や綿糸商へ販売したが、これは、前記のレーヨン長繊維の場合と同様に、戦前には商社が原糸のみならず、原綿の流通においても主導的な役割を果たしたからであると言える。このように、レーヨン短繊維の場合も、商社が原綿販売における優位な能力を持っていたので、原綿販売システムが成立していたといえる。その上、レーヨン短繊維は、同長繊維と同様に、標準化された製品である故、原綿販売システムは短期取引的性格を持っていたと考えられる。

なお、戦後は、多くのレーヨン短繊維メーカーが同分野から撤退し、今日まで存在し続ける企業は紡績兼業メーカーである。それ故、戦後においても、第3章の**図3-10**に見られたように、他の化学繊維分野の場合に比べて、垂直統合システムの程度が高い。なお、戦後は、長繊維の場合と同様に、原綿流通における商社の役割は大きく低下した。それと共に、1950年代には短繊維メーカーが零細な紡績メーカーに対して賃加工（賃紡）を行うケースも生まれた。しかし、同製品分野における賃加工の程度は、**図6-5**の1960年、1970年、1990年の状況に見られるように、レーヨン長繊維の場合に比べてかなり低い。これは、レーヨン紡績糸メーカーの中には、戦後、紡績糸の販売能力を失った企業はあったとしても、全体的に見ると、**表6-7**に見られるように、企業規模が長繊維織物業者ほど小さくなく、それ故、独自の販売能力を維持し続けた企業が多く存在したからであると考えられる。これらの理由で、同製品分野では、戦後においても垂直統合システム

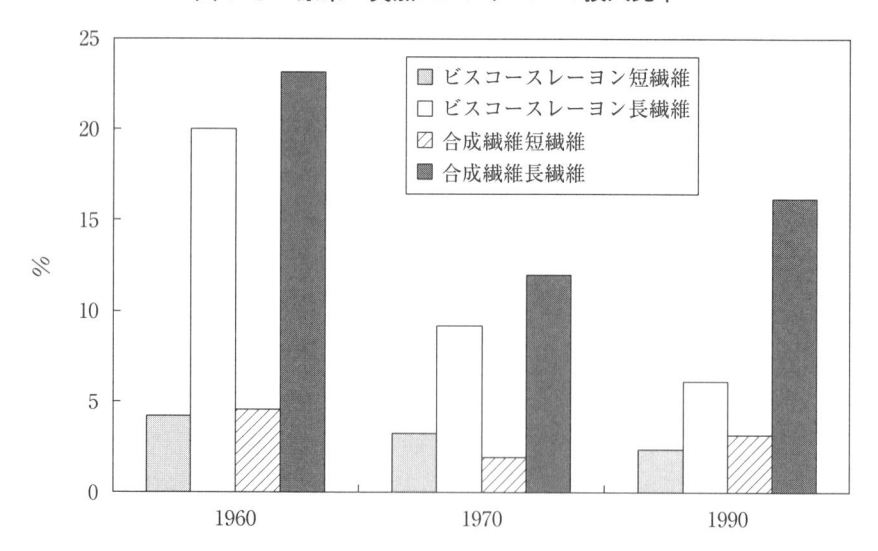

図6-5 原糸の賃加工システムへの投入比率

凡例：
- ビスコースレーヨン短繊維
- ビスコースレーヨン長繊維
- 合成繊維短繊維
- 合成繊維長繊維

(注)図3-9のデータを使って、1960年、1970年、1990年の状況のみを示したものである。なお、図の解釈における注意点については、図3-9を参照せよ。
(出所)各年の「繊維統計年報」データをベースにして筆者が作成

や原綿販売システムが主たる企業間システムであったと言える。

最後に、戦後の合成繊維短繊維分野における企業間システムについて分析してみよう。合成繊維短繊維は、同長繊維と同様に、合成繊維メーカーにとっては新しい製品であった。それにもかかわらず、短繊維の場合にPTシステムが採用されなかったのは、次のように説明できるであろう。ポリエステル短繊維の主な用途は綿混用であり、その場合の取引相手は大手紡績メーカーがある。それらの企業は不確実性の高い合成短繊維に対しても、自社内でその紡績糸の開発・生産・販売を行えるほど十分な能力をもっていたと言える。それ故、合成繊維短繊維メーカーは紡績糸の開発以降の活動を紡績メーカーに任せて、原綿販売システムを採用したと言える。合成繊維短繊維メーカーとその紡績糸メーカー間の能力格差が、合成繊維長繊維の川上・川下企業の場合に比べて、低いことは表6-7からも間接的に確認できる。それ故、合成繊維短繊維分野では、図6-5に見られるような一部の賃加工(賃紡)はあったとしても、原綿販売システムが主たる企業間システム

表 6-7 短繊維と長繊維における川上企業及び川下企業の能力状況

年	製品分野	川上企業 対象企業	事業所数	平均従業員数	平均有価固定資産額（百万円）	川下企業 対象企業	事業所数	平均従業員数	平均有価固定資産額（百万円）
1960	レーヨン短繊維	レーヨン製造業	22	2,445	475	化学繊維紡績業	95	448	515
	レーヨン長繊維	レーヨン製造業	22	2,445	475	絹人絹織物業	7,512	20	1
	合繊短繊維	合成繊維製造業	12	1,695	1,194	化学繊維紡績業	95	448	515
	合繊長繊維	合成繊維製造業	12	1,695	1,194	絹人絹織物業	7,512	20	1
1970	レーヨン短繊維	レーヨン製造業	13	1,219	2,451	化学繊維紡績業	334	259	340
	レーヨン長繊維	レーヨン製造業	13	1,219	2,451	絹人絹織物業	31,613	6	4
	合繊短繊維	合成繊維製造業	61	879	4,654	化学繊維紡績業	334	259	340
	合繊長繊維	合成繊維製造業	61	879	4,654	絹人絹織物業	31,613	6	4
1990	レーヨン短繊維	レーヨンアセテート製造業	14	342	5,308	化学繊維紡績業	196	96	555
	レーヨン長繊維	レーヨンアセテート製造業	14	342	5,308	絹人絹織物業	3,332	13	37
	合繊短繊維	合成繊維製造業	81	254	5,014	化学繊維紡績業	196	96	555
	合繊長繊維	合成繊維製造業	81	254	5,014	絹人絹織物業	3,332	13	37

（注）1960年は、4人以上の事業所を対象。1970年は全事業所を対象、但し、有形固定資産額（年末）の総額は10以上の事業所を対象とするものであるが、その平均値の計算に使った事業所数は全事業所を対象。1990年は、4人以上の事業所を対象、但し、有形固定資産額（年末）の総額は10以上の事業所を対象とするものであるが、その平均値の計算に使った事業所数は4人以上事業所を対象。
（出所）工業統計表の各年のデータから作成。

であったと言える。

　なお、原綿販売システムにおける取引継続性についてみると、合成繊維短繊維の場合は、同産業生成初期には、技術的不確実性の故に、短繊維メーカーと紡績メーカー間の緊密な連携があったことは否めない。しかし、その後の状況を見ると、合成繊維短繊維の代表であるポリエステルの場合、その主たる用途は綿混用であり、同混紡糸の開発・生産と、ポリエステル短繊維の開発・生産との間の相互依存性は低いものであったと考えられる。その故、同製品分野には相互連携の必要性が低い短期取引的原綿販売システムが採用されたと考えられる。しかも、同製品分野は新しい技術開発の余地が少なかったため、国際競争に早く追われ、日本国内での生産は第1次石油危機の後に急速に縮小されることになったのである。

---

(1) この部分の記述は、李（1999ｂ）の一部の内容を元に改稿したものである。
(2) 商社による賃加工発注の場合には、織物の開発は商社と賃加工先の織布企業や染色企業が共同で行う場合が多い。
(3) 1997年7月29日、東レの繊維事業企画管理部長、三本木伸一氏（以下、氏名省略）に対するインタビューによる。
(4) 1997年11月18日、帝人の繊維企画管理部長、古川博氏に対するインタビューによる。
(5) 分析の順序を逆にし、長期取引・短期取引の分析を行った後に、内部取引・外部取引の分析を行ってもよいが、内部取引の場合は長期・短期の区分ができないので、内部取引・外部取引の分析を先に行うことにした。
(6) APの値を、東レの当事者は全ての対象原糸に対して「1」と応答し、帝人の当事者は、3つの差別化原糸のみに対して「2」と応答し、他の全ての原糸に対して「1」と応答した。
(7) 分析結果は、直接的には、東レの他社に対する比較優位性が帝人のそれに比べて高いということを示しているが、これを持って、織物販売に関して、東レが帝人に比べて相対的に高い能力を持っていると類推できる。この類推は織物開発に関しても同様に適用できる。
(8) 企業ダミーの変数を取り入れた分析においても、織物開発、織物販売、いずれの場合も、ダミー変数の係数は1％水準では優位でない。

(9) ある品種の原糸において、PTシステムに投入されないものは、短期取引的賃加工システムまたは短期取引的原糸販売システムに投入されることになるが、この2つのシステムにおいては、原糸メーカーが織物生産者と短期取引をしている。それ故、ある品種の原糸におけるPTシステム投入比率は、織物生産に関する長期取引の程度を示しているといえる。

(10) 原糸の差別化度と相互依存性との関係は原糸メーカーに関係なく成立するものであると考えられるので、各モデルでは東レ、帝人両方のデータを使用した。各社別に対しても分析を行ったが、その結果は両社集計の場合と変わっていない。

(11) 但し、織物開発・販売に関わる相互依存性が、それぞれの活動に対する長期取引・短期取引の選択に与える影響を直接に検証することはできなかった。というのは、相互依存性の高い原糸の場合は、賃加工システム、即ち織物開発・販売に対する内部取引が行われており、その内部取引に関しては長期取引・短期取引の区分ができないからである。

(12) 織物開発と織物販売間の相互依存性も原糸の差別化度と正の関係があり、織物生産と織物販売間の相互依存性は原糸の差別化度に関わらず低くないという分析結果が出たが、この結果に対する解釈は本書では省略する。

(13) この部分の記述は、李（1999 a ）の一部の内容を基に大幅に改稿したものである。

(14) 原糸メーカーと染色企業との関係についても類似の分析ができるが、ここでは省略する。

(15) 当時の状況では、大まかに言って、10トンの原糸を生産するのにかかる資金が1とすれば、その織布と染色を行うために必要な設備投資資金は、それぞれ2、2程度であったと言われる（1997年7月7日、東レの繊維事業企画管理部長とのインタビューによる）。

(16) 但し、この場合の分類基準は固定的なものではなく、原糸が生産される当時の原糸メーカーや織物生産者の技術水準によって変化するものである。例えば、ある時期においては差別化原糸であった原糸も、その後は企業の技術水準の向上によって定番原糸になることが十分ありうる。つまり、こうした分類は、当該時期における技術水準を反映した分類である。

(17) ここでは、原始メーカー間に一種の同型化現象が見られている。制度主義的同型化についてはDiMaggio & Powell (1983)を参照せよ。

第 7 章　終　　章

1　本書の要約

　本書の研究目的は、日本の化学繊維産業において、原糸メーカーが川下分野に対して構築してきた様々な企業間システムを考察し、原糸メーカーがなぜそのような企業間システムを選択したかを、製品特性と組織能力の観点から分析することであった。より具体的には、次の3つの事実を説明することであった。その事実とは、第1に、系列システムの一種であるPTシステムが、化学繊維の様々な製品分野の中で、合成繊維長繊維分野のみに顕著に見られること、第2に、合成繊維長繊維分野においても、PTシステムの重要度は、産業規模の変化パターンとは逆に、高・低・高というU字型的変化パターンを示したこと、第3に、今日の合成繊維長繊維分野において、PTシステムに投入される原糸は主に差別化原糸であることである。

　企業間システムの選択に関するこうした原糸メーカーの行動を分析することには、まず、既存理論による分析を試みた。既存理論として、文化論、比較制度分析論（現代日本経済システム戦時源流説）、二重構造論、取引コスト論、関係特殊的機能論を取り上げ、それぞれの理論によって、原糸メーカーの行動を説明することにした。その結果、既存理論は、原糸メーカーの行動を部分的には説明するが、3つの事実全てを包括的に説明することには至らないことを議論した。

　こうした既存研究の限界を踏まえて、本書では、取引コスト論が注目する製品特性と、関係特殊的機能論が注目する組織能力に注目し、製品特性と組織能力、両方を考慮する分析枠組を提示した。同分析枠組においては、企業間システムは、複数の機能活動に対する取引形態の組合せであり、各取引形態は、製品特性の要因である機能活動間の相互依存性と、組織能力の要因である組織能力の比較優位性によって決められるということを議論した。

そして、原糸メーカーの行動を分析する前に、企業間システムの選択に関して、原糸メーカーが実際行ってきた行動を、3つの章で詳しく考察した。こうした考察を踏まえた上で、原糸メーカーの企業間システムの選択に関する上記の3つの事実を、本書の分析枠組によって、次のように分析した。

第1に、PTシステムがレーヨン長繊維と、レーヨン及び合成繊維の短繊維にはあまり見られず、合成繊維長繊維のみに顕著に見られるという事実に対しては、本書の資料だけでは本格的な分析ができないという限界があるものの、次のような分析を行った。

まず、PTシステムがレーヨン長繊維には採用されなかったことについては次のように分析した。戦前のレーヨン長繊維の場合は、原糸メーカーと織布企業の間で商社が原糸の流通に主導的な役割を果たし、しかも、同繊維は製品が標準化されていたので、原糸メーカーは、織物に関わる活動に関与する必要もなく、それらの活動を行う企業と緊密な連携を採る必要もなかった。その結果として成立したのが短期取引的原糸販売システムであった。なお、戦後は朝鮮動乱後の反動不況の中で、織物の自主販売能力を失った織布企業を救済する形で賃加工システムが形成されたが、それは短期取引的性格のものであり、同システムの採用も部分的であった。

次に、レーヨン及び合成繊維の短繊維分野においてもPTシステムが成立しなかったことについては、紡績糸メーカーの多くは戦前からの大企業であり、短繊維メーカーが紡績糸の開発や販売において紡績糸メーカーに比べて優位な組織能力を持っているとは限らないことを議論した。それ故、短繊維メーカーが賃加工システムを採用せず、主に原綿販売システムを採用するとともに、紡績兼業短繊維メーカーは自社の紡績設備を活かすために部分的な垂直統合システムを採用したと議論した。しかも、短繊維の開発・生産と紡績糸の開発・生産との間の相互依存性が低いので、原綿販売システムは短期取引的であると議論した。

第2に、合成繊維長繊維分野においてもPTシステムの重要度がU字型的変化パターンを示したことについては、次のような分析を行った。その分析では、先発メーカーである東レのケースに対する分析を先に行い、同社に見られた行動パターンが他の原糸メーカーにおいても類似な形で見られ、その結果として産業全

体としても、PTシステムの重要度がU字型的変化パターンを示したと議論した。東レのケースに関する分析は以下の通りであるが、その分析では、産業の進化に伴う東レの製品戦略が企業間システムの変化に重要な影響を与えたと議論した。

　まず、産業の生成段階における状況を見ると、朝鮮動乱後の反動不況によって繊維商社や織布企業が織物の自主販売能力を失い、原糸メーカーが賃加工システムによって織物販売までを行わざるを得なくなった。こうした歴史的初期条件を持ちながら、東レは合成繊維長繊維事業を開始した。しかも、当時の合成繊維は技術的に見て製織や染色が難しい繊維であり、原糸の開発・生産と織物の開発・生産間には高い相互依存性が存在する製品であった。それ故、同産業の生成期には、東レは企業間システムとしてPTシステムを採用した。

　ところが、1960年代半ばから第1次石油危機発生以前までの産業の成長期においては、合成繊維長繊維の製織や染色は技術的に容易になり、しかも東レは、コスト優位戦略の下で原糸の生産を拡大していった。この製品戦略の下では、東レは、増産した原糸の全てを自社の責任で織物化することには限界があり、しかも技術指導無しで一般の織布企業や染色企業が織物を生産することが可能になった。その結果、自社の織物販売能力を超過する部分については主に定番原糸を中心に原糸販売システムを採用し、しかも賃加工の中でも短期取引の部分を拡大させた。これらの代替的システムの拡大によって、この時期にPTシステムの重要度は低下することになった。

　しかし、東レの原糸生産拡大の戦略は第1次石油危機の後に後退する。同社は1970年代後半からは、原糸増産が規制された環境の下で、織物事業に重点を置くとともに、原糸の差別化戦略を推進した。差別化原糸の場合は、原糸の開発・生産は特定の織物の開発・生産を前提として行われており、それ故、原糸の開発・生産と織物の開発・生産との間の相互依存性が高い。その結果、東レは、織物の開発と販売に関する自社の能力を活かしながら、織布企業及び染色企業との緊密な相互調整を前提とするPTシステムを強化してきた。

　第3に、今日、PTシステムが主に差別化原糸に対して採用されるという事実に関しては次のように分析した。この分析においては、東レと帝人のケースを取り上げ、当事者に対するインタビュー内容による分析と、質問票調査による分析を

行った。同分析では、両社ともにおいて、原糸の類型によって、異なる企業間システムが採用されることを分析し、両社間の相違点についても若干議論した。

まず、原糸類型と企業間システム類型間の関係については、原糸を定番原糸と差別化原糸に分類し、定番原糸の場合は短期取引的原糸販売システムが、差別化原糸の場合はPTシステムが採用されることを確認した。なお、短期取引的賃加工システムに全面的に投入される原糸は存在しないが、同システムは、主に中程度の差別化原糸を対象にし、PTシステムに対する補完的システムとして利用されることを確認した。そして、原糸の類型と企業間システム類型間のこうした関係は、各原糸類型において、織物開発・生産・販売というそれぞれの機能活動に対する原糸メーカーの比較優位性と、それらの活動が原糸メーカーのコア活動に対してもつ相互依存性によって説明されると分析した。特に、差別化原糸の場合は、原糸メーカーは織物開発・販売に対して高い比較優位性をもっており、しかも、原糸開発・生産と織物生産との間に高い相互依存性が存在する故、PTシステムが採用されると分析した。

次に、原糸メーカー間の相違に関しては、東レが帝人に比べて、より積極的にPTシステムを採用し、しかも短期取引的賃加工システムをも依然として活用していることを指摘した。この相違は、東レが織物開発や販売に関して、帝人が原糸販売に関して、相対的に高い能力をもつことに起因し、この能力上の相違は両社における歴史的経緯に起因すると分析した。

2　インプリケーション

本書では、化学繊維産業における原糸メーカーの企業間システムを考察し、その中でも系列システムの一種であるPTシステムが存在してきた状況と、その状況の理由に対する理論的分析を試みた。ここでは、この分析から得られる実践的また理論的インプリケーションについて考えてみよう。

(1)　実践的インプリケーション

本書の実践的インプリケーションとしては次の2つの点が取り上げられる。第1に、PTシステムのもつ構造的特性を分析することは、系列システム構造の多様

性に関する我々の理解を深めてくれる。というのは、素材メーカーにおける対川下系列システムとして位置づけられるPTシステムは、加工組立メーカーにおける系列システムとは異なる構造を持っているからである。第2に、系列システムの一種であるPTシステムの形成や変遷過程に関する考察は、日本における系列システム一般の有効性に関する我々の理解を深めてくれる。以下では、この2つのインプリケーションについてそれぞれ考察してみよう。

第1に、PTシステムがもつ構造的特性について考えてみよう。系列システムに関する従来の研究としては、自動車産業や家電産業のような加工組立産業における組立メーカーの対川上系列システムに関する研究が多く、その場合に主に議論された系列システムとは部品の長期取引的購入であった。図7-1は、自動車メーカーと原糸メーカーにおける系列システムの構造を示しているが、両者間の類似点と相違点は、以下の通りである。

両者の基本的な類似点は、自動車メーカーや原糸メーカーと、その取引先である部品メーカーや織布企業・染色企業との関係が長期取引的であることである。そして、その中身においても、今日におけるトヨタと東レの例でみると、次のよ

図7-1　系列システム構造の比較

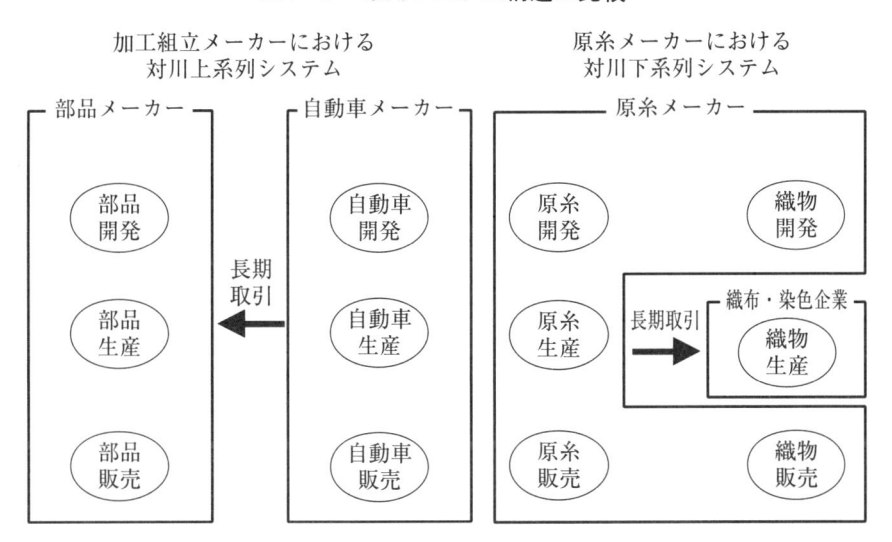

うな類似点が見られる。第1に、トヨタの場合に部品メーカーの協力会として協豊会があるように、東レの場合にも織布企業及び染色企業の組織として東レ合繊織物会がある。第2に、トヨタが各部品カテゴリー別に少数の複数メーカーと取引しているように、東レは織物分野別に少数の複数企業と取引している。第3に、トヨタと部品メーカーの場合と同様に、東レとPTは生産プロセスにおいて密接な連携を取るとともに、製品開発において共同作業を行っている。

しかし、両者間には次のような相違点も見られる。第1に、基本的構造の相違として、自動車メーカーの系列システムが川上の部品分野に対するものであるのに対して、原糸メーカーの系列システムは川下の織物分野に対するものである。第2に、この構造的相違により、前者の場合は部品の生産と販売は部品メーカーという同一主体が行っているのに対して、後者の場合は織物の生産と販売は別々の主体が行っている。つまり、織物の生産は織布企業や染色企業が行い、その販売は原糸メーカーが行っているのである。第3に、この相違により、前者の場合は部品に関わる自動車メーカーの取引相手としては部品メーカーだけであるが、後者の場合は織物に関わる原糸メーカーの取引相手としては、織物生産者である織布企業及び染色企業以外に、織物販売先であるアパレル・メーカーがある。それ故、後者の場合は織物の開発においても、原糸メーカー、織布企業、染色企業、アパレル・メーカーという複数の企業が参加している。

上記のように、素材メーカーにおける対川下系列システムとしてのPTシステムの構造を分析したが、このシステムは一定の条件の下では、十分効果的なシステムであると言える。その条件は、PTシステムが賃加工システムであると同時に、長期取引システムであるから、それぞれを成立させる必要がある。まず、賃加工システムが成立するためには、少なくとも、対象とする製品分野に対して、自社がその製品の開発や販売に関して、能力上の比較優位性を持たなければならない。なお、その製品の生産に関しては他社が優位性を持ち、しかも、その製品の生産活動が、自社のコア活動と高い相互依存性を持つ場合に、PTシステムは有効に働くと考えられる。

実際、PTシステムに類似な企業間システムは他の産業にも見られている。例えば、自動車産業の場合、自動車の組立生産委託はその例である。また、パソコン

や半導体産業においても、近年、製品の開発や販売は自社内で行い、その生産のみを外部の製造専門企業に任せる例は多く見られている。これらの例は賃加工システムあるいはPTシステムの一種であるが、そこでは、企業間システムに参加している企業が、製品の各機能活動に関する各自の比較優位性を活かしながら、分業を行っていると言える。

　第2に、本書の研究が、日本における系列システムの有効性に関してもつ示唆点について考えてみよう。まず、本書の分析対象の1つになった合成繊維長繊維産業の場合は、PTシステムないし系列システムの重要性は産業の生成から少なくとも1980年代末まではU字型的変化パターンを示してきたと言える。つまり、日本の原糸メーカーは第1次石油危機の後に原糸の差別化戦略を取り、その戦略に適合する形で系列システムを強化してきた。その結果として、1980年代後半から1990年代初頭までは、新合繊の開発という技術革新をもたらし、それは系列システムの成果であるとも言われる[1]。同産業において系列システムが今後どのように進行するかは、原糸メーカー、商社、織布企業、染色企業の能力開発戦略と原糸メーカーの製品戦略に関わっていると言えよう。まず、能力開発戦略についていうと、例えば、織布企業や染色企業は、織物の自主開発・販売の能力を高めない限りには、原糸メーカーや商社からの賃加工受注体質から脱皮できない。その上、原糸メーカーの製品戦略についていうと、原糸メーカーが今までの通り、原糸と織物間の相互依存性の高い差別化原糸を主に開発・生産する限りには、原糸メーカーと織布企業間の強い連携が必要になり、系列システムの重要性は変化しないであろう[2]。

　合成繊維長繊維産業における系列システムの分析を援用し、日本の産業一般における系列システムの展望について考えると、次のことが言えよう。合成繊維長繊維産業における系列システムの一要素である賃加工システムは同産業のみに存在するものではない。近年、様々な産業においてアウトソーシングが行われているが、賃加工システムはその一種であると言える。このシステムは、企業が専門化された分野に自社の能力を最大限活かしながら、企業間に連携をとるシステムであると言え、今後様々な産業において活用されると考えられる。

　日本の産業一般における系列システムについて特に注目されるのは企業間の長

期取引であり、その意味で系列システムの展望は長期取引の展望であるともいえる。本書の分析から言えることは、長期取引は企業の機能活動間の相互依存性と深く関わっていることである。つまり、企業活動間に高い相互依存性がある場合は長期取引は有効なシステムであり、そのシステムは技術革新をもたらす手段でもある。自動車産業はその良い例であり、閉鎖型アーキテクチャーを採用してきた今までの自動車においては完成車と部品間に高い相互依存性が存在し、同産業においては系列システムが効果的に働いてきたと言えよう。しかし、今後自動車メーカー間の部品の共通化、部品のモジュール化が進むならば、部品間には相互依存性が低くなり、同産業においては系列システムは必ずしも有効に働くとは限らない。このような傾向は他の産業についても言えることで、系列システムの長期取引的特性は製品のアーキテクチャー戦略と深く関わっていると言えよう[3]。

(2) 理論的インプリケーション

　本書の理論的インプリケーションとしては、企業間システムの分析上のインプリケーションと、企業間システムの決定要因としてどのような要因を考慮するかという問題に関するインプリケーションが考えられる。

　第1に、企業間システムの分析に関するインプリケーションについては、本書は、企業間システムとは、製品の開発・生産・販売といった各機能活動に対する企業間関係の組合せであると捉える必要があることを示唆している。企業間関係の考え方に基づく従来の研究の多くでは、製品の開発・生産・販売の中の単一活動毎に対してどのような取引関係ないし企業間関係を構築するかという問題に分析の焦点を当てていた[4]。ところが、本書で見たように、現実の企業が直面する課題は、製品の開発・生産・販売という複数の企業活動に対して、どのような企業間関係の組合せを採用するかという問題であり、しかも、企業間システムは、二者間の取引だけではなく、複数の企業間の関係で決まるものであることが分かる[5]。例えば、本書のPTシステムとは、原糸メーカーが、川下製品の開発と販売に関しては自社が行う一方で、その生産は外部企業に長期取引的に任せるという企業間システムであり、それは、原糸メーカー、商社、織布企業、染色企業、アパレルメーカーといった複数の企業間の関係で成立したものである。

第 2 に、どのような要因が企業間システムの選択に影響を与えるかという問題に関するインプリケーションについて考えてみよう。本書では、PTシステムの選択と関連する原糸メーカーの行動を説明することを研究課題とした。その説明における既存研究の限界として、特に、取引コスト論と関係特殊的技能論が、製品特性か組織能力の一方に注目し、企業間システム選択の問題を究明しようとしたことを指摘した。これに対して、本研究では、企業間システムの選択に影響を与える要因として、両方を考慮することによって、原糸メーカーの行動を包括的に説明できると議論した。

ところが、本書で取り上げた、製品特性としての相互依存性の概念は取引コスト論のいう資産特殊性と関連性が高く、Thompson(1967)の議論からきたので、新しいものではない。しかし、その概念を企業間システムの中の複数の機能活動間における相互依存性として拡大応用した。また、本書の分析における中心概念の1つは組織能力であるが、それ自体も新規の概念ではない。しかし、同概念を個別の機能活動に対して具体的に定義し、しかも企業間の比較優位に注目することによって、同概念を企業間システムの分析に応用することができたことを指摘できる。ある意味で本書は、取引コスト論と資源・能力アプローチを統合した分析枠組をもって、企業間システム選択の問題を取り扱ったのである。

なお、企業間システムの分析に組織能力の概念を取り入れることによって、広い意味での進化論の立場から企業間システムのもつ歴史性を考慮することも可能であった。企業の組織能力は瞬時的に形成されるものではなく、歴史的過程の中で蓄積される故、特定の歴史的条件の下で成立した企業間システムは慣性をもつことになる。例えば、今日のPTシステムの成立にとって特に重要な契機になったこととして、朝鮮動乱後の反動不況の中で商社や織布企業が織物販売能力を失ったことを指摘したが、その時に形成された原糸メーカーと織布企業間の能力分布上の構造は、その後、今日まで続いている。但し、この慣性は、企業が組織能力を戦略的に形成できることを否定するものではないと考えられる。

3 今後の研究課題

本書では、化学繊維産業における企業間システムの選択に関する原糸メーカー

の行動を独自の萌芽的分析枠組によって分析することを試みたが、分析枠組や実証の内容に対しては多くの課題が残されている。

　まず、分析枠組に関しては、次の2つの課題が考えられる。第1に、本書が提示した概念である組織能力の比較優位性や機能活動間の相互依存性の内容を明らかにすることである。本書の中ではその内容を、当事者に対するインタビューや質問票調査によって測ったが、その測定は必ずしも十分なものではなかったといえる。今後は、それらの概念をより詳しく測定することを可能にする下位概念や分析ツールを開発する必要がある。第2に、組織能力を戦略的に構築することに関する分析である。本書の分析枠組では、自社や他社の組織能力は与えられたものであると前提し、その前提の下で企業が企業間システムを選択するという状況を想定した。なお、その能力は歴史的経緯の中で形成されるものとして捉えた。しかし、前記のように、組織能力は企業によって戦略的に構築できるものであり、企業にとっての重要な意思決定事項は、どのような機能活動に対して能力を構築するかという問題である。今後は、組織能力の戦略的構築という課題に関する研究を行う必要がある。

　次に、実証内容に関する今後の課題としては、次のことが考えられる。第1に、化学繊維産業における企業間システムに関して国際比較研究を行うことが考えられる。本書では、日本という限定された地域において、歴史的経緯の中で形成された企業間システムを説明することに止まった。特に、企業の組織能力は歴史的要因によって影響されるものであり、異なった歴史的経緯をもつ国々において構築された企業間システム間の競争力を比較することは重要な研究課題である。その比較研究は、どのような分野に対して組織能力を戦略的に構築すべきかという上記の問題に対しても一定の答を提示すると考えられる。第2に、化学繊維以外の製品分野における企業間システムを研究し、産業間の比較分析を行うことである。本書では、化学繊維産業内の製品分野間の比較分析はある程度行ったが、同産業以外の産業における企業間システムの分析を行うことによって、製品特性が企業間システムに与える影響に関する我々の理解を深めることが期待される。

(1) しかし、新合繊は製品の差別化という意味では技術革新をもたらしたが、産業の規模という意味ではむしろ縮小均衡をもたらしかねないという議論もある（例えば、西村（1996）の議論を参照せよ）。
(2) 原糸メーカーが直面している国際競争の状況を考えると、原糸の差別化戦略は今後も継続すると考えられる。
(3) 製品のアーキテクチャ戦略に関しては、Ulrich (1995)、青島 (1998)、藤本・武石・青島（2001）、韓（2002）を参照せよ。
(4) 例えば、Williamson (1975、1979) の取引コスト論で注目される問題は、財やサービスの生産または販売といった個別活動に対してどのような取引関係を構築するかであった。取引コスト論に基づいた取引関係の実証研究としては、Monteverde & Teece (1982)，Pisano (1990)を参照せよ。
(5) 但し、この点は浅沼（1998）や藤本（1997）の研究でも部分的には考慮されている。自動車産業のサプライヤー・システムに関するそれらの研究は、部品の開発活動と生産活動が自動車メーカーと部品メーカーの間にどのように分業されているかを分析し、サプライヤーシステムを市販方式、貸与図方式、委託図方式、承認図方式として類型化している。

参考文献

〈英文〉

Aoki, M., Information, Incentives, and Bargaining in the Japanese Economy, Cambridge: Cambridge University Press, 1988.

Asanuma, B. "Manufacturer-Supplier Relationship in Japan and the Concept of Relation-Specific Skill," Journal of the Japanese and International Economics, Vol.3, pp. 1-30.

Averitt, R.T., *The Dual Economy: The Dynamics of American Industry Structure*, New York: W.W. Norton, 1968.

Bain, J.S., *Industrial Organization*, New York: John Wiley&Sons, 1959 (宮沢健一監訳『産業組織論』丸善、1970年。)

Barney, J.B., "Strategic Factor Markets: Expectations, Luck, and Business Strategy," Management Science, Vol. 32, 1986, pp.1231-1241.

Barnett W. and R. Burgelman, "Evolutionary Perspectives on Strategy," Strategic Management Journal, Vol. 17, Special Issue, 1996, pp. 5-19.

Berger, S. and M.J. Piore, *Dualism and Discontinuity in Industrial Societies*, Cambridge: Cambridge University Press, 1980.

Burgelman, R., "Finding Memories: A Process Theory of Strategic Business Exit in Dynamic Environments, Administrative Science Quarterly," Vol. 39, 1994, pp.24-56.

Burns, T. and G.M. Stalker, *The Management of Innovation*, London: Tavistock Publications, 1961.

Camerer, C., "Does Strategy Research Need Game Theory," Strategic Management Journal, Vol. 12, Summer Special Issue, 1994, pp. 137-152.

Chatterjee, S. and B. Wernerfelt, "The Link between Resources and Type of Diversification: Theory and Evidence," Strategic Management Journal, Vol. 12, 1991, pp. 33-48.

Clark, K.B. and T. Fujimoto, *Product Development Performance: Strategy, Organization, and Management in the World Auto Industry*, Boston: Harvard Business School Press, 1990. (田村明比古訳『製品開発力』ダイヤモンド社、1993年。)

Coase, R.H., "The Nature of the Firm," *Economica*, Vol. 4, 1937, pp. 386-405.

DiMaggio, P.J. and W.W. Powell, "The Iron Cage Revisited: Institutional Isomorphism and Collective Rationality in Organizational Fields," *American Sociological Review*, Vol. 48, 1983, pp. 147-160.

Doeringer, P.B. and M.J. Piore, *Internal Labor Markets and Manpower Analysis*, Mass.: Heath Lexington Books, 1971.

Dore, R.P., *Taking Japan Seriously*, Stanford: Stanford University Press, 1987.

Doz, Y., "The Evolution of Cooperation in Strategic Alliance," Strategic Management Journal, Vol. 17, Summer Special Issue, 1996, pp. 55-84.

Eisenhardt, K.M. and B.N. Tabrizi, "Accelerating Adaptive Processes: Product Innovation in Global Computer Industry," *Administrative Science Quarterly*, Vol. 40, March, 1995, pp. 84-110.

Eisenhardt, K.M. and J.A. Martin, "Dyanmic Capabilities: What are They?" Strategic Management Journal, Vol. 21, 2000, pp. 1105-1121.

Ghemawat, P., Commitment: The Dynamics of Strategy, New York: The Free Press, 1991.

Goldenberg, D.I., *The U.S. Man-Made Fiber Industry: Its Structure and Organization since* 1948, Westport, CT: Praeger, 1992.

Grant, R., "The Resource-based Theory of Competitive Advantage," California Management Review, Vol. 33, 1991, pp. 114-135.

Hofer, C.W. and D. Schendel, *Strategy Formulation: Analytical Concepts*, West Publishing, 1978. (奥村昭博・榊原清則・野中郁次郎共訳『戦略策定』千倉書房、1981年)

Lawrence, P.R. and J.W. Lorsch, *Organization and Environment*, Boston: Harvard Business School Press, 1967.

Learnd, E., C. Christensen, K. Andrew and W. Guth, *Business Policy: Text and Cases*, Homewood, Ill.: Irwin, 1965.

Leibenstein, H., "Allocative Efficiency vs 'X-Efficiency'," *American Economic Review*, Vol. 56, June, 1966. pp. 392-415.

Levinthal, D. and J. Myatt, "Coevolution of Capabilities and Industry: The Evolution of Mutual Fund Processing," Strategic Management Journal, Vol. 15, Winter Special Issue, 1994, pp. 45-62.

Mahoney J.T. and J.R. Pandian, "The Resource-based View within the Conversation of Strategic Management," Strategic Management Journal, Vol. 13, 1992, pp. 363-380.

Monteverde, K. and D. Teece, "Supplier Switching Costs and Vertical Integration," Bell Journal of Economics, Vol. 13, 1982, pp. 206-213.

Montgomery C. ed. Resource-based and Evolutionary Theories of the Firm, Boston: Kluwer Academic Publishers, 1995.

Nelson, R.R. and S.G. Winter, *An Evolutionary Theory of Economic Change*, Cambridge: Harvard University Press, 1982.

Nishiguchi, T., *Strategic Industrial Sourcing: The Japanese Advantage*, Oxford: Oxford University Press, 1994.

Penrose, E.T., *The Theory of The Growth of the Firm*, Oxford: Basil Blackwell Publisher, 1959. (末松玄六訳『会社成長の理論』ダイヤモンド社、1962年)

Peteraf, M.A., "The Cornerstone of Competitive Advantage: A Resource-based View," Strategic Management Journal, Vol. 14, 1993, pp. 179-191.

Pfeffer, J. and G.R. Salancik, *The External Control of Organizations*, New York: Harper&Row, 1978.

Pisano, G.P., "The R&D Boundaries of the Firm: An Empirical Analysis," Administrative Science Quarterly, Vol. 35, 1990, pp. 153-176.

Porter, M.E., *Competitive Strategy: Techniques for Analyzing Industries and Competitors*, New York: The Free Press, 1980. (土岐坤ほか訳『競争の戦略』ダイヤモンド社、1982年)

Porter, M.E., *Competitive Advantage: Creating and Sustaining Superior Performance*, New York: The Free Press, 1985. (土岐坤ほか訳『競争優位の戦略』ダイヤモンド社、1985年)

Porter, M. E., "Toward a Dynamic Theory of Strategy," Strategic Management Journal, Vol. 12, 1991, pp. 95-117.

Prahalad, C.K. and G. Hamel, "The Core Competence of the Corporation," Harvard Business Review, May-June, 1990, pp. 79-91.

Rumelt, R.P., *Strategy, Structure, and Economic Performance*, Boston: Harvard Business School Press, 1974.

Saloner, G., "Modeling, Game Theory and Strategic Management," Strategic Management Journal, Vol. 12, 1991, pp. 119-136.

Takeishi, A., "Strategic Management of Supplier Involvement in Automobile Product Development," Unpublished Ph. D. Dissertation Paper, Sloan School of Management, M.I.T., 1997.

Takeishi, A., "Bridging Inter- and Intra-Firm Boundaries: Management of Supplier Involvement in Automobile Product Development," Strategic Management Journal, Vol. 22, 2001, pp. 403-433.

Teece, J.D., G. Pisano, and A. Shuen, "Dynamic Capabilities and Strategic Management," *Strategic Management Journal*, Vol. 18, 1997, pp. 509-533.

Thompson, J.D., *Organization in Action*, New York: McGraw Hill, 1967.（鎌田伸一ほか訳『オーガニゼーション・イン・アクション：管理理論の社会科学的基礎』同文館出版、1987年）

Ulrich, K.T., "The Role of Product Architecture in the Manufacturing Firm," Research Policy, Vol. 24, 1995, pp. 419-440.

Wernerfelt, B., "A Resource-Based View of the Firm," *Strategic Management Journal*, Vol. 5, 1984, pp. 171-180.

Wernerfelt, B., "The Resource-based View of the Firm: Ten Years After," Strategic Management Journal, Vol. 16, 1995, pp.171-174.

Williamson, O.E., *Markets and Hierarchies: Analysis and Antitrust Implications*, New York: The Free Press, 1975.

Williamson, O.E., "Transaction-Cost Economics: The Governance of Contractual Relations," *The Journal of Law and Economics*, Vol. 22, 1979, pp. 233-261.

Williamson, O.E., *The Economic Institutions of Capitalism*, New York: The Free Press, 1985.

Williamson, O.E., "Comparative Economic Organization: The Analysis of Discrete Structural Alternatives," Administrative Science Quarterly, Vol. 36, 1991, pp. 269-296.

Woodward, J., *Industrial Organization*, London: Oxford University Press, 1965.（矢島鈞次・中村壽雄共訳『新しい企業組織』日本能率協会、1970年）

Wright, A.C., "Strategy and Structure in the Textile Industry: Spencer Love and Burlington Mills, 1923-1962," *Business History Review*, Vol. 69, Spring 1995, pp. 42-79.

〈和　文〉

青木昌彦『経済システムの進化と多元性—比較制度分析序説』東洋経済新報社、1995年。
青木昌彦・奥野正寛編『経済システムの比較制度分析』東京大学出版会、1996年。
青島矢一「製品アーキテクチャーと製品開発知識の伝承」『ビジネスレビュー』Vol. 46,

No. 1、1998年。

浅沼萬里「取引様式の選択と交渉力」『経済論叢』(京都大学経済学会) 第131巻、第3号、1983年。

浅沼萬里「日本における部品取引の構造」『経済論叢』(京都大学経済学会) 第133巻、第3号、1984年a。

浅沼萬里「自動車産業における部品取引の構造」『季刊現代経済』夏号、1984年b。

浅沼萬里「日本におけるメーカーとサプライヤーとの関係―「関係特殊的技能」の概念の抽出と定式化」藤本隆宏・西口敏宏・伊藤秀史編『サプライヤーシステム:新しい企業間システムを創る』有斐閣、1998年。

伊藤元重「企業間関係と継続的取引」今井賢一・小宮隆太郎編『日本の企業』東京大学出版会、1989年。

李 亨五「素材メーカーの対川下準垂直統合―東レのPTシステムを中心に」『ビジネス・レビュー』Vol. 45, No. 4, 1998年。

李 亨五「系列システムの生成、変化、展望―日本の織物用合繊長繊維産業の分析を中心に」『一橋論叢』第121巻、第5号、1999年a。

李 亨五「日本の合繊メーカーにおける企業間システム―機能活動間の相互依存性と組織能力の比較優位性」『組織科学』Vol. 32, No. 4, 1999年b。

今井賢一・伊丹敬之・小池和男『内部組織の経済学』東洋経済新報社、1982年。

植草 益・南部鶴彦「合成繊維」熊谷尚夫編『日本産業組織Ⅱ』中央公論社、1973年。

植草 益『産業組織論』筑摩書房、1982年。

植田浩史「戦時統制経済と下請制の展開」近代日本研究会『年報近代日本研究9、戦時経済』山川出版、1987年。

内田星美『合成繊維工業』東洋経済新報社、1966年。

岡崎哲二・奥野正寛編『現代日本経済システムの源流』日本経済新聞社、1993年。

岡本康雄「多国籍企業と日本企業の多国籍化(1)」『経済学論集』(東京大学経済学研究科) 53―1、1987年。

加護野忠男『経営組織の環境適応』白桃書房、1981年。

勝倉織布株式会社50年史編纂委員会『シーダーとともに―創業50年の歩み』勝倉株式会社、1970年。

瓦林由紀夫『ジャパンオリジナル』日本繊維新聞社、1993年。

現代企業研究会編『日本の企業間関係』中央経済社、1994年。

小林義雄編『企業系列の実態』東洋経済新報社、1958年。

佐古田正昭『わが国合成繊維工業の発達』私家版、1987年。

真実一路編集委員会編『真実一路』真実一路刊行委員会、1991年。

鈴木恒夫「合成繊維」米川伸一・下川浩一・山崎広明『戦後日本経営史第Ⅰ巻』東洋経済新報社、1991年。

通商産業大臣官房調査統計部編『繊維統計年報』各年。

通商産業大臣官房調査統計部編『工業統計表』各年。

東レ株式会社、各種内部資料。

東レ株式会社『有価証券報告書』各年。

東レ株式会社社史編纂委員会『東レ50年史』東レ株式会社、1977年。

富沢木実「アパレル産業」産業学会編『戦後日本産業史』東洋経済新報社、1995年。

中村耀『繊維の実際知識、第6版』東洋経済新報社、1980年。

西村修一「メガコンペティション時代を迎えた合繊業界」『財界観測』野村総合研究所、12月号、1996年。

日本化学繊維協会編『繊維(化繊)ハンドブック』1964年-1996年。

日本化学繊維協会編『日本化学繊維産業史』日本化学繊維協会、1974年。

日本化学繊維協会編『化学繊維の実際知識、第4版』東洋経済新報社、1986年。

日本化学繊維協会編『日本の合繊産業競争力の展望』日本化学繊維協会、1996年。

日本経営史研究所編『東レ70年史』東レ株式会社、1997年。

日本経済新聞社編『繊維産業・生き残るのは誰か』日本経済新聞社、1979年。

日本長期信用銀行調査部編『合成繊維―糸以降における企業系列』日本長期信用銀行、1960年。

野中郁次郎・加護野忠男・小林陽一・奥村昭博・坂下昭宣『組織現象の理論と測定』千倉書房、1978年。

韓 美京「製品アーキテクチャー特性と製品開発パターンとの関係」『社会科学研究』(東京大学社会科学研究所)第52巻第1号、2000年。

福井県繊維協会『福井県繊維産業史』福井県繊維協会、1971年。

福嶋 路「日本合成繊維産業の組織間学習」『ビジネスレビュー』Vol. 44, No. 2, 1996年。

藤井光男『日本繊維産業経営史』日本評論社、1971年。

藤本隆宏『生産システムの進化論』有斐閣、1997年。

藤本隆宏・武石彰・青島矢一『ビジネス・アーキテクチャ』有斐閣、2001年。

松田一郎「北陸における新合繊織物の現状と展望」『北陸経済研究』2月号、1993年。

松山久次「合繊織物系列生産体制後退の原因と今後のあり方」『化繊月報』3月号(No. 213)、1966年。

港 徹雄「下請取引における『信頼財』の形成過程」『商工金融』10、1987年。

三輪芳朗「下請関係:自動車産業」今井賢一・小宮隆太郎編『日本の企業』東京大学出

版会、1989年。
山倉健嗣『組織間関係―企業間ネットワークの変革にむけて』有斐閣、1993年。
山口勝則「合繊メーカーと織布・染色企業の企業間関係」『経済論叢』(京都大学経済学会)第155巻、第 5 号、1995年。
和田一夫「『準垂直統合』の形成」『アカデミア』1984年。

〈付録〉

原糸特性と企業間システムに関する調査

アンケート質問票

調査に関する説明

1．調査の目的と守秘義務
　今回の調査にご協力いただき誠にありがとうございます。本調査は、各原糸メーカーにおいて、原糸の特性と採用される企業間システムとの間にどのような関連性があるかを明らかにすることを目的としています。

2．調査の概要
　本調査では、貴社で生産される主な原糸を30種類選んで頂き、各種類毎にその原糸特性と採用されている企業間システムを伺っています。パート１（セクションＡ・Ｂ・Ｃ）は各原糸の特性を伺い、パート２（セクションＤ）は当該原糸において実際に採用されている企業間システムの状況を伺います。

3．回答者
　各原糸毎に対して、パート１とパート２の質問が行われますが、各パートに対して別々の担当者が回答するようにお願いします。特に、パート１に対しては、原糸の特性に詳しい方が、また、パート２に対しては、原糸の企業間システム別配分状況を把握している方が回答するようにお願いします。

4．対象原糸の選択
　パート１の回答者が調査対象になる原糸として、1997年度中（1997年４月～1998年３月）に貴社で生産された「衣料織物用長繊維原糸」の中で、生産量が比較的多い30種類の原糸をデニール・レベル選んで下さい。但し、選定に際しては、差別化度の高い原糸から汎用原糸までが出来る限り均等に分布するようにして下さい（例えば、差別化度の高い原糸が10種類、差別化度が中程度である原糸が10種類、汎用原糸が10種類）。

5．質問票番号及び原糸名

　各質問票に書いてある「質問票番号」は、30種類の原糸を整理するために設けられた項目です。質問票毎にその欄に1から30までの数値が記入されています。パート1の回答者の方は「原糸名」の欄に調査対象になる原糸の名前を質問票毎に記入して下さい。次いで、同じ質問票番号を持つパート2の各質問票に同一の原糸名を記入した後に、その質問票をパート2の回答者に渡して下さい。

パート1に対する回答要領

各セクションに対してご回答の際には、必ず以下の回答要領を参照して下さい。

セクションA：原糸の差別化度について

このセクションは、貴社の生産する様々な原糸の中、当該原糸が、いわゆる差別化度という概念上でどのように位置づけられるかを伺っています。製品の差別化度を表す各項目において、当該原糸がどのように位置づけられるかを5段階の尺度で伺っています。

セクションB：機能活動間の相互依存性について

ここでいう「機能活動」とは、原糸開発、原糸生産、織物開発、織物生産、織物販売という各機能別活動を指しています。ここでいう織物開発とは、織物の企画―初期設計―試織―修正設計の中での織物企画に関わる活動を指し、織物生産とは実際の織布と染色の活動を指し、織物販売とは織物の所有権を持ってアパレル・メーカーや織物問屋へ織物を販売する活動を指しています。これらの機能活動の中、原糸開発と原糸生産は貴社（原糸メーカー）が内部で行うと想定します。しかし、織物開発、織物生産、織物販売は貴社でも他社でも行えるものであり、各活動を担う部門は貴社の部門でも他社の部門でもあり得ると想定しています。なお、各原糸に関わる相互依存性を評価する際に、その相互依存性がその原糸が使われる織物によって異なる場合には、その原糸が主に使われる織物を念頭においてお答え下さい。例えば、汎用性が高い原糸が主にAタイプの織物に使われるが、Bタイプの織物にも若干使われる場合には、前者の場合における相互依存性を想定して下さい。これらの想定の下で、このセクションは上記の各活動のペア（全部10ペア）毎における相互依存性を5段階の尺度で伺っています。

セクションC：企業間の組織能力の比較優位性について

このセクションは、織物開発、織物生産、織物販売という各活動に対して、貴社が他社に比べて相対的に優位な能力を持っているかどうかを伺っています。ここでいう他社とは、織物事業を行う産元商社、総合商社、織布企業、染色企業等を指しています。各活動に対する他社の能力を考慮する際における他社はそのいずれの企業であっても構いません。例えば、織物開発を行う他社としては、商社、織布企業、染色企業、いずれも考えられますが、それらの企業全てを他社として

考慮し、貴社とそれらの企業群との比較優位性を考慮して下さい。なお、各原糸に関わる比較優位性を評価する際には、セクションＢの場合と同様に、その原糸が主に使われる織物を念頭においで下さい。これらの前提の下で、ここでは各活動毎について貴社と他社との比較優位性を５段階の尺度で伺った上で、その比較優位性の判断を下した際に考慮した要因についても伺っています。

パート2に対する回答要領

セクションD：実際における原糸の投入状況

　このセクションは、1997年度中に当該原糸がどのような割合で各企業間システムに投入されたかを伺っています。まず、同年度における当該原糸の全出荷量を記入して下さい。出荷量を伺う理由は、出荷量の面において貴社の全原糸の中で当該原糸が持つ重要度をはかるためであり、その目的以外には絶対に使わないことにします。次に、対象の企業間システムとして、3つのシステムを取り上げていますが、その分類基準は以下の通りです。これらの三つのシステムがあると前提した上で、1997年度中に当該原糸が各企業間システムに実際どのような割合で投入されたかを大まかな数値で記入して下さい。

ⅰ) 短期取引的原糸販売システム：いわゆる「糸売り」のこと
ⅱ) 短期取引的賃加工システム：PT以外の織布企業及び染色企業に対して行われた「チョップ生産」
ⅲ) 長期取引的賃加工システム（PTシステム）：PTに対して行われた「チョップ生産」

＊PTとは、貴社が賃加工の発注を出している織布企業や染色企業の中で、貴社がいわゆる「PT」として規定している企業のことを指しています。

パート 1：原糸の特性に関する評価

質問票番号：＿＿＿＿＿＿＿＿＿＿＿＿
原糸名　　：＿＿＿＿＿＿＿＿＿＿＿＿

セクション A：原糸の差別化度について

以下の質問項目は原糸の差別化度を表しています。各質問項目において、当該原糸が該当する番号に〇を付けて下さい。

（1＝まったくあてはまらない；2＝あてはまらない；3＝どちらとも言えない；4＝あてはまる；5＝非常にあてはまる）

質　問	まったく あてはまらない		どちらとも 言えない		非常に あてはまる
A_1．当該原糸は、貴社以外の他の原糸メーカーは技術的に容易に作れるものではない。	1	2	3	4	5
A_2．当該原糸は、特定の織物に使うことを前提に開発・生産されるため、織物一般への汎用性が低い。	1	2	3	4	5
A_3．当該原糸に対する評価は標準化されておらず、それ故当該原糸に対する市中価格は形成されにくい。	1	2	3	4	5
A_4．当該原糸は、通常付加価値の高い織物に使用される。	1	2	3	4	5

セクション B：機能活動間の相互依存性について

以下の共通質問は当該原糸に関わるペアの活動の間における相互依存性を聞いています。なお、ここでいう織物とは当該原糸が主に使われる織物を指しています。各ペアの活動に対して、当該原糸が該当する番号に〇を付けて下さい。

（1＝まったくあてはまらない；2＝あてはまらない；3＝どちらとも言えない；4＝あてはまる；5＝非常にあてはまる。）

〈付録〉*233*

共通質問：当該原糸に関わる以下の各ペアの活動について、それぞれを担当する2つの部門が各自の活動を効果的に遂行するためには、両者は相互に緊密なコミュニケーションを取る必要があり、一方（特に、ペアの中の後工程）の活動に問題が発生する際には、両者間の調整によってその問題を解決する必要がある。

〈参考図〉

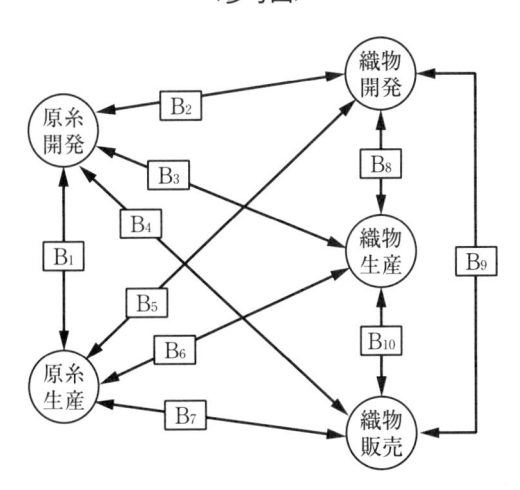

＊図でいう織物とは当該原糸が主に使われる織物を指す

項　　目	まったく あてはまらない		どちらとも 言えない		非常に あてはまる
B_1．原糸開発―原糸生産	1	2	3	4	5
B_2．原糸開発―織物開発	1	2	3	4	5
B_3．原糸開発―織物生産	1	2	3	4	5
B_4．原糸開発―織物販売	1	2	3	4	5
B_5．原糸生産―織物開発	1	2	3	4	5
B_6．原糸生産―織物生産	1	2	3	4	5
B_7．原糸生産―織物販売	1	2	3	4	5
B_8．織物開発―織物生産	1	2	3	4	5
B_9．織物開発―織物販売	1	2	3	4	5
B_{10}．織物生産―織物販売	1	2	3	4	5

セクションC：企業間の組織能力の比較優位性について

　以下の質問は、当該原糸が主に使われる織物の開発、生産、販売という活動について、貴社が他社（産元商社及び総合商社・織布企業・染色企業）に比べて優位な能力を持っているかどうかを聞いています。ここでは、各活動に対する貴社の優位性を「付加価値／コスト」という基準で総合的に判断し、当該原糸が該当する番号に〇を付けて下さい。

　（1＝まったくあてはまらない；2＝あてはまらない；3＝あてはまる；4＝非常にあてはまる）

　また、その優位性を判断した際に考慮された付加価値創出要因及びコスト要因について、各要因毎に自社が優位であれば「〇」を、他社が優位であれば「×」を、五分五分であれば「―」を付けて下さい。また、その他の重要な要因として考慮したものを自由に記入して下さい。

〈参考図〉

```
                            ┌──────────┐  ┌────┐
                        C₁ →│他　社    │→│織物│
                       ↗    │(商社・織布│  │開発│
                            │業・染色企│  └────┘
                            │業)       │
┌──────────┐             └──────────┘
│          │                ┌──────────┐  ┌────┐
│  貴　社  │← C₂ →         │他　社    │→│織物│
│(原糸メーカー)│             │(織布企業・│  │生産│
│          │                │染色企業) │  └────┘
│          │                └──────────┘
└──────────┘                ┌──────────┐  ┌────┐
                        C₃ →│他　社    │→│織物│
                       ↘    │(商社・織布│  │販売│
                            │業・染色企│  └────┘
                            │業)       │
                            └──────────┘
```

＊図でいう織物とは当該原糸が主に使われる織物を指す

質問			まったく あてはまらない	どちらとも 言えない		非常に あてはまる
C₁. 貴社は、当該原糸が主に使われる織物の「開発」において、他社に比べて、より高い「付加価値／コスト」を実現できる能力を保持していると思う。			1　　　2	3	4	5
そのような判断で考慮した要因として	付加価値創出要因	開発人材の企画力（　）、マーケット・ニーズに関する情報（　）				
	コスト要因	人件費（　）				
	その他の重要な要因を記入して下さい					
C₂. 貴社は、当該原糸が主に使われる織物の「生産」において、他社に比べて、より高い「付加価値／コスト」を実現できる能力を保持していると思う。			1　　　2	3	4	5
そのような判断で考慮した要因として	付加価値創出要因	生産人材の技術力（　）、生産技術に関する情報（　）				
	コスト要因	人件費（　）、生産設備の調達及び稼働費（　）				
	その他の重要な要因を記入して下さい					
C₃. 貴社は、当該原糸が主に使われる織物の「販売」において、他社に比べて、より高い「付加価値／コスト」を実現できる能力を保持していると思う。			1　　　2	3	4	5
そのような判断で考慮した要因として	付加価値創出要因	営業マンの販売スキル（　）、販売網・ブランド力（　）、販売資金力（　）				
	コスト要因	人件費（　）、販売のための経費（　）				
	その他の重要な要因を記入して下さい					

パート2：採用された企業間システムの状況

質問票番号：＿＿＿＿＿＿＿＿＿＿
原糸名　　：＿＿＿＿＿＿＿＿＿＿

セクションD：実際における原糸の投入状況

当該原糸が1997年度中（1997年4月〜1998年3月）に出荷された総量：＿トン

1997年度中に、当該原糸がどのような割合で次の各企業間システムに投入されたかについて、各企業間システム毎にその割合を記入して下さい。

採用される企業間システム	各企業間システム別原糸の投入状況
短期取引的原糸販売システム（糸売り）	おおよそ（　　　）割
短期取引的賃加工システム （PT以外に対するチョップ生産）	おおよそ（　　　）割
長期取引的賃加工システム （PTに対するチョップ生産）	おおよそ（　　　）割
合　　計	10　割

ご協力ありがとうございました。

参 考 文 献

〈英 文〉

① Aoki, M., *Information, Incentives, and Bargaining in the Japanese Economy*, Cambridge: Cambridge University Press, 1988.
② Asanuma, B. "Manufacturer-Supplier Relationship in Japan and the Concept of Relation-Specific Skill," *Journal of the Japanese and International Economics*, Vol. 3, pp. 1-30.
③ Barney, J.B., "Strategic Factor Markets: Expectations, Luck, and Business Strategy," *Management Science*, Vol. 32, 1986, pp. 1231-1241.
④ Barnett W. and R. Burgelman, "Evolutionary Perspectives on Strategy," *Strategic Management Journal*, Vol. 17, Special Issue, 1996, pp. 5-19.
⑤ Burgelman, R., "Finding Memories: A Process Theory of Strategic Business Exit in Dynamic Environments, *Administrative Science Quarterly*," Vol. 39, 1994, pp. 24-56.
⑥ Camerer, C., "Does Strategy Research Need Game Theory," *Strategic Management Journal*, Vol. 12, Summer Special Issue, 1994, pp. 137-152.
⑦ Chatterjee, S. and B. Wernerfelt, "The Link between Resources and Type of Diversification: Theory and Evidence," *Strategic Management Journal*, Vol. 12, 1991, pp. 33-48.
⑧ Doz, Y., "The Evolution of Cooperation in Strategic Alliance," *Strategic Management Journal*, Vol. 17, Summer Special Issue, 1996, pp. 55-84.
⑨ Eisenhardt, K.M. and J.A. Martin, "Dyanmic Capabilities: What are They?" *Strategic Management Journal*, Vol. 21, 2000, pp. 1105-1121.
⑩ Ghemawat, P., *Commitment: The Dynamics of Strategy*, New York: The Free Press, 1991.
⑪ Grant, R., "The Resource-based Theory of Competitive Advantage," *California Management Review*, Vol. 33, 1991, pp. 114-135.
⑫ Levinthal, D. and J. Myatt, "Coevolution of Capabilities and Industry: The Evolution of Mutual Fund Processing," *Strategic Management Journal*, Vol. 15, Winter Special Issue, 1994, pp. 45-62.

⑬ Mahoney, J.T. and J.R. Pandian, "The Resource-based View within the Conversation of Strategic Management," *Strategic Management Journal*, Vol. 13, 1992, pp. 363-380.
⑭ Monteverde, K. and D. Teece, "Supplier Switching Costs and Vertical Integration," *Bell Journal of Economics*, Vol. 13, 1982, pp. 206-213.
⑮ Montgomery, C. ed. *Resource-based and Evolutionary Theories of the Firm*, Boston: Kluwer Academic Publishers, 1995.
⑯ Peteraf, M.A., "The Cornerstone of Competitive Advantage: A Resource-based View," *Strategic Management Journal*, Vol. 14, 1993, pp. 179-191.
⑰ Pisano, G.P., "The R & D Boundaries of the Firm: An Empirical Analysis," *Administrative Science Quarterly*, Vol. 35, 1990, pp. 153-176.
⑱ Porter, M.E., "Toward a Dynamic Theory of Strategy," *Strategic Management Journal*, Vol. 12, 1991, pp. 95-117.
⑲ Saloner, G., "Modeling, Game Theory and Strategic Management," *Strategic Management Journal*, Vol. 12, 1991, pp. 119-136.
⑳ Takeishi, A., "Bridging Inter- and Intra-Firm Boundaries: Management of Supplier Involvement in Automobile Product Development," *Strategic Management Journal*, Vol. 22, 2001, pp. 403-433.
㉑ Ulrich, K.T., "The Role of Product Architecture in the Manufacturing Firm," *Research Policy*, Vol. 24, 1995, pp. 419-440.
㉒ Wernerfelt, B., "The Resource-based View of the Firm: Ten Years After," *Strategic Management Journal*, Vol. 16, 1995, pp. 171-174.
㉓ Williamson, O.E., "Comparative Economic Organization: The Analysis of Discrete Structural Alternatives," *Administrative Science Quarterly*, Vol. 36, 1991, pp. 269-296.

〈和 文〉

① 韓美京「製品アーキテクチャー特性と製品開発パターンとの関係」『社会科学研究』(東京大学社会科学研究所) 第52巻第1号、2000年。
② 藤本隆宏・武石彰・青島矢一『ビジネス・アーキテクチャ』有斐閣、2001年。

あ と が き

　本書は、もともと東京大学大学院経済学研究科に提出した博士論文を加筆修正したものである。博士論文のタイトルは「企業間システムの選択に与える製品特性と組織能力の影響―日本の化学繊維産業の分析を中心に」である。また、博士論文のベースには「ビジネス・レビュー」「一橋論叢」「組織科学」という雑誌にそれぞれ投稿した論文がある。投稿論文、博士論文、そして本書が出来上がるまでには学界及び産業界の多くの方々にお世話になった。この場を借りてそれらの方々に御礼を申し上げたい。

　学界の方々では、まず東京大学経済学研究科の諸先生に感謝したい。藤本隆宏先生は大学院の指導教官として本研究の特に理論的部分においてご指導下さったのみならず、筆者の大学院生活において物心両面でご支援下さった。大東英祐先生(現埼玉大学教授)は化学繊維産業を実証研究の対象にするきっかけを提供して下さり、しかも実証研究に関して全面的にご指導下さった。新宅純二郎先生は大学院先輩でもあり、先生でもあるが、常に研究や進路における頼もしいアドバイザーになって下さった。高橋信夫先生は研究に悩んでいたときにいつも明るく励まして下さって、様々な場面において勇気づけて下さった。橋本寿朗先生(惜しくも今月に急逝)は研究会で研究発表に対して貴重なコメントをして下さり、本書における実証研究のレベルを高めて下さった。

　次に、博士課程修了後に就職した一橋大学イノベーション研究センターの方々に感謝したい。同センターは研究に専念できる素晴らしい環境を提供して下さった。とくに、前センター長であった米倉誠一郎教授はセンター長としてのご支援を下さったのみならず、研究のよいアドバイザーにもなって下さった。また、武石彰助教授と青島矢一助教授は研究におけるよき相談者であったのみならず、原稿に対する貴重なコメントをして下さった。小貫麻美さんには原稿の全文を読んでいただき、編集上の大きなご支援をいただいた。その他の方々からも、研究発表の場で貴重なコメントをいただく等、様々な面でご支援をいただいた。

　上記の他にも多くの方々にお世話になったが、とくに次の方々に感謝したい。

あとがき

　神戸大学の金井壽宏教授は、筆者の「組織科学」掲載論文におけるシニア・エディターとして、理論的部分に関して貴重なアドバイスを下さった。東京大学在学中の初期の指導教官であった土屋守章先生（現東京経済大学教授）は日本留学のきっかけを提供して下さったが、ここまで研究者として成長できたのは同先生のお蔭によるところ大である。なお、東京大学大学院在学中の後輩である近能善範さん、清水剛さん（現東京大学講師）、野島美保さんには、原稿を読んでいただく等、お世話になった。この他にも、お名前の列挙は省略させていただくものの、お世話になった多くの学界の方々に御礼を申し上げたい。

　一方、本書の作成過程においては産業界の多くの方々にもお世話になった。特に、東レの三本木伸一氏と帝人の古川博氏に感謝したい。両氏には本書の実証研究における決定的なご支援をいただいたが、そのご支援なしには本書はそもそも完成できるものではなかった。その他に、東レの斉藤典彦氏、細見信雄氏、軒原博幸氏、増田直樹氏、帝人の萩原誠氏、古結久晴氏からもインタビューや資料提供において貴重なご支援をいただいた。特に、細見信雄氏と軒原博幸氏には東レ関連PTの紹介において多大なご協力をいただいた。なお、東レ及び東レ関連PTの多くの方々から実証研究上のご支援をいただいたが、ここで御礼を申し上げたい。

　東レや帝人の関係者以外にも多くの方々からご支援をいただいたが、その中でとくに、日本化学繊維協会の岩崎博芳氏、福井県繊維協会の小山英之氏、日本合成繊維新聞社の田浦研一氏にインタビューや資料提供のご協力をいただいたことに感謝したい。なお、東京大学在学中に本研究を助成して下さった富士ゼロックス小林節太郎記念基金と日本生命財団に感謝したい。この他にも、お世話になった多くの産業界の方々に、この場を借りて御礼を申し上げたい。また、本書の出版にあたりお世話になった信山社の袖山貴氏に感謝したい。

　最後に、日本での研究を韓国で見守ってくれた父と母に感謝したい。長い外国生活の末、昨年春に母国に戻り、今の淑明女子大学校で教鞭をとることになった。外国生活の間は息子として余り親孝行らいしこともできず、心配をかけたが、本書が少しでも恩返しになることを願う。

2002年1月　ソウルにて　　　　　　　　　　　　　　　　　　著　者

〈著者紹介〉

李　亨　五（イヒョンオ　Hyungoh Lee）
1964年　韓国生まれ
1982年　韓国、ソウル大学校経営学科入学
1987年　韓国、ソウル大学校経営学科卒業
1993年　東京大学大学院経済学研究科「経済学修士」学位取得
1998年　東京大学大学院経済学研究科博士課程終了
1998年　一橋大学イノベーション研究センター専任講師
2000年　「経済学博士」学位（東京大学）取得
2001年　一橋大学イノベーション研究センター助教授
2001年　韓国、淑明女子大学校経営学部助教授、現在にいたる。

〔主要著作〕

「システム製品産業における累積成果の意味―日本パソコン産業を中心に」東京大学・経済学研究Vol. 36（1993年）

「素材メーカーの対川下準垂直統合―東レのPTシステムを中心に」ビジネス・レビューVol. 45, No. 4（1998年）

「系列システムの生成、変化、展望―日本の織物用合繊長繊維産業の分析を中心に」一橋論叢121巻5号（1999年）

「日本の合繊メーカーにおける企業間システム―機能活動間の相互依存性と組織能力の比較優位性」組織科学Vol. 32, No. 4（1999年）

「スーパーコンピュータCPUパッケージの製品開発」藤本隆宏・安本雅典編『成功する製品開発―産業間比較の視点』（有斐閣、2000年）

企業間システムの選択
── 日本化学繊維産業の分析 ──

2002年（平成14年）2月28日　第1版第1刷発行

著　者　　李　　亨　五
発行者　　今　井　　貴
発行所　　信山社出版株式会社
　　〒113-0033　東京都文京区本郷6-2-9-102
　　電　話　03（3818）1019
　　ＦＡＸ　03（3818）0344
　　http://www.shinzansha.co.jp

Printed in Japan

Ⓒ李亨五，2002．印刷・製本／勝美印刷・大三製本
ISBN4-7972-3053-3 C3034
3053-012-030-020
NDC分類 335.001

― 信山社 ―

李　亨五 著(Hyungoh Lee、イヒョンオ)
企業間システムの選択
　―日本化学繊維産業の分析― 3,600円
　韓　美京 著(Han mi kyung、ハンミキョン)
製品アーキテクチャと製品開発　3,200円
　陳　　晋 著
中国乗用車企業の成長戦略　　8,000円
　李　春利 著
現代中国の自動車産業　　　　5,000円
　張　紀南 著
戦後日本の産業発展構造　　　5,000円
　梁　文秀 著
北朝鮮経済論　　　　　　　　6,000円
　李　圭洙 著
近代朝鮮における植民地地主制と
　　農民運動　　　　　　　 12,000円
　李　圭泰 著
米ソの朝鮮占領政策と南北分断
　　体制の形成過程　　　　 12,000円
　山岡茂樹 著
ディーゼル技術史の曲がりかど 3,700円
　坂本秀夫 著
現代日本の中小商業問題　　　3,429円
　坂本秀夫 著
現代マーケティング概論　　　3,600円
　寺岡　寛 著
アメリカ中小企業論　　　　　2,800円
　寺岡　寛 著
アメリカ中小企業政策　　　　4,800円
　山崎　怜 著
〈安価な政府〉の基本構造　　4,500円
　R．ヒュディック 著　小森光夫他 訳
ガットと途上国　　　　　　　3,500円
　大野正道 著
企業承継法の研究　　　　　 16,000円
　菅原菊志 著
企業法発展論　　　　　　　 20,000円
　多田道太郎・武者小路公秀・赤木須留喜 著
共同研究の知恵　　　　　　　1,545円

　吉川惠章 著
金属資源を世界に求めて　　　2,300円
　吉尾匡三 著
金　融　論　　　　　　　　　5,806円
　中村静治 著
経済学者の任務　　　　　　　3,398円
　中村静治 著
現代の技術革命　　　　　　　8,252円
　千葉芳雄 著
交通要論　　　　　　　　　　2,000円
　佐藤　忍 著
国際労働力移動研究序説　　　2,990円
　辻　唯之 著
戦前香川の農業と漁業　　　　5,000円
　辻　唯之 著
戦後香川の農業と漁業　　　　4,500円
　山口博幸 著
戦略的人間資源管理の組織論的研究
　　　　　　　　　　　　　　6,000円
　西村将晃 著
即答工学簿記　　　　　　　　3,864円
　西村将晃 著
即答簿記会計（上・下）　　　9,650円
　K．マルクス 著　牧野紀之 訳
対訳・初版資本論第１章及び附録
　　　　　　　　　　　　　　6,000円
　牧瀬義博 著
通貨の法律原理　　　　　　 48,000円
　宮川知法 著
債務者更生法構想・総論　　 15,000円
　宮川知法 著
消費者更生の法理論　　　　　6,800円
　宮川知法 著
破産法論集　　　　　　　　 10,000円

信山社
〒113-0033　文京区本郷 6‑2‑9‑102
TEL 03 (3818) 1019　FAX 03 (3818) 0344
order @shinzansha.co.jp